LA RECHERCHE
sur les énergies nouvelles

LA RECHERCHE
sur les énergies nouvelles

Articles de

P.-J. Antony M. Barrère J. Brisbois
A. Clot J. Deflandre G. Denielou
J.-C. Etievant J. Faucounau R. Goethals
J. Gribbin M. Laguës J. Malherbe
P. Marchand J.-L. Peube J.-P. Poffé
M. Rodot J. Rondest F. Séguier
B. Tissot L. Vautrey

choisis et présentés par René-François Bizec

Éditions du Seuil
La Recherche

En couverture : Eolienne. (Photo A. Noguès-Sygma.)

ISBN 2-02-005617-8

Introduction

L'importance de l'énergie dans la vie économique n'échappe plus à personne. La recherche dans tous les domaines concernant de près (ou de loin) l'énergie a pris, depuis la crise pétrolière de 1973, une ampleur sans précédent. Cependant, à part le nucléaire, les travaux de laboratoires sur les nouvelles sources, sur les nouvelles façons de stocker, transporter, transformer l'énergie, sont longtemps restés confidentiels. Ce sont les événements politiques internationaux qui se succèdent depuis maintenant sept ans qui forcent les gouvernements et les chercheurs à arracher un à un les voiles qui dissimulaient aux yeux d'un public voué à se nourrir de pétrole, les recherches originales sur les sources exotiques d'énergie ou encore à reconnaître l'intérêt des travaux de quelque ingénieur aussi obscur que têtu.

La crise déclenchée par la guerre d'octobre a agi elle-même comme un détonateur. Les sociétés industrialisées énergétivores ont pris conscience des limites des ressources fossiles. Après des délais extraordinairement brefs les pays occidentaux ont lancé de vastes programmes de recherche exploratoire sur l'énergie. En France, c'est en mars 1974 que le gouvernement met en place le CCRDE, Conseil consultatif de la recherche et du développement dans le domaine de l'énergie. Il s'agissait de recenser les moyens et les équipes capables d'apporter une contribution à la lutte contre la folle fièvre des prix du pétrole. Chose banale. Mais jusqu'alors les grands organismes de recherche, dont la « prospérité » est fondée sur la seule consommation de crédits publics, s'étaient bien gardés de faire cette prospective afin que leur monopole technologique ne puisse être remis en cause.

Les rapports sur la finitude du monde, concept on ne peut

plus banal également, le rapport du Club de Rome tout particulièrement, avaient fait sourire. Après 1973, on les prend au sérieux. Les écologistes, qui dénonçaient les risques de l'énergie nucléaire, faisaient également sourire. Maintenant qu'en première contre-mesure à la hausse des prix du brut, les gouvernements occidentaux décident de couvrir nos pays de centrales géantes, la contestation est désormais un élément central de la politique énergétique. Elle a une influence directe (petite) sur le niveau d'activité de la recherche, sur la sécurité nucléaire, et une influence indirecte (plus grande) sur le développement de l'énergie solaire.

Après avoir été critiques et méprisants, puis dubitatifs, les pouvoirs publics ont fait de l'énergie solaire leur cheval de bataille. Certes il ne s'agit pas d'attendre du soleil plus de 5 % de l'énergie que l'on espère pouvoir consommer en l'an 2000. Mais à propos de ces prévisions chiffrées on peut faire deux remarques. D'une part 5 % en l'an 2000, c'est l'équivalent de la puissance nucléaire installée actuellement — à supposer bien sûr que tout se passe bien d'ici 2000. Mais d'autre part lorsque le prix de l'énergie est atteint de fièvre rien ne va. Les prévisions des experts tout d'abord sont révisées sans cesse et perdent une large partie de leur signification. On voit pages 8 et 9 un tableau comparant la situation de 1973 à celle de 1985 selon les prévisions établies lors de la préparation du VIIe *plan. Au moment de la préparation du* VIIIe *plan, ces données pour 1985 ont été sérieusement révisées : pétrole 101 ; charbon 29 ; gaz 36 ; énergies nouvelles 2 ; hydraulique 14 ; et uranium 43*[1]*. Dans les cinq ans qui en France séparent deux plans, le prix de l'énergie s'est tellement accru que la tendance à la consommation est à la baisse voire à l'économie.*

La recherche scientifique et technique n'a pas encore produit de résultats suffisants pour que l'on tire un profit immédiat des énergies nouvelles. Les modèles globaux ne manquent pas qui proposent ou contre-proposent des solutions tout solaire, ou tout nucléaire ou autre. Mais à l'horizon visé, pour atteindre les objectifs visés, il faut encore explorer un champ technologique énorme. Jamais un tel défi ne s'était posé aux scientifiques

1. En supposant une croissance de la PIB de 4 % par an. Voir Pierre Amouyel, *Projet*, juillet 1979.

en temps de paix. La façon dont ils le traiteront commandera non seulement le développement des économies mais, pour longtemps le rôle, l'image et le statut des chercheurs dans la nouvelle société qui se dessine.

R.F. Bizec

→

Fig. 1. Diagramme des flux d'énergie pour la France en 1973, et prévisions pour 1985. La dépendance énergétique actuelle de la France est évidente lorsqu'on observe que le pétrole représente (1973, fig. 1A) 67 % de notre approvisionnement en énergie, alors que la part du charbon n'est que 17,5 %, le gaz naturel représentant 8,5 %. L'énergie électrique (7 % de l'énergie utilisée) consomme 23 % de l'énergie primaire. Les prévisions pour 1985 (fig. 1B) permettent d'accroître la part de l'électricité de 7 à 11,5 % grâce à l'utilisation massive de l'énergie nucléaire, tandis que la part du gaz passera à 16 % pour ramener le pétrole au niveau de 42 %. Cela suppose une modification des « habitudes » au niveau de l'utilisation domestique et de l'industrie qui devraient faire davantage appel au gaz et à l'électricité. Les HTR présentent dans cette perspective le double intérêt de la diversification par rapport au choix « eau légère pressurisée » de l'EDF et d'un cycle de combustible économe en uranium. Ces prévisions sont extraites d'une brochure du Commissariat général au plan : « Préparation du VIIe plan, rapport de la commission énergie », éditée par *la Documentation française*, avril 1976 (tableau n° 8, page 44). Toutefois, les consommations, exprimées en tEP (tonnes équivalent pétrole) dans ce tableau, sont converties en tEC (tonnes équivalent charbon), suivant la convention retenue par le Comité national français de la Conférence mondiale de l'énergie : 1 tEP = 1,5 tEC. Par ailleurs, en ce qui concerne la production d'électricité hydraulique, au niveau primaire, on introduit des pertes fictives qui sont, pour 1 000 kWh, égales à la différence : 0,333 tEC — 0,129 tEC (ces pertes fictives sont exprimées en tEC et non en kWh).

1 A

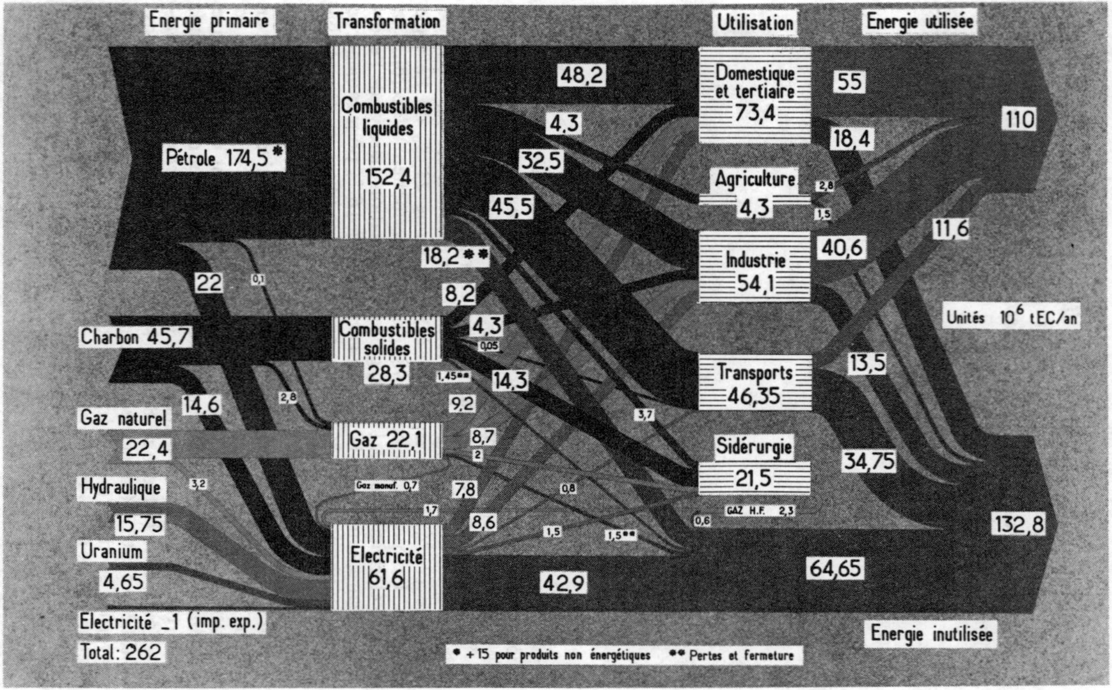
Energie primaire
Transformation
Utilisation
Energie utilisée
Pétrole 174,5 *
Combustibles liquides
152,4
48,2
4,3
32,5
45,5
18,2 **
8,2
Domestique et tertiaire
73,4
55
18,4
110
Agriculture
4,3
2,8
1,5
Industrie
54,1
40,6
11,6
Unités 10^6 tEC/an
22
0,1
Charbon 45,7
Combustibles solides
28,3
4,3
0,05
1,45**
14,3
14,6
2,8
9,2
Transports
46,35
13,5
3,7
Gaz naturel
22,4
Gaz 22,1
8,7
2
Sidérurgie
21,5
34,75
Hydraulique
3,2
Gaz manuf. 0,7
7,8
0,8
1,7
15,75
8,6
1,5
1,5**
0,6
GAZ H.F. 2,3
132,8
Uranium
4,65
Electricité
61,6
42,9
64,65
Electricité _1 (imp. exp.)
Total: 262
Energie inutilisée
* +15 pour produits non énergétiques
** Pertes et fermeture

1 B

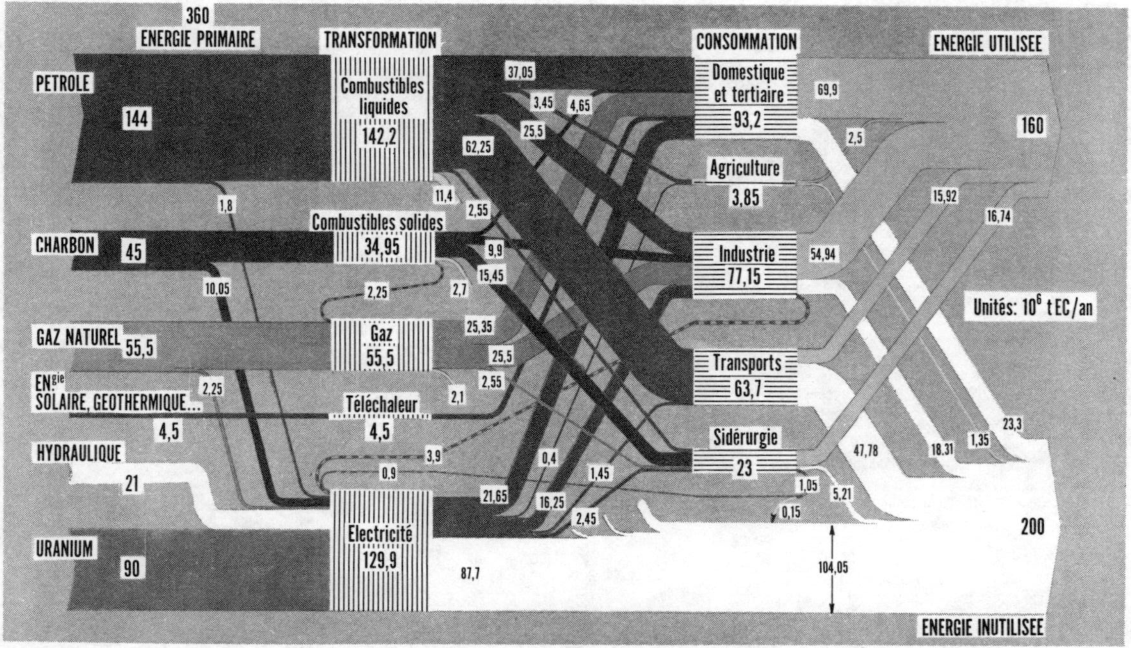
360
ENERGIE PRIMAIRE
TRANSFORMATION
CONSOMMATION
ENERGIE UTILISEE
PETROLE
144
CHARBON
45
GAZ NATUREL
55,5
ENgie SOLAIRE, GEOTHERMIQUE...
4,5
HYDRAULIQUE
21
URANIUM
90
Combustibles liquides
142,2
Combustibles solides
34,95
Gaz
55,5
Téléchaleur
4,5
Electricité
129,9
Domestique et tertiaire
93,2
Agriculture
3,85
Industrie
77,15
Transports
63,7
Sidérurgie
23
160
200
Unités: 10^6 t EC/an
ENERGIE INUTILISEE
1,8
10,05
2,25
2,25
11,4
2,55
9,9
15,45
2,7
25,35
25,5
2,55
2,1
3,9
0,9
21,65
16,25
2,45
37,05
3,45
4,65
25,5
62,25
0,4
1,45
87,7
69,9
2,5
54,94
15,92
16,74
47,78
18,31
1,35
23,3
1,05
5,21
0,15
104,05

1
Les énergies fossiles

L'énergie géothermique

L'utilisation par l'homme de la chaleur de la Terre se perd dans la nuit des temps : lorsque les hommes préhistoriques tentaient d'échapper au froid des glaciations en cherchant refuge au fond des grottes, ils se mettaient certes à l'abri des variations saisonnières en s'éloignant de la surface du sol, mais ils profitaient aussi, pour quelques degrés il est vrai, de l'énergie géothermique. En fait ce sont surtout les manifestations spectaculaires de la chaleur terrestre — sources chaudes, geysers — qui ont, de tout temps, suscité l'intérêt des hommes qui ont cherché à les exploiter.

Il y a ainsi deux voies d'exploitation de l'énergie géothermique : les sources à haute température connues et exploitées depuis longtemps mais dont l'inconvénient majeur est de n'exister qu'en de rares points précis du globe, comme à Larderello en Italie, pour ce qui concerne l'Europe ; en revanche la géothermie à basse énergie est exploitée depuis une date plus récente ; elle fait l'objet d'expériences réussies pour le chauffage urbain, et très prometteuses pour la France.

1. La géothermie « basse énergie »

André Clot

Si la géothermie à haute énergie est connue pour ses jets de vapeur parfois violents, la géothermie à basse énergie n'a, par contre, rien de spectaculaire, elle exploite en effet les nappes d'eaux chaudes souterraines. La première expérience française de chauffage urbain par ces eaux chaudes date du début de 1970, mais il fallut attendre presque cinq ans pour que fleurissent soudain comités, délégations, services spécialisés chargés de promouvoir la géothermie.

La France présente pourtant en ce domaine une richesse remarquable. Déjà bien connus, grâce aux quelque 4 500 sondages effectués depuis trente ans pour la recherche pétrolière, les bassins sédimentaires riches en nappes aquifères y occupent 70 % du territoire. Il s'agit maintenant d'affiner les connaissances et de maîtriser les nouvelles techniques de production et d'utilisation de l'énergie géothermique. Si les objectifs fixés, d'économiser 1 à 1,5 million de tonnes équivalent pétrole par an d'ici quinze ans, sont remplis, à cette époque un million de logements pourraient être chauffés par cette forme d'énergie.

En France même, les sources de Chaudes-Aigues (Cantal), qui jaillissent à une température de 80 °C — ce qui en fait les sources les plus chaudes en France — étaient utilisées dès l'époque romaine, non seulement pour leurs propriétés thérapeutiques, mais également pour chauffer les habitations du village. L'eau chaude, acheminée jusqu'aux maisons grâce à des canalisations en bois, circulait dans des canivaux creusés sous le dallage. Il existe d'ailleurs toujours à Chaudes-Aigues des maisons chauffées grâce à ce procédé.

D'autres stations françaises, comme Plombières dans les Vosges, Dax dans les Landes, Ax-les-Thermes dans l'Ariège, disposent, au moins pour les établissements thermaux, d'un dispositif de chauffage central géothermal.

Jusqu'au milieu du XIXe siècle, on se contentait donc de distribuer l'eau chaude qui jaillissait naturellement. L'une des premières tentatives, en France, d'exploitation d'eau par forages date de 1841 ; le puits de Grenelle, foré sous l'impulsion d'Arago, atteignait la « nappe des sables verts » et obtenait un jaillissement artésien d'eau douce à 30 °C. D'autres puits ont été forés depuis à Paris, permettant le chauffage de piscines. L'un des derniers puits produit de l'eau à 27 °C provenant d'un réservoir situé entre 500 et 570 mètres de profondeur et participe au chauffage de la Maison de la radio.

Ces exemples ne doivent cependant pas masquer le fait qu'en France, jusqu'à ces dernières années, l'intérêt de réaliser des forages pour exploiter de l'eau chaude n'était pas reconnu. A tel point que lorsque des sondages de recherche d'eau potable atteignaient une nappe à température élevée, cette chaleur était considérée comme un handicap, imposant à l'exploitant des frais supplémentaires.

Dans d'autres pays cependant, l'exploitation pouvait se développer. C'est le cas de la Hongrie, où 350 forages captent de l'eau à 60 °C, en particulier pour le chauffage de serres et l'alimentation de piscines ; de l'URSS et de l'Islande, où la moitié des habitations de l'île utilise ce mode de chauffage.

La première expérience tentée en France pour le chauffage des locaux date de 1962. Un forage implanté à Carrières-sur-Seine, à l'ouest de Paris, exploitant l'eau d'un réservoir profond du Bassin parisien (le « dogger »), fournissait de l'eau à plus de 60 °C. Malheureusement, des difficultés technologiques — l'eau, contenant une forte proportion de sel, interdisait son rejet dans la Seine après utilisation des calories — empêchèrent à l'époque la mise en exploitation de ce forage. C'est en 1969 que la première opération industrielle fut réalisée en France, sous l'impulsion de P. Maugis, à Melun. Puis il faut attendre 1975 pour que de nouvelles opérations voient le jour dans le Bassin parisien et en Aquitaine et constituent véritablement le début de l'exploitation industrielle, à l'échelle nationale, de cette forme d'énergie géothermique dite à « basse énergie ».

La chaleur de la Terre

On distingue en effet deux types de géothermie : la basse et la haute énergie. La frontière entre les deux n'a cependant jamais été précisée clairement ; un peu arbitrairement, c'est la température au-dessous de laquelle il n'est plus possible, ou peu rentable, de produire de l'électricité ; les valeurs couramment avancées oscillent entre 120° et 180 °C.

La distribution des températures dans le sous-sol est elle-même fonction de deux processus. D'une part, on observe une augmentation régulière de la température avec la profondeur, conséquence du flux de chaleur dirigé de l'intérieur de la terre vers la surface. Cette chaleur, qui provient essentiellement de la radioactivité des roches, se dissipe lentement par *conduction* jusqu'à la surface. La courbe de répartition des températures dans le sol dépend de la valeur du flux, assez uniforme d'ailleurs sur la plus grande partie de la surface de la Terre, et de la conductivité thermique des différentes roches dont les couches sont superposées dans le sous-sol. Il en résulte que le gradient géothermique — ou augmentation de la température par unité de profondeur — varie de façon non négligeable, même dans une région où le flux thermique est à peu près constant, du fait de la présence de couches géologiques de nature différente. La connaissance de ce gradient dans une région donnée permet d'évaluer la température qui règne à la profondeur où se situe la nappe aquifère que l'on souhaite exploiter.

L'autre processus qui régit la distribution des températures dans le sous-sol est la *convection.* Elle se produit lorsque des terrains perméables permettent une circulation rapide de l'eau dans le sens vertical. Ce phénomène tend à égaliser la température sur toute la hauteur de la cellule de convection. Il est particulièrement important dans le cas d'un gisement de vapeur. C'est à cette géothermie « haute énergie », la plus spectaculaire, utilisée pour la production d'électricité, que, jusqu'à ces dernières années, on pensait lorsqu'on parlait d'«énergie géothermique» (voir *la Recherche*, n° 49, oct. 1974, p. 827). En effet, bien que très limités par rapport aux nappes d'eau chaude, ces gisements se signalent en surface par des indices exceptionnels qui avaient depuis longtemps attiré l'attention. Ainsi, à Larderello, en Toscane, des documents du IIIe siècle de notre ère signalent déjà la présence de jets de vapeur, alors que ce n'est qu'au XIXe siècle que la recherche de la vapeur au moyen de sondages s'étendit à toute la région.

La basse énergie s'intéresse, quant à elle, aux aquifères dans les zones à gradient géothermique normal. Le problème est alors de valoriser les nombreux gisements d'eau chaude dont la température est, au moins actuellement, insuffisante pour fournir directement de l'énergie électrique dans des conditions économiques acceptables, mais dont l'exploitation présente cependant, à priori, de nombreuses applications : chauffage urbain, industriel, chauffage de serres, piscines, stations thermales, extraction de produits chimiques contenus dans les eaux thermales, etc.

Le territoire français présente en ce domaine une richesse remarquable. Les bassins sédimentaires y occupent 70 % de la superficie totale et sont bien connus grâce aux recherches pétrolières développées depuis une trentaine d'années. De nombreux horizons aquifères ont été mis en évidence à des profondeurs qui laissent prévoir des températures utilisables.

Evaluer les ressources géothermiques d'une région

L'eau chaude se trouve dans des roches poreuses et perméables qui appartiennent à deux types lithologiques essentiels. Elles peuvent être constituées de grès ou de sable, roches détritiques qui se sont accumulées en bordure des massifs anciens au cours de leur érosion, ou encore de cal-

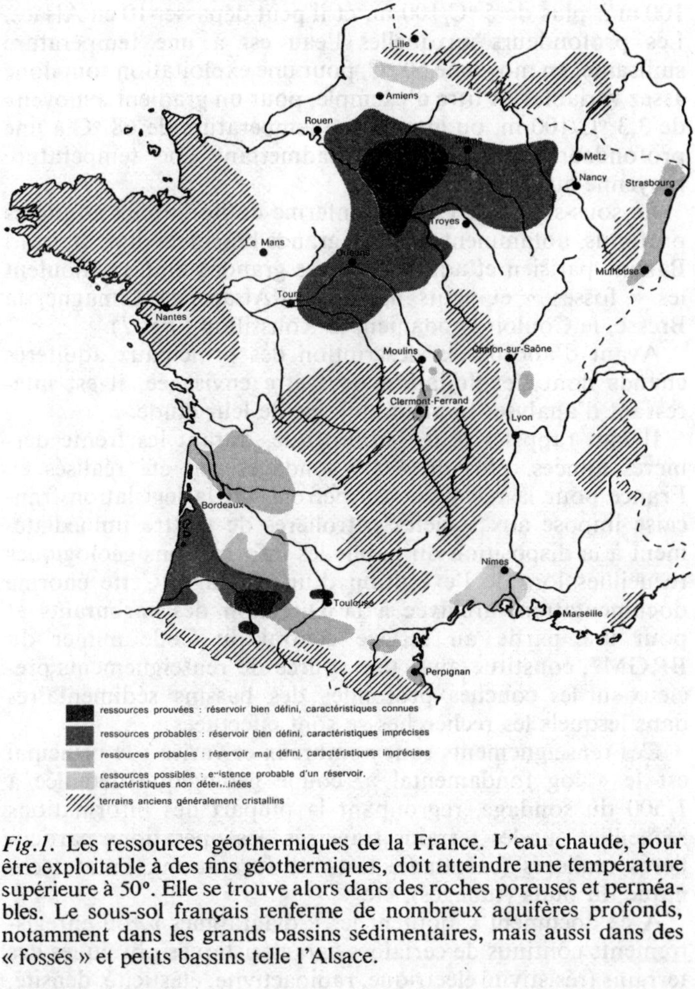

Fig.1. Les ressources géothermiques de la France. L'eau chaude, pour être exploitable à des fins géothermiques, doit atteindre une température supérieure à 50°. Elle se trouve alors dans des roches poreuses et perméables. Le sous-sol français renferme de nombreux aquifères profonds, notamment dans les grands bassins sédimentaires, mais aussi dans des « fossés » et petits bassins telle l'Alsace.

caires à structure vacuolaire, qui se sont déposés à l'abri de la sédimentation détritique.

Le gradient géothermique, c'est-à-dire l'augmentation de température pour 100 mètres de profondeur, est variable en France. Dans le Bassin parisien, il oscille de moins de 3 °C/

100 m à plus de 5 °C/100 m, et il peut dépasser 10 en Alsace. Les profondeurs auxquelles l'eau est à une température suffisante, en moyenne 50 °C, pour une exploitation sont donc assez variables. A titre d'exemple, pour un gradient « moyen» de 3,3 °C/100 m, on atteint une température de 68 °C à une profondeur de 1 700 m, en admettant une température moyenne au sol de 12 °C.

Le sous-sol de la France renferme de nombreux aquifères profonds, notamment dans les grands bassins sédimentaires : Bassins parisien et aquitain. A ces grandes unités s'ajoutent les « fossés » et petits bassins : l'Alsace, la Limagne, la Bresse, le Couloir rhodanien, le Roussillon (*fig. 1*).

Avant d'aborder la description des principaux aquifères chauds dont l'exploitation peut être envisagée, il est intéressant d'analyser la méthodologie de leur étude.

Il faut rappeler tout d'abord que, durant les trente dernières années, plus de 4 000 sondages ont été réalisés en France pour la recherche du pétrole. Or la législation française impose aux sociétés pétrolières de mettre immédiatement à la disposition du public les informations géologiques recueillies lors de l'exécution d'un sondage. Cette énorme documentation, archivée à la Direction des carburants et pour une partie au service central du Code minier du BRGM[1], constitue ainsi une source de renseignements précieux sur les couches profondes des bassins sédimentaires dans lesquels les recherches se sont effectuées.

Ces renseignements sont nombreux et variés : le principal est le « log fondamental », coupe géologique détaillée à 1/500 du sondage, regroupant la plupart des informations recueillies sur les terrains traversés, les opérations particulières réalisées (carottage, tests de formation), l'état technique du puits (tubages), etc.

A ce document s'ajoutent les « diagraphies », ou enregistrements continus de certaines caractéristiques physiques des terrains (résistivité électrique, radioactivité, élasticité, densité, teneur en eau, température, etc.).

Parfois, des échantillons de terrain, ou « carottes », ont été prélevés, permettant d'avoir une vision réelle des terrains

1. BRGM : Bureau de recherches géologiques et minières.

traversés et de mesurer certains paramètres physiques, tels que la porosité et la perméabilité.

Enfin, lorsqu'un horizon poreux a été atteint, un appareillage spécial permet de recueillir un échantillon de fluide qu'il contient (huile, gaz ou eau) en vue d'une analyse, et de mesurer la pression de la couche : cette opération est désignée sous le nom de « test de formation ».

L'interprétation de ces données permet d'aboutir aux paramètres nécessaires pour évaluer les possibilités géothermiques d'une région.

Il n'est pas question d'entrer ici dans le détail de ces opérations. Un paramètre est toutefois particulièrement important : c'est la température, et, contrairement à ce que l'on pourrait penser, ce n'est pas le plus facile à obtenir.

Les mesures de température réalisées dans les forages sont d'origines diverses :

— certaines sont faites au cours d'enregistrement de diagraphies, l'équipement descendu dans le puits est muni d'un thermomètre à maximum dont la lecture après remontée donne la température du point le plus bas atteint par la sonde. Ces lectures ne sont faites en général que lors du premier enregistrement;

— d'autres sont enregistrées pendant des « tests de formation » où l'on fait produire un réservoir dans les tiges, après l'avoir isolé avec un obturateur à garniture de caoutchouc (packer). Sous le packer sont placés des crépines, des enregistreurs de pression et des thermomètres à maximum. Si le test est productif, les mesures sont en général représentatives;

— enfin, sur des champs pétroliers en production, pour suivre le comportement des puits dans le temps, des mesures de pression et de température sont faites régulièrement. Ce sont en général des mesures de longue durée. Ce dernier type de mesure est très représentatif ; il n'est malheureusement pas disponible sur les puits d'exploration.

Les tests donnent des valeurs de température généralement représentatives quand ils sont productifs, mais ils ne sont pas effectués systématiquement sur chaque puits.

Les mesures réalisées en cours d'enregistrement de diagraphies sont les plus nombreuses, mais ce sont aussi celles qui nécessitent le plus de corrections. De la température de fond de trou (dite BHT : Bottom Hole Temperature), on déduit la température théorique de la formation à cette profondeur, la correction apportée étant essentiellement fonction du temps écoulé entre la fin de la circulation de boue servant en quelque sorte à lubrifier la structure et le moment de la mesure. Cette correction est malheureusement entachée d'une certaine imprécision. Les valeurs obtenues permettent ensuite de déterminer dans chaque cas un gradient géothermique et de dresser une carte des variations de ce gradient à partir de laquelle il devient possible de prévoir la température approximative de chaque niveau intéressant, même si aucune mesure directe n'y a été effectuée [1].

Réinjecter dans le réservoir l'eau refroidie

La détermination des caractéristiques d'un réservoir ne suffit pas à définir son potentiel d'exploitation. Encore faut-il prévoir ses possibilités de production dans le temps, ainsi que l'incidence d'une réinjection d'eau froide sur la température au puits de production.

La réinjection présente en effet l'avantage de maintenir indéfiniment la pression au puits de production. L'injection d'eau sous des nappes pétrolifères est une technique courante dans l'industrie pétrolière, pour améliorer la production d'un puits quand celle-ci commence à décroître. La réalimentation naturelle des aquifères étant généralement très mal connue, il est impossible de prédire une production à pression, donc débit constant, sur plusieurs années. Une réalisation géothermique étant prévue pour fonctionner au moins de vingt à trente ans, la réinjection, malgré le supplément d'investissements que cela représente, est préférable à un système ne comportant qu'un puits de production. Ainsi en Hongrie, dans des réservoirs d'excellente perméabilité de plus de

1. J. Jolivet, «Calcul du flux géothermique», *IPG*, n° 24, juillet 1967.

500 mètres d'épaisseur et réalimentés naturellement par les karsts des calcaires et dolomies du trias, on songe maintenant à utiliser la réinjection, bien qu'une production intensive ait été possible à ce jour sans baisse importante du niveau piézométrique. Par ailleurs la réinjection permet de réduire sinon d'éliminer totalement les phénomènes de subsidence des terrains, que l'on observe parfois sur des champs pétroliers en production [1].

Pour toutes ces raisons, nous envisageons une exploitation par doublet où l'eau géothermale produite par un puits (dit puits d'exhaure ou de production) est réinjectée, après extraction de ses calories, dans le réservoir par un second puits (dit puits d'injection).

Pendant l'exploitation d'une nappe par un doublet, il va se créer autour du puits d'injection une zone froide qui s'étend progressivement et finit par atteindre le puits de production. La « durée de vie » d'un doublet définit le temps écoulé entre la mise en exploitation et le début du refroidissement de l'eau géothermale au puits de production. C'est une notion purement mathématique ; elle ne signifie pas que le doublet ne sera plus utilisable pour la géothermie après un temps équivalent à la durée de vie calculée. S'il a fallu *n* années pour constater un début de refroidissement il faudra encore attendre au moins *n* autres années pour constater un refroidissement de 5 °C. Cette durée de vie dépend des caractéristiques du réservoir, du débit de soutirage et de la distance entre les puits. Celle-ci se détermine, pour une durée de vie et un débit donnés, à l'aide d'abaques dans le cas d'un doublet, ou d'un modèle mathématique sur calculateur numérique dans le cas d'un nombre de puits supérieur à deux [2].

Les modèles utilisés permettent avec une bonne approximation de vérifier l'implantation d'un ensemble quelconque de puits. Cependant, les informations ayant servi à déterminer les caractéristiques d'un réservoir et utilisées dans ces

1. S. K. Garg, « Land surface subsidence associated with geothermal energy production », *Geothermal Reservoir Engineering*, 15, Stanford, décembre 1975.

2. Étude EDF, Élise-Infratel-Parica, « La géothermie », contrat d'aide à la recherche, DGRST.

modèles sont des informations ponctuelles, recueillies sur des forages plus ou moins voisins du point étudié. L'hypothèse d'un réservoir homogène et isotrope ne peut se justifier dans tous les cas. Il peut arriver que des microfissures, des fractures horizontales non décelables en surface existent dans le réservoir et constituent un chemin préférentiel pour les courants d'eau refroidie.

Des techniques classiques de forage

Pour limiter ce risque géologique non négligeable, on procède, après le forage, à deux types d'essais :
— des essais de débit de courte durée, pour déterminer les caractéristiques réelles du réservoir et vérifier à nouveau l'exploitabilité du doublet ;
— des essais de pompage de longue durée (un mois environ), destinés à vérifier l'homogénéité du réservoir dans la zone enveloppée par le doublet.

Des études sont en cours pour évaluer la sensibilité des modèles à la non-homogénéité des réservoirs. Même s'il s'avère que la réalité géologique ne satisfait pas à toutes les hypothèses des modèles, ceux-ci constituent une bonne approximation permettant de mieux « gérer » des aquifères et de décider ou non de la faisabilité de réalisations géothermiques.

L'exploitation des réservoirs géothermiques se fait par forage, les techniques utilisées étant les mêmes que dans la recherche pétrolière. A partir des données géologiques locales disponibles est établie une coupe prévisionnelle des terrains traversés, qui permet de déterminer les profondeurs auxquelles seront posés les tubages et la succession des phases de forage qui en résulte. Les caractéristiques techniques du doublet, définies par les calculs et modèles mathématiques, imposent les diamètres des différentes phases de forage et de tubage en fonction du débit à obtenir. Si, selon les calculs, le puits n'est pas artésien, pour le débit espéré, il faudra prévoir, dans la partie supérieure du puits, une chambre de pompage d'un diamètre suffisant pour y descendre une pompe immergée. La profondeur de la chambre dépend du « rabattement », profondeur minimale où doit être descendue la pompe pour le débit considéré, qui est déterminé à partir de la pression de débit en tête de puits. Une pression de débit en tête positive correspond à un débit artésien ; une pression négative nécessite un pompage avec un rabattement égal à cette pression exprimée en hauteur d'eau.

Pour réinjecter l'eau géothermale dans la nappe, après extraction des calories dans les échangeurs, on dispose d'une pompe de surface ; celle-ci doit pouvoir fournir, au débit demandé, une pression suffisante pour vaincre la pression statique en tête de puits, les pertes de charge tubulaires et la pression hydrodynamique de débit.

Le réservoir peut être atteint soit à partir de forages verticaux dont la distance entre points de production et de réinjection dans la nappe est imposée par la durée de vie souhaitée en fonction du débit et des caractéristiques de l'aquifère, soit par des forages en déviation. L'angle du forage est alors calculé de façon que la distance séparant les points où les deux forages rencontreront le réservoir soit supérieure ou égale à celle correspondant à la durée de vie du doublet prévue. Bien que techniquement plus difficile, cette solution présente d'importants avantages : en effet, les puits en surface ne sont distants que d'une dizaine de mètres, ce qui évite le démontage et remontage de la tour de forage entre les deux puits, la nécessité d'un second terrain pour le deuxième puits ainsi que les canalisations de surface entre puits.

Un coût d'exploitation faible

Les possibilités d'utilisation de la géothermie basse énergie en France n'ont pas fait à ce jour l'objet d'inventaire systématique. Les seules réalisations actuellement en France concernent le chauffage des logements. Or des applications dans le domaine industriel (industries chimiques, industrie du froid, climatisation, brasseries), agricole (chauffage de serres et des sols de culture) sont d'ores et déjà envisageables. Nous limiterons notre discussion à l'application de la géothermie au chauffage urbain.

Une réalisation géothermique ne peut voir le jour que si des ressources bien définies sont associées à des besoins de chaleur en surface. Encore faut-il que ces besoins soient suffisamment importants et constants. En effet, l'utilisation de la géothermie met en jeu des investissements lourds mais permet un coût d'exploitation faible.

Les éléments régissant ce coût dépendent de l'ensemble de production, des besoins, de l'extraction des calories de l'eau géothermale, du type d'émission de chaleur dans les logements. Au niveau de la production, on peut agir sur le type de doublet, le diamètre des puits et le débit.

Les besoins, quant à eux, sont définis essentiellement à l'aide des données d'urbanisme et des données climatiques qui permettent de déterminer une puissance maximale de chauffage nécessaire par logement et une puissance maximale pour toute l'installation. Cette puissance n'étant sollicitée qu'une très faible partie de l'année, il y a intérêt à amortir les investissements sur un plus grand nombre de logements et d'assurer le complément pendant les périodes de forte demande en chaleur par une source d'appoint. Dans un système à deux sources, l'une de base, l'autre d'appoint, la géothermie fonctionnant en base permet d'assurer par exemple 75 % de l'énergie totale à fournir pendant la saison de chauffage tout en ne représentant que 45 % de la puissance totale.

A cause de sa nature agressive, l'eau géothermale n'est pas utilisée directement dans les éléments de chauffage des logements. L'extraction des calories géothermiques se fait essentiellement par l'intermédiaire d'échangeurs. Il s'agit en général d'échangeurs à plaques en titane, seul métal pouvant assurer un fonctionnement sans problème pendant de nombreuses années, avec des eaux très corrosives.

De la dimension des surfaces dépend la performance de l'échangeur. On ne peut cependant augmenter inconsidérément celles-ci sans arriver à des coûts prohibitifs. Les pompes à chaleur qui réalisent des transferts de chaleur entre une source froide et une source chaude, moyennant une certaine consommation d'énergie mécanique ou électrique, constituent d'autre part une possibilité d'augmenter la température au secondaire en prenant de la chaleur sur le circuit primaire, après extraction des calories dans l'échangeur, et, ce faisant, d'abaisser la température de réinjection. — La source froide, introduite dans un échangeur (évaporateur), cède sa chaleur à un fluide qui passe alors de l'état liquide à l'état de vapeur. Dans un autre échangeur (le condenseur), la source chaude reçoit la chaleur cédée par le fluide, qui revient à l'état liquide.

Cependant, techniquement, leur usage ne va pas sans difficulté ; en effet le passage d'une eau très corrosive dans l'évaporateur n'est pas recommandé pour la bonne marche d'une pompe à chaleur. De plus, économiquement, les pompes à chaleur représentent un investissement assez lourd qui ne peut être rentable que si leur facteur de charge est important ; par ailleurs, leur consommation électrique est suffisamment importante pour qu'après optimisation, on prévoie leur arrêt pendant les heures de pointe.

Enfin, le système d'émission de chaleur est lui aussi très important en ce sens qu'il permet ou non une basse température de retour, avantageant ou désavantageant ainsi la géothermie. Par exemple, des planchers chauffants 55°/40° (température d'entrée/température de retour pour la température de base extérieure) sont plus intéressants que des radiateurs 90°/70°.

Un risque minime

Début 1970, la première installation de chauffage par géothermie voyait le jour en France. Cette opération de Melun-l'Almont, réalisée par la Société technique de géothermie de P. Maugis, donne toute l'année de l'eau chaude sanitaire et chauffe en hiver 1 900 logements par un sondage de 1 800 mètres qui fournit 100 m^3/h d'eau à 70 °C.

Fait important, cette réalisation date d'avant la crise pétrolière, c'est-à-dire que la géothermie, même à une époque où le pétrole était encore « bon marché », était déjà considérée comme compétitive par rapport aux énergies traditionnelles.

Malgré des problèmes de corrosion au niveau des échangeurs, résolus depuis, et des problèmes de régulation de l'installation intérieure de chauffage qui ne permettent pas d'extraire de l'eau géothermale toutes les calories prévues, l'opération de Melun-l'Almont a démontré la faisabilité de de la géothermie appliquée au chauffage des logements.

Par la suite, il fallut attendre la crise énergétique pour que le gouvernement manifeste sa volonté de promouvoir les énergies nouvelles.

Le 18 novembre 1974 est créé par le ministre de l'Industrie et de la Recherche le Comité géothermie dont la tâche est de définir les modalités de mise en œuvre du programme de promotion de la géothermie et concrètement d'accorder des aides financières directes à des entreprises pour la réalisation d'installations utilisant l'énergie géothermique. Depuis sa création, les dotations du Comité géothermique ont été au total de 23,5 millions de francs.

Le 9 avril 1975 est créée la Délégation aux énergies nouvelles dont la mission est de promouvoir l'utilisation des ressources d'énergie non encore exploitées à l'échelle industrielle.

Parallèlement, les études lancées depuis 1974 par la Délégation générale à la recherche scientifique et technique sur le thème « recherche d'utilisation optimale des calories en provenance des eaux géothermales » ont permis de mieux évaluer les ressources, mieux dominer les problèmes techniques posés et de mettre au point des outils de calcul technico-économiques adaptés à la géothermie.

Le service géologique national du BRGM joue depuis 1968 un rôle important dans la promotion de cette source d'énergie [1].

1. *La Géothermie en France*, Bureau de recherches géologiques et minières.

Nul ne peut entreprendre un forage en vue de la recherche de gîtes géothermiques à basse température sans une autorisation de recherches accordée par arrêté préfectoral après enquête publique. Cette autorisation permet d'obtenir, après exécution des forages, un permis d'exploitation qui protège, dans les meilleures conditions, les droits de l'exploitant.

Les efforts d'incitation du gouvernement commencent à porter leurs fruits.

Trois nouvelles réalisations sont opérationnelles depuis fin 1976. Elles permettront de chauffer 7 700 logements. Cinq autres projets portant sur 14 500 logements seront réalisés d'ici un an environ. Enfin une quinzaine d'autres projets sont en cours de préparation.

Or les objectifs donnés à la géothermie sont d'économiser 1 à 1,5 million de tonnes équivalent pétrole (TEP) par an d'ici quinze ans. Un doublet permettant d'économiser environ 3 000 TEP par an, c'est un programme minimal de 25 à 35 doublets annuels qu'il faudra réaliser dans les quinze prochaines années. Ces objectifs sont réalisables. Cependant, comme il a été dit précédemment, une réalisation géothermique ne peut voir le jour que si des ressources dans le sous-sol sont associées à des besoins en surface. Intransportable, la géothermie ne prend de valeur énergétique que s'il y a utilisation potentielle à proximité. C'est-à-dire que l'évaluation du potentiel de la géothermie repose non seulement sur la connaissance des ressources mais aussi sur l'inventaire des utilisateurs possibles : logements, serres, applications industrielles ou agricoles, situés dans une zone favorable et remplissant les conditions liées aux contraintes propres à la géothermie (densité, puissance minimale nécessaire, etc.).

Cela suppose que, pour respecter les objectifs précédents, on trouve 45 000 à 70 000 logements ou équivalents logements annuellement, susceptibles d'être chauffés par la géothermie. Cela suppose aussi que les promoteurs, offices ou municipalités intéressés soient prêts à prendre le risque, minime, il est vrai, et encore atténué par les subventions du Comité géothermie, mais présent tout de même.

Certes, 1,5 million de TEP annuel économisé grâce à la géothermie basse énergie ne représentera en 1990 que 3 % des importations de pétrole destinées au chauffage. Mais il ne constitue pas la limite de ce que l'on peut attendre de la géothermie ; et il n'est pas impensable à long terme qu'elle puisse permettre d'économiser beaucoup plus, lorsque d'autres formes d'énergie géothermique auront pu être maîtrisées.

Cependant, si la géothermie basse énergie peut apporter à l'approvisionnement énergétique français une contribution certaine, elle ne prendra réellement son essor que si les pouvoirs publics se donnent les moyens nécessaires à sa promotion. Finalement, la part que prendra la géothermie dans notre consommation énergétique sera celle que le gouvernement lui assignera dans les années à venir.

POUR EN SAVOIR PLUS

J. Goguel, *La Géothermie*, Paris, Doin, 1975.

— « Que pouvons-nous attendre de l'énergie géothermique ? », *Rev. palais de la Découverte*, 1976.

Proceedings of the United Nations Symposium on the Development and utilization of Geothermal Resources, Pise, septembre 1970.

Deuxième colloque des Nations Unies sur la mise en valeur et l'utilisation des ressources géothermiques, San Francisco (Californie), 20-28 mai 1975.

« Transferts thermiques dans les aquifères », *Bulletin du BRGM*, section II, n° 1, 1975.

La Recherche, mars 1977

Le pétrole et le charbon

Le pétrole peut servir de symbole aux problèmes énergétiques du XXe siècle. Énergie fossile primaire d'une facilité d'emploi fantastique, le pétrole a supplanté rapidement le charbon sur lequel l'industrialisation du monde occidental s'était fondée.

En 1973, le pétrole fournissait 60 % de l'énergie primaire consommée en France alors que le charbon n'en représentait que 17 %. La hausse des prix du brut observée en 1973 n'a pas immédiatement changé cet état de chose, l'inertie de la mise en œuvre d'énergies de substitution, lorsqu'elles sont possibles, est grande — mais elle a stimulé une prise de conscience aiguë des limites des ressources en énergies fossiles disponibles. Les chercheurs désormais sont particulièrement attentifs à tous les signes qui faciliteraient la découverte de gisements, là où les connaissances et les méthodes anciennes ne permettaient pas de l'espérer.

Les géochimistes, tout d'abord en recherchant les explications de la genèse du pétrole, tentent aussi d'évaluer les probabilités d'existence d'hydrocarbures dans les régions sédimentaires. La récente théorie de la tectonique des plaques est également mise à contribution. Mais les résultats sont encore modestes.

Au fur et à mesure que les technologies se perfectionnent on va chercher le pétrole plus loin, plus profond, dans des nappes moins rentables. La sophistication de l'exploration et de l'exploitation pétrolière ira d'ailleurs grandissante tant que le prix du brut augmentera. On peut estimer aussi que les réserves considérées comme exploitables seront réévaluées en hausse chaque fois qu'une augmentation du prix du baril permettra l'emploi de méthodes plus coûteuses, réclamant un investisse-

ment plus élevé. Lors de la conférence mondiale de l'énergie à Istanbul en 1974, le Pr Desprairies, président de l'Institut français du pétrole, estimait entre 200 et 300 milliards de tonnes les réserves mondiales en se fixant l'an 2000 comme délai de découverte de tous les gisements et un prix du baril de 20 dollars. Depuis, le prix du baril a doublé. Est-ce à dire que les limites des réserves seront encore reculées grâce aux efforts des chercheurs ? Le scepticisme est de mise.

Par contre, les réserves de charbon présentent des chiffres plus réconfortants. Selon les estimations, il existe, au rythme de la consommation actuelle, de 4 à 16 siècles de stocks récupérables enfouis dans le sol de la planète. Malheureusement pour l'Europe, l'URSS, les États-Unis et la Chine se partagent 67 % des réserves prouvées. Mais beaucoup de pays consacrent des sommes importantes à des recherches visant à transformer le charbon en énergie pratique c'est-à-dire en essence, ou mieux en gaz, et ceci, si possible in situ. *De nombreux projets concurrents existent concernant la chimie de la transformation du charbon. Ils verront sans doute le jour assez rapidement si le prix du pétrole s'affole encore.*

1. La genèse du pétrole

Bernard Tissot

La récente crise de l'énergie a attiré l'attention de tous sur la nécessité de disposer de réserves suffisantes d'hydrocarbures liquides et gazeux pour répondre aux besoins toujours croissants de notre civilisation industrielle. Dès à présent, on s'intéresse à des gisements de plus en plus difficiles à repérer, parce que dépourvus d'indices, et coûteux à rechercher : à terre, des gisements à très grande profondeur, ou dans des conditions géologiques complexes, ou dans l'Arctique ; en mer sous des épaisseurs d'eau qui atteindront bientôt 1 000 mètres.

Le coût des travaux de prospection augmente alors de telle manière qu'il devient essentiel de restreindre ces opérations aux zones les plus favorables. Pour cela, le prospecteur doit être en mesure d'évaluer la probabilité d'existence d'un gisement de pétrole dans les diverses parties d'un bassin sédimentaire. Seule la connaissance des conditions de genèse du pétrole et du gaz, de leur migration dans le sous-sol et de leur accumulation en gisements, pouvait répondre à cette exigence.

Aussi cette science que constitue la géochimie a-t-elle fait des progrès considérables au cours des dix dernières années.

L'origine commune de tous les combustibles fossiles — pétrole, gaz, charbon, schistes bitumineux — est la matière organique synthétisée par les végétaux, dont une faible part est sauvegardée et incorporée dans les sédiments. La synthèse chlorophyllienne permet aux végétaux de fabriquer les constituants de leur cellule. Ils utilisent pour cela l'eau et le gaz carbonique de l'air, s'il s'agit de végétaux terrestres, ou celui dissous dans l'eau, si ce sont des organismes marins. Le glucose est le plus simple des produits ainsi formés et, à partir de ce premier composé, l'amidon, la cellulose et tous les autres constituants de la cellule sont synthétisés, pourvu que les sel minéraux indispensables soient présents.

Sur terre, l'apport organique principal est actuellement, de loin, celui des végétaux supérieurs. Il est réglé par les conditions géographiques et plus particulièrement par le climat (température, pluviométrie, etc.). En mer, le phytoplancton est le plus important producteur primaire de matière organique. Sa productivité est contrôlée par la présence de la lumière, nécessaire à la photosynthèse, et l'abondance des sels minéraux. Le phytoplancton comprend principalement les diatomées et les dinoflagellés, deux importants groupes d'algues, et les coccolithophoridés. A partir de cette productivité primaire, le zooplancton, les bactéries et toute la faune marine se nourrissent en constituant une chaîne alimentaire complexe. Cependant, les productions de matière organique marine les plus importantes au point de vue quantitatif sont d'abord celle du phytoplancton, ensuite celle du zooplancton et des bactéries.

Dans les océans actuels, la productivité est loin d'être uniforme. Cela est dû en particulier à l'abondance des sels minéraux : les eaux profondes, riches en phosphates et en nitrates, remontent dans certains secteurs vers la surface : ces sels sont alors présents en abondance dans les eaux superficielles où la photosynthèse est possible. C'est le phénomène d'*upwelling*, particulièrement marqué sur la côte occidentale de l'Afrique ou de l'Amérique du Sud. On assiste alors à une prolifération du plancton, dont la productivité peut être corrélée avec les teneurs en sels minéraux.

Quand la matière vivante devient fossile

De la même façon, certaines époques géologiques ont été plus favorables que d'autres à la production de matière organique. En effet, l'éclairement joue un rôle essentiel dans la photosynthèse : par suite, celle-ci est surtout active dans les 80 premiers mètres des océans, exceptionnellement jusqu'à 200 mètres. Pour un volume approximativement constant des océans, le rapport surface/volume joue donc un rôle important. Les époques de grandes transgressions comme le crétacé moyen (environ 100 millions d'années), avec de larges mers qui empiètent sur le plateau continental, correspondent à de fortes productions de matière organique dans beaucoup de bassins sédimentaires. Au contraire, les époques de régression généralisée comme le trias (environ 200 millions d'années), avec des continents massifs, peu de mers épicontinentales et des océans confinés dans les dépressions profondes, correspondent généralement à des minimums de la production organique.

La nature des principaux organismes qui sont la source des matières organiques fossiles varie, elle aussi, au cours des temps géologiques, à mesure de l'apparition et de l'évolution des espèces. Jusqu'au silurien (400 millions d'années), le phytoplancton était le seul producteur primaire notable de matière organique, et les apports dans les sédiments étaient surtout constitués d'algues et de bactéries. A partir du silurien, les végétaux terrestres apparaissent, mais leur contribution à la matière organique des sédiments ne prend que progressivement ou localement de l'importance — par exemple dans les charbons d'âge carbonifère de l'Europe occidentale. C'est seulement à partir du crétacé inférieur que les plantes terrestres constituent de façon générale une source très importante de matière organique. Cette époque, vieille d'un peu plus de 100 millions d'années, correspond en effet au développement rapide et généralisé des angiospermes.

La préservation de la matière organique ne peut s'effectuer qu'en milieu aquatique : lac, mer ou océan. Dans tous les milieux, la matière organique est la proie des micro-organismes tels que bactéries, champignons, etc. Mais c'est la dégradation microbiologique en milieu aérobie qui est la plus sévère : dans les sols terrestres, subaériens, la disponibilité de l'oxygène moléculaire permet une destruction généralement complète de la matière organique. Au contraire, dans des sédiments fins déposés en milieu marin ou lacustre, tels que vases argileuses ou vases calcaires fines, l'accès de l'oxygène moléculaire devient rapidement impossible. L'oxygène dissous dans les eaux interstitielles de la vase est rapidement éliminé par la dégradation microbienne des particules de matière organique et n'est pas remplacé : le milieu devient alors anaérobie. L'activité des organismes anaérobies contribue certes à modifier la composition de la matière organique restante, mais cette activité cesse rapidement.

Les constituants majeurs de la matière organique vivante sont les protéines, les lipides, les glucides, y compris la cellulose, et la lignine pour les végétaux supérieurs. Au cours de la sédimentation, ces composés subissent d'importantes transformations qui décident, dans une certaine mesure, du destin ultérieur de la matière organique. Les micro-organismes, en particulier les bactéries, jouent un rôle particulièrement important dans ces transformations, qui ont lieu dans des conditions très douces de température et de pression. La nutrition des bactéries s'opérant par voie osmotique, au travers de la membrane de la cellule, celles-ci procèdent d'abord à la destruction, par voie enzymatique, des polymères hautement organisés comme les protéines ou les polysaccharides. Les monomères individuels, comme les acides aminés simples, les sucres simples sont libérés. Ils peuvent alors être utilisés par les micro-organismes soit comme source d'énergie — et la matière organique est minéralisée et retourne à l'état de CO_2 et H_2O — soit pour synthétiser les constituants de leur cellule — et la matière organique retourne dans le cycle biologique. Enfin une faible part est préservée, et c'est cette « fuite » hors du circuit principal qui constitue la source des matières organiques fossiles (*fig. 1*). Le taux de préservation de la matière organique, et de son incorporation dans les sédiments, est faible. A l'échelle géologique, on peut l'évaluer à environ 0,1 %. Dans des milieux particuliers comme la mer Noire actuelle, où l'oxygène dissous disparaît dès 200 mètres de profondeur, avec établissement d'un milieu réducteur riche en hydrogène sulfuré[1], on a pu calculer qu'environ 4 % de la matière organique produite est conservée. Cela représente une valeur particulièrement élevée.

1. C'est à ce stade que le soufre peut s'introduire dans la matière organique (voir *La Recherche*, n° 45, mai 1974, p. 474).

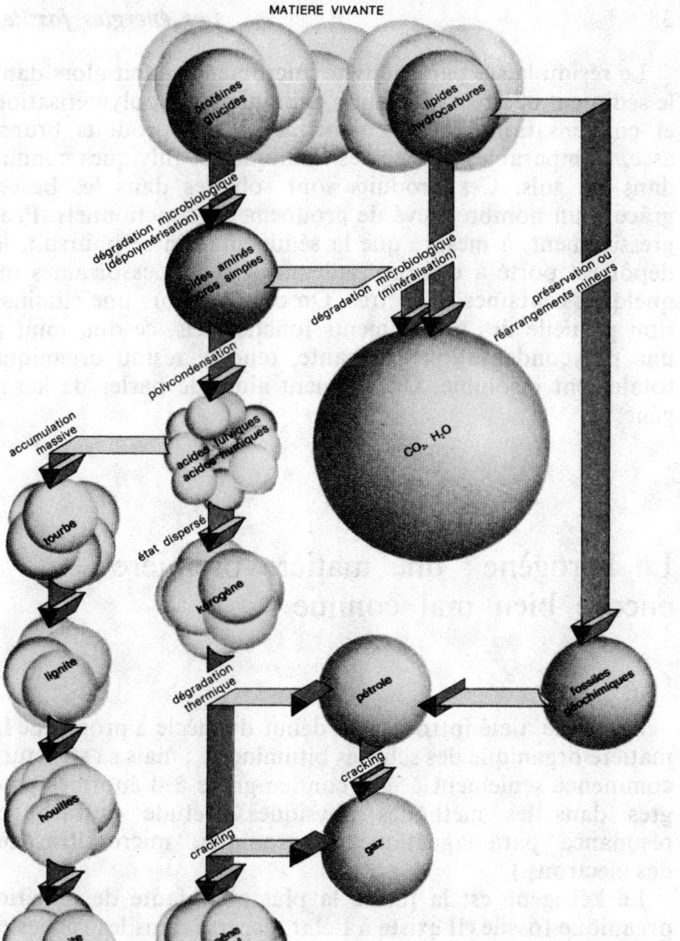

Fig. 1. Seule une petite partie de la matière organique est incorporée dans les sédiments. Elle subit toute une série de transformations qui produiront des combustibles fossiles. Une accumulation massive de végétaux supérieurs se transformera en tourbe, puis en lignite, puis en houille, puis en anthracite. La matière organique dispersée d'origine marine ou terrestre produira du pétrole ou du gaz.

Le résidu laissé par l'activité microbienne subit alors dans le sédiment une réorganisation chimique avec polymérisation et condensation donnant naissance à des produits bruns, assez comparables aux acides humiques et fulviques connus dans les sols. Ces produits sont solubles dans les bases, grâce à un nombre élevé de groupements fonctionnels. Progressivement, à mesure que la sédimentation se poursuit, le dépôt est porté à des profondeurs de quelques dizaines ou quelques centaines de mètres. On observe alors une élimination partielle des groupements fonctionnels, ce qui, joint à une polycondensation croissante, rend le résidu organique totalement insoluble. On convient alors de parler de kérogène.

Le kérogène : une matière première encore bien mal connue

Ce terme a été introduit au début du siècle à propos de la matière organique des schistes bitumineux ; mais sa structure commence seulement à être connue grâce à d'énormes progrès dans les méthodes physiques d'étude (infrarouge, résonance paramagnétique électronique, microdiffraction des électrons.)

Le kérogène est la forme la plus abondante de matériel organique fossile. Il existe à l'état dispersé dans les roches et constitue la source du pétrole et du gaz, aussi bien que le constituant organique des schistes bitumineux. Le kérogène est solide et insoluble, en particulier dans tous les solvants organiques usuels. Si on l'observe au microscope, on s'aperçoit qu'il est formé d'un grand nombre de petites particules dont certaines ont conservé des formes caractéristiques du matériel d'origine — algues, spores, pollens, tissus végétaux — mais dont la majeure partie se présente en général sous un aspect amorphe. Plusieurs types de particules peuvent coexister dans une roche, et on conçoit bien que le kérogène est alors un mélange hétérogène de constituants dont la composition chimique peut varier de manière notable.

On peut se faire une idée schématique du type de structures chimiques existant dans le kérogène, en le décrivant comme formé de noyaux polycycliques (polyaromatiques ou hétérocycles comportant de l'azote ou du soufre) reliés entre eux par des chaînes aliphatiques ou des liaisons hétéroatomiques (*fig. 2*). Noyaux et chaînes peuvent, en outre, porter des groupements fonctionnels. L'ensemble noyaux-chaînes-groupements fonctionnels forme une macromolécule, tridimensionnelle et réticulée. Il ne s'agit pas à proprement parler d'un polymère, puisqu'on n'y retrouve pas la répétition d'un même motif structural ou même d'un petit nombre de motifs. Mais, statistiquement, l'arrangement reste toujours de même nature avec les mêmes trois composants. On peut parler d'un géopolymère, par opposition aux biopolymères que sont les protéines ou les polysaccharides synthétisés par les organismes. Dans cet assemblage, les noyaux polyaromatiques constituent les briques de l'édifice, cependant que chaînes et groupements fonctionnels en sont le liant. Au cours de l'évolution, les noyaux représenteront la partie stable et relativement inerte du kérogène, cependant que l'évolution portera surtout sur les groupements fonctionnels et les chaînes aliphatiques.

Dans un bassin sédimentaire, le dépôt de nouvelles couches se poursuit en général pendant des dizaines, voire des centaines de millions d'années. Les sédiments précédemment déposés sont ainsi enfouis sous des centaines, puis des milliers de mètres de dépôts postérieurs. Cet enfouissement amène une augmentation considérable de la température. Le taux d'accroissement, ou gradient géothermique, peut varier de 15 à 80 °C/km ; dans beaucoup de bassins sédimentaires, un gradient de 30 °C/km représente une valeur moyenne acceptable. Le kérogène, s'étant formé dans les conditions de température assez douces qui règnent au voisinage du fond des mers ou des lacs, se trouve en équilibre métastable dans ces conditions. Lorsqu'il est porté à des températures nettement plus élevées, il se trouve alors hors d'équilibre et

2 A

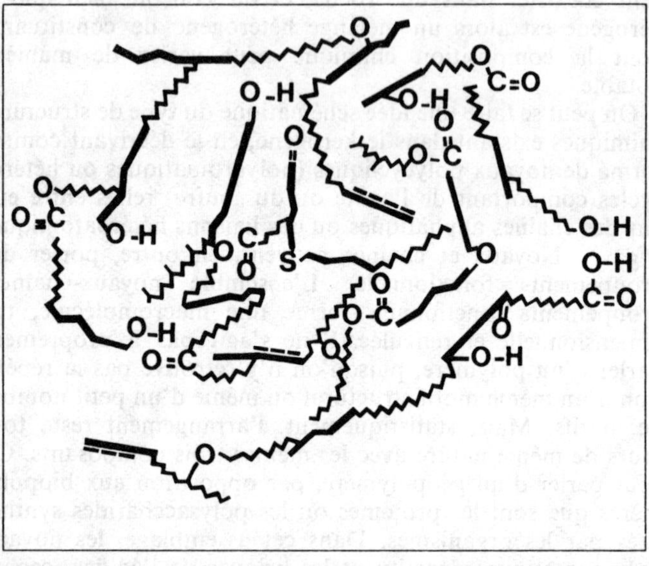

Fig. 2. Le kérogène peu enfoui (2A) est une macromolécule composée de noyaux polyaromatiques reliés entre eux par des chaînes aliphatiques et des liaisons hétéroatomiques. Les chaînes saturées peuvent être de longueur très variable, allant de un atome de carbone (groupes méthyl) jusqu'à une trentaine de ceux-ci (comme dans les cires naturelles). Les liaisons hétéroatomiques et autres groupements fonctionnels compren-

va subir un réarrangement progressif en direction de l'équilibre thermodynamique. On observe d'abord une élimination des groupements oxygénés, que l'on peut suivre au moyen de l'analyse élémentaire du kérogène (*fig. 3*) et par spectrométrie infrarouge[1]. On obtient du gaz carbonique, de l'eau et des produits oxygénés. Puis dans une seconde étape, la teneur en hydrogène diminue : le rapport H/C baisse de manière

1. B. Durand et J. Espitalié, *C. R. Acad. Sc.*, *276 D*, 1973, p. 2253 ; *Geoch. Cosmoch. Acta*, *40*, 1976, p. 801.

2 B

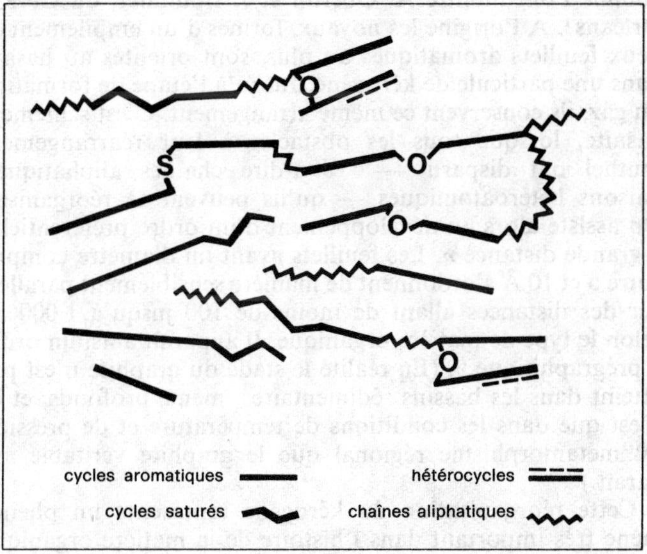

nent le plus souvent de l'oxygène (fonctions acide, ester, cétone, etc.). La majeure partie de l'azote et du soufre se trouve à l'intérieur d'hétérocycles comme celui du thiophène, qui comporte quatre atomes de carbone et un atome de soufre. Au cours de l'enfouissement, le kérogène subit une importante dégradation thermique (2B) ; groupements fonctionnels et chaînes disparaissent, et il reste surtout les noyaux.

sensible cependant que le rapport O/C est peu affecté. En spectrométrie infrarouge, les bandes d'absorption liées aux groupements saturés CH_2, CH_3 sont progressivement éliminées. Les produits libérés sont d'abord des hydrocarbures liquides, puis des hydrocarbures légers gazeux quand la zone de craquage est atteinte (*fig. 4*).

Pendant ces deux étapes, les noyaux polyaromatiques sont peu affectés. La microdiffraction des électrons, technique analogue à la diffraction X, mais intéressant des domaines d'arrangements cristallins plus petits, permet de s'en assurer, comme l'ont montré A. Oberlin et J. Boulmier, du CNRS, Orléans[1]. A l'origine les noyaux, formés d'un empilement de deux feuillets aromatiques au plus, sont orientés au hasard dans une particule de kérogène. Jusqu'à l'étape de formation du gaz, ils conservent ce même arrangement. C'est seulement ensuite, lorsque tous les obstacles à leur réarrangement mutuel ont disparu — c'est-à-dire chaînes aliphatiques, liaisons hétéroatomiques — qu'ils peuvent se réorganiser. On assiste alors au développement d'un ordre préférentiel à « grande distance ». Les feuillets ayant un diamètre compris entre 5 et 10 Å s'ordonnent de manière sensiblement parallèle sur des distances allant de moins de 100 jusqu'à 1 000 Å, selon le type de matière organique. Il apparaît ainsi un ordre « prégraphitique ». (En réalité le stade du graphite n'est pas atteint dans les bassins sédimentaires, même profonds, et ce n'est que dans les conditions de température et de pression du métamorphisme régional que le graphite véritable apparaît.)

Cette réorganisation du kérogène représente un phénomène très important dans l'histoire de la matière organique sédimentaire. La formation des hydrocarbures, huile et gaz, correspond à l'élimination préalable de tous les obstacles au parallélisme des noyaux polyaromatiques : ces obstacles sont par exemple les chaînes aliphatiques ou les cycles saturés non plans. Par suite, la genèse du pétrole apparaît bien comme une conséquence nécessaire de la réorganisation progressive du kérogène. L'évolution du kérogène dispersé, contenu dans les sédiments, peut être comparée à celle du charbon, matière organique, déposée en lits compacts, presque purs. Le long du chemin d'évolution qui conduit de la tourbe au lignite, puis aux charbons de divers rangs, et finalement à l'anthracite, on observe des phénomènes comparables. C'est ainsi qu'une mesure fréquemment réalisée par les charbonniers pour évaluer le rang d'un charbon — le pouvoir réflecteur d'un constituant appelé vitrinite — a pu être transposée pour évaluer l'état d'évolution d'un kérogène : état précoce insuffisamment évolué, zone à huile, zone à gaz.

1. A. Oberlin et coll., *Adv. in Organic Chemistry*, Pergamon Press, 1971, p. 577 ; *6th Int. Congr. Org. Geochem.*, Paris, 1973.

Globalement, la formation des hydrocarbures à partir du kérogène peut être considérée comme équivalente à une dismutation (bien que les mécanismes réels soient plus complexes) : à partir d'un kérogène de composition donnée se forment d'une part des hydrocarbures, enrichis en hydrogène, d'autre part un kérogène résiduel, surtout polyaromatique et appauvri en hydrogène. On voit que la qualité d'un kérogène, c'est-à-dire son aptitude à produire du pétrole ou du gaz, dépend en premier lieu de sa composition originelle. Un kérogène riche en hydrogène et en chaînes aliphatiques (type I ou II de la figure 3) peut fournir une quantité importante d'huile, puis de gaz s'il est enfoui à des profondeurs suffisantes. C'est le cas des matières organiques issues du phytoplancton, en particulier d'algues, ou de bactéries. Par contre un kérogène pauvre en hydrogène, comportant surtout du matériel polyaromatique et des groupements fonctionnels oxygénés (type III de la figure 3) possède un faible potentiel en huile ; il pourra cependant produire du gaz par craquage à grande profondeur. C'est le cas des matières organiques issues des végétaux supérieurs terrestres.

Des molécules fossiles

La voie qui vient d'être exposée aboutit à la formation de la grande masse des hydrocarbures du pétrole (de 90 à 100 %). Cependant, il existe une autre source d'hydrocarbures dans le sous-sol qui, bien que peu importante en quantité, est d'un grand intérêt géologique. Il s'agit des hydrocarbures ou composés très voisins, par exemple les acides ou alcools gras, synthétisés par les organismes qui vivaient au moment du dépôt. Ils sont alors incorporés dans le sédiment sans modification, ou avec des réarrangements qui préservent le squelette carboné. Cette catégorie de molécules peut être appelée « fossiles géochimiques ». En effet, à l'instar des ammonites, qui sont des macrofossiles, ou des foraminifères microscopiques, qui sont des microfossiles, ces composés sont

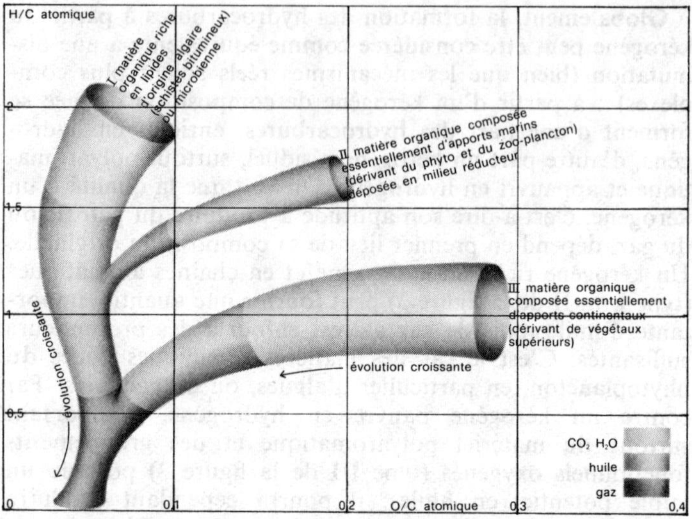

Fig. 3. Selon l'origine de la matière organique qui les compose, les kérogènes suivent différentes voies d'évolution (I, II, III). Dans l'ensemble, on peut dire que, dans un premier temps, le rapport atomique O/C du kérogène décroît, cependant que le rapport H/C varie peu. Cette perte d'oxygène se traduit en infrarouge par une diminution de la bande d'absorption liée aux groupes carbonyle C = O et carboxyle —COOH. Le résultat de cette première étape est la formation de gaz carbonique, d'eau et de composés hétéroatomiques lourds (résines, asphaltènes) qui contiennent tous de l'oxygène (en couleur claire). Dans une seconde étape, c'est la teneur en hydrogène qui diminue : le rapport H/C baisse tandis que le rapport O/C est peu affecté. En spectrométrie infrarouge, les bandes CH_2 sont progressivement éliminées. On obtient des huiles puis des hydrocarbures gazeux.

des molécules chimiques fossiles. Les fossiles géochimiques, hérités des organismes vivant au moment du dépôt, présentent des structures chimiques très caractéristiques, comme les terpènes et les stéroïdes (*fig. 5*). Ils constituent d'ailleurs un témoignage de l'origine organique des pétroles, car leur synthèse par voie abiogène est hautement improbable. Ces molécules sont particulièrement abondantes dans les fractions lourdes des pétroles, et certains types moléculaires sont nettement prédominants. Au contraire, les hydrocarbures issus de la dégradation du kérogène présentent une structure chimique simple, leur poids moléculaire est faible ou moyen, et dans chaque famille les distributions par nombre d'atomes de carbone sont régulières. Ce sont surtout des alcanes normaux ou ramifiés, des cyclanes à un ou deux cycles, des aromatiques dérivés du benzène et du naphtalène. Nous passerons brièvement en revue quelques-uns des principaux types de fossiles géochimiques, en essayant de les rattacher aux organismes dont ils sont les témoins. On voit quel parti la géologie pourra en tirer pour la reconstitution des environnements anciens.

Les alcanes normaux et ramifiés comprennent des molécules fossiles synthétisées par les organismes soit à l'état d'hydrocarbure, soit à l'état d'acide ou d'alcool. Des réarrangements ultérieurs par décarboxylation, réduction, etc. les transforment en général en hydrocarbures. Les n-alcanes fossiles les plus caractéristiques sont les molécules avec 15 et 17 atomes de carbone, qui, lorsqu'elles sont très prédominantes, sont généralement héritées des algues planctoniques ou benthiques, et les molécules de rang impair contenant de 25 à 33 atomes de carbone, qui proviennent des cires cuticulaires des végétaux terrestres. Ces cires sont destinées à protéger les plantes de l'évaporation ; elles contiennent aussi les esters d'acides et d'alcools à chaîne longue de rang pair qui, par défonctionnalisation, viendront renforcer les n-alcanes impairs déjà mentionnés. Ainsi, la présence d'un certain type d'alcane permettra de reconnaître la nature terrestre ou marine de l'environnement au moment du dépôt. Les acides gras ramifiés de la série iso (2-méthyl) et antéiso (3-méthyl) sont synthétisés en particulier par les microorganismes qui remanient la matière organique pendant et immédiatement après son dépôt. Dans le cas où la biomasse bactérienne constitue une part importante du contenu organique d'un sédiment, on retrouve dans les roches et dans les pétroles bruts correspondants les iso et antéisoalcanes qui en sont issus.

Les terpènes naturels sont formés par l'assemblage d'un certain nombre d'unités isoprène à 5 atomes de carbone. On connaît aussi bien des composés linéaires (chaînes ramifiées) que des composés cycliques (cyclisation qui peut intervenir à

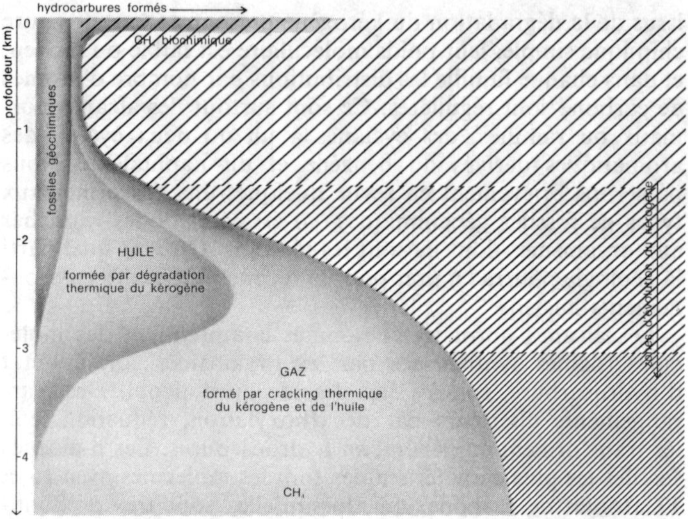

Fig. 4. Formation des hydrocarbures au cours de l'enfouissement des sédiments. L'échelle des profondeurs est seulement indicative ; elle dépend du gradient géothermique et de l'âge des formations. Les zones d'évolution du kérogène (hachurées) se rapportent aux trois étapes principales distinguées sur la figure 3.

partir de 2 unités isoprène). Parmi les plus importants, on peut citer les monoterpènes (10 atomes de C), les diterpènes (20 atomes de C), les triterpènes (30 atomes de C) et les tétraterpènes (40 atomes de C). Aux triterpènes peuvent être rattachés les stéroïdes, dont la structure peut se déduire par perte de radicaux méthyle et qui contiennent donc un peu moins de 30 atomes de carbone.

Les terpènes en C_{10} présents dans les huiles tirées de végétaux supérieurs (essence de rose, de citron, d'orange, etc.) se retrouvent sous forme de molécules saturées dans les pétroles. Les diterpènes tricycliques comme l'acide abiétique, constituant important des résines de conifères, se retrouvent sous forme de molécules saturées ou aromatiques dans les séries géologiques. Un important diterpène acyclique est le phytol, un alcool qui intervient à l'état d'ester dans la molécule de chlorophylle. Celle-ci est incorporée dans des sédiments de type très varié, car la chlorophylle intervient aussi bien dans les végétaux marins que terrestres. Grâce à des réarrangements postérieurs, la molécule de chlorophylle donne naissance d'une part à des porphyrines dont on parlera plus loin, d'autre part à une série d'hydrocarbures saturés ramifiés dits « isoprénoïdes ». Les principaux isoprénoïdes sont ceux en C_{19} (pristane) et en C_{20} (phytane).

Les stéroïdes tétracycliques et triterpénoïdes pentacycliques sont parmi les plus importants fossiles géochimiques. Les stérols sont largement distribués dans tous les organismes vivants, végétaux ou animaux. Les triterpènes pentacycliques se rencontrent surtout dans les plantes terrestres, mais une famille particulièrement répandue dans les séries géologiques est celle du hopane, qui se rencontre également dans des organismes procaryotes (algues bleu-vert, bactéries [1]).

Alors que les molécules naturelles, par exemple les stérols, contiennent le plus souvent une ou plusieurs doubles liaisons, cette configuration n'est pas stable et disparaît progressivement au cours de l'histoire géologique. Dans les huiles brutes, on ne rencontre que les formes totalement saturées ou dans lesquelles, au contraire, la molécule est stabilisée par aromatisation d'un ou plusieurs cycles. Le sens de l'évolution, saturation ou aromatisation, dépend, semble-t-il, à la fois du milieu plus ou moins réducteur où se dépose le sédiment, et de la configuration primitive de la molécule. C'est ainsi que les triterpènes qui possèdent un groupement fonctionnel sur le noyau cyclique se retrouvent dans les sédiments sous forme d'alcools, de cétones ou d'hydrocarbures comportant un ou plusieurs cycles aromatisés. Au contraire, les triterpènes de la famille du hopane, qui ne comportent pas de groupement fonctionnel sur le noyau cyclique, peuvent se rencontrer aussi bien sous la forme saturée qu'aromatique.

Les tétraterpènes en C_{40} comprennent des pigments importants comme le carotène, pigment orange des carottes que l'on rencontre aussi dans la plupart des classes d'algues, ou le lycopène, pigment rouge de la tomate et d'autres fruits.

1. Travaux du laboratoire du Pr Ourisson, Strasbourg, et en particulier : A. Van Dorsselaer, thèse, 1975 ; M. Dastillung, thèse, 1976.

Ces molécules se retrouvent à l'état d'hydrocarbures saturés dans certains types de sédiments, par exemple les schistes bitumineux de Green River, aux États-Unis, vieux de 50 millions d'années.

Les porphyrines, enfin, sont les premières molécules fossiles reconnues comme telles et dont l'identification a marqué une étape capitale dans la théorie de l'origine organique du pétrole. A. Treibs a montré dès 1934 que ces molécules qui existent dans les pétroles comprennent un assemblage de quatre noyaux pyrrole unis à un ion métallique (nickel ou vanadyle), placé au centre du système. Cette structure est directement dérivée de celle de la chlorophylle des plantes ou de l'hémine du sang, deux pigments qui jouent un rôle essentiel dans la vie des végétaux et des animaux. La synthèse dans les roches de composés aussi spécifiques, par une voie abiogène, parut si hautement improbable qu'on considéra dès cette époque l'identification des porphyrines comme une preuve de l'origine organique des pétroles.

Les fossiles géochimiques jouent un grand rôle en géochimie pétrolière, pour reconnaître les types de matière organique, et par là leur qualité, et pour corréler des huiles brutes entre elles ou avec leur roche mère. On peut aussi s'attendre à des développements intéressants en géologie sédimentaire pour reconstituer les environnements des dépôts anciens. Mais, en fait, les fossiles géochimiques contiennent une information qui doit permettre d'aller plus loin que la simple reconnaissance des grands types de dépôt, marin ou continental. C'est ainsi que W. Seifert, de Richmond (EU), travaillant sur un pétrole brut de Californie, a identifié quatre acides en C_{22} et C_{24} appartenant au groupe des stéroïdes. Leur stéréochimie permet de montrer qu'ils dérivent des acides biliaires et, par là, de prouver une contribution animale dans la matière organique qui a formé ce

→

Fig. 5. Exemples de fossiles géochimiques trouvés dans les sédiments ou dans les pétroles bruts, avec leur précurseur probable, tel qu'il est connu dans les organismes actuels. Certaines molécules, comme les alcanes normaux des cires cuticulaires de végétaux ou l'isoarborinol (alcool triterpénique), ont été incorporées sans changement dans les sédiments. D'autres subissent des réarrangements qui stabilisent la molécule mais préservent le squelette carboné.

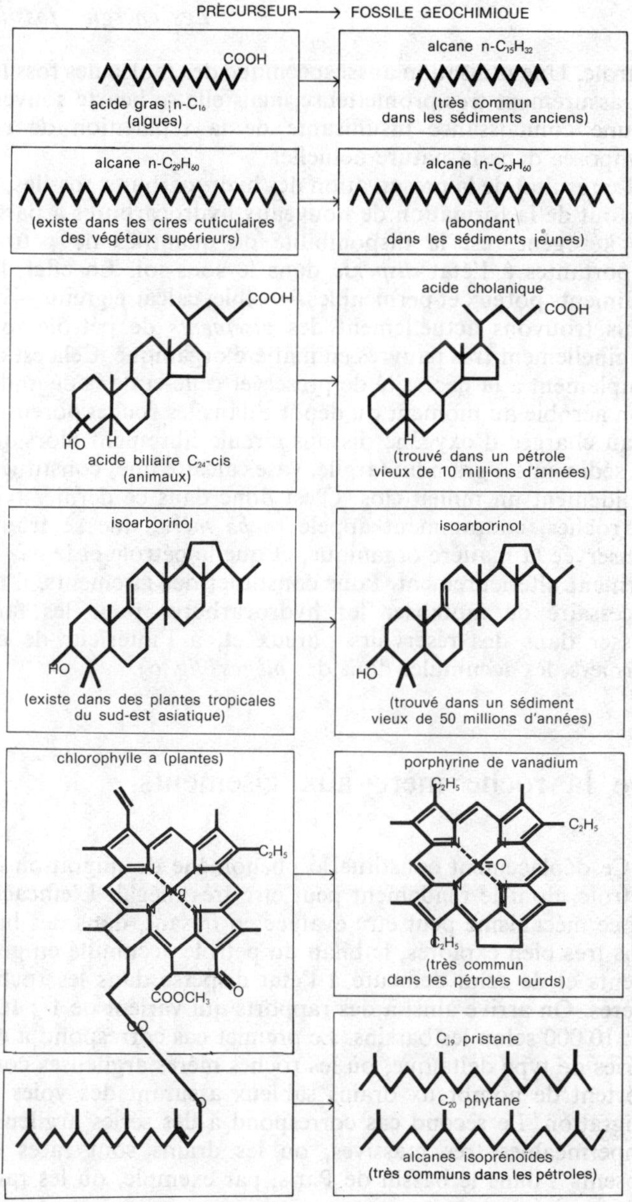
PRÈCURSEUR ⟶ FOSSILE GEOCHIMIQUE
COOH
acide gras n-C_{16}
(algues)
alcane n-$C_{15}H_{32}$
(très commun
dans les sédiments anciens)
alcane n-$C_{29}H_{60}$
(existe dans les cires cuticulaires
des végétaux supérieurs)
alcane n-$C_{29}H_{60}$
(abondant
dans les sédiments jeunes)
COOH
HO
H
acide biliaire C_{24}-cis
(animaux)
acide cholanique
COOH
H
(trouvé dans un pétrole
vieux de 10 millions d'années)
isoarborinol
HO
(existe dans des plantes tropicales
du sud-est asiatique)
isoarborinol
HO
(trouvé dans un sédiment
vieux de 50 millions d'années)
chlorophylle a (plantes)
C_2H_5
N
N
Mg
N
N
COOCH$_3$
O
O
O
porphyrine de vanadium
C_2H_5
C_2H_5
N
N
V=O
N
N
C_2H_5
(très commun
dans les pétroles lourds)
C_{19} pristane
C_{20} phytane
alcanes isoprénoïdes
(très communs dans les pétroles)

pétrole. Une utilisation aussi spécifique des molécules fossiles est assurément très prometteuse, mais elle se heurte souvent à une connaissance insuffisante de la répartition de ces composés dans la nature actuelle.

Le résultat de la préservation des hydrocarbures fossiles, et surtout de la formation de nouveaux hydrocarbures à partir du kérogène, est la disponibilité de quantités de pétrole importantes à l'état *dispersé* dans le sous-sol. En effet, les sédiments poreux et perméables — sable, calcaire grenu — où nous trouvons actuellement des *gisements* de pétrole sont originellement très pauvres en matière organique. Cela est dû simplement à la nécessité de préserver celle-ci de la dégradation aérobie au moment du dépôt : dans les roches poreuses, l'eau chargée d'oxygène dissous circule librement alors que les sédiments à grain fin (argile, vase calcaire fine) constituent rapidement un milieu clos. C'est donc dans ce dernier type de roches, couramment appelé *roche mère*, que se trouve conservée la matière organique, et que le pétrole et le gaz se forment ultérieurement. Pour constituer des gisements, il est nécessaire de mobiliser les hydrocarbures pour les faire passer dans des réservoirs poreux et, à l'intérieur de ces derniers, les accumuler dans des *pièges* (*fig. 6*).

De la roche mère aux gisements

Ce déplacement constitue le phénomène de migration du pétrole, dont le rendement peut être très inégal. L'efficacité de ce mécanisme peut être évaluée en faisant, dans des bassins très bien explorés, le bilan du pétrole accumulé en gisements et de celui demeuré à l'état dispersé dans les roches mères. On arrive ainsi à des rapports qui varient de 1 : 10 à 1 : 10 000 selon les bassins. Le premier cas correspond à des séries de type deltaïque, où les roches mères argileuses comportent de nombreux drains sableux assurant des voies de migration. Le second cas correspond à des séries argileuses imperméables très massives, où les drains sont rares ou absents : dans le bassin de Paris, par exemple, où les rares

6

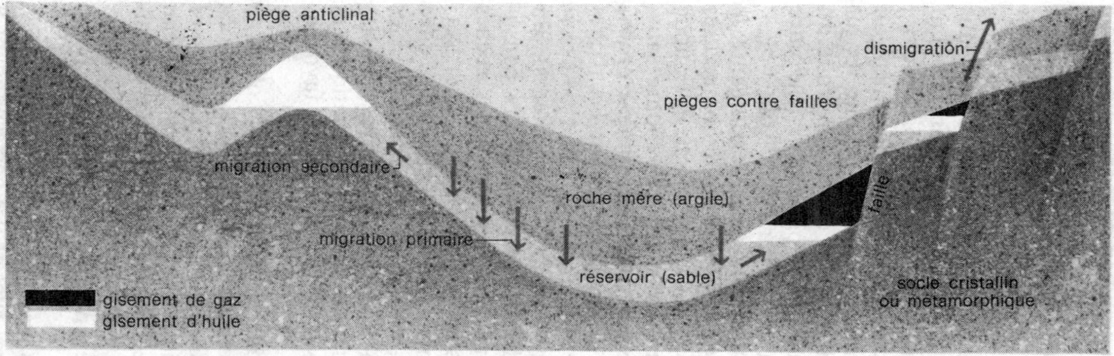

Fig. 6. Formé à partir de la matière organique enfouie dans les sédiments, par exemple la roche mère argileuse, le pétrole se trouve à l'état dispersé dans le sous-sol. De là, il va migrer vers une roche poreuse (migration primaire) où il voyagera jusqu'à ce qu'il rencontre un piège convenable (anticlinal ou faille) où il s'accumulera, constituant un gisement.
Fig. 7. Le passage de la roche mère à la roche poreuse s'accompagne d'un changement dans la composition chimique du pétrole. Dans les deux cas, série détritique (roche mère = argile ; réservoir = sable) et série carbonatée (roche mère = marne ; réservoir = calcaire), les composés lourds et polaires (résines et asphaltènes) restent préférentiellement absorbés dans la roche mère, alors que les huiles de gisement sont enrichies en hydrocarbures, et particulièrement en saturés.

7

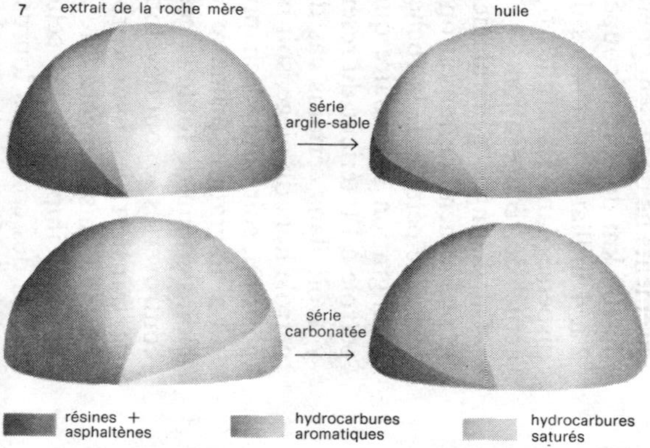

gisements ne dépassent guère un million de tonnes, un prisme de 100 km de côté découpé sous la Champagne contient de 2 à 4 milliards de tonnes d'hydrocarbures à l'état finement dispersé dans les argiles ou les marnes, sans aucun espoir actuel de récupération.

On distingue généralement deux phases successives dans le phénomène de migration : la migration primaire, qui fait passer le pétrole de la roche mère dans un réservoir poreux ; la migration secondaire qui correspond au déplacement du pétrole à l'intérieur du réservoir, vers un piège. Enfin il peut y avoir dans certains cas dismigration, c'est-à-dire fuite du pétrole hors du piège, soit pour aller se piéger dans une autre position, soit pour s'échapper vers la surface du sol.

La migration primaire est certainement le domaine le moins connu de toute la géologie pétrolière. De nombreuses controverses se sont développées sur le mécanisme et le mode de transfert des hydrocarbures sans qu'une réponse satisfaisante puisse encore être apportée. Un phénomène probablement important est celui de l'adsorption sur les roches mères des composés lourds et polaires, contenant de l'oxygène, de l'azote et du soufre (résines et asphaltènes). En effet, l'ordre d'abondance décroissante des divers constituants du pétrole que l'on peut observer dans les roches mères est généralement : résines et asphaltènes, hydrocarbures aromatiques, hydrocarbures saturés. Il est inversé dans la plupart des pétroles bruts, ce qui est en accord avec les caractéristiques d'adsorption : celle-ci est forte pour les résines et asphaltènes, plus faible pour les aromatiques et pratiquement nulle pour les saturés qui sont donc favorisés dans la migration (*fig. 7*).

Les mécanismes d'expulsion font actuellement l'objet de nombreuses controverses et tous se heurtent à des objections qu'il n'est pas facile de lever. Deux modes principaux peuvent être envisagés : monophasique — mouvement de l'eau entraînant des hydrocarbures dissous ou à l'état de micelles —, ou polyphasique — mouvement d'une phase huile, ou gaz, plus ou moins indépendant de celui de la phase aqueuse.

Si l'on essaie de résumer les mécanismes les plus plausibles, on peut distinguer deux étapes successives correspondant à un enfouissement croissant des roches. A profondeur faible — par exemple jusqu'à 1 000 mètres — des quantités importantes d'eau sont expulsées de la roche mère : en dépit de la solubilité médiocre, l'eau pourrait alors constituer un véhicule relativement efficace. Il convient cependant de se rappeler que cette gamme de profondeur se situe avant la zone principale de formation du pétrole et que les quantités disponibles seront donc limitées. Lorsque la profondeur augmente, le volume d'eau disponible pour l'expulsion devient de plus en plus faible et ne pourra donc plus véhiculer que des quantités insignifiantes de pétrole. Par contre, à mesure que la roche mère entre dans la zone principale de formation du pétrole, puis dans celle de formation du gaz, la pression augmente considérablement à l'intérieur du massif de roche mère. Cela tient d'une part au poids des terrains surincombants : la pression dans les réservoirs est approximativement hydrostatique, alors qu'elle peut atteindre la pression géostatique (= de la colonne de sédiment) dans les argiles ou les marnes. D'autre part, la genèse des hydrocarbures aboutit à une élévation considérable de pression puisqu'elle forme à partir d'une macromolécule de kérogène, et dans un volume donné, un grand nombre de molécules d'hydrocarbures et particulièrement de gaz. La pression peut alors atteindre des valeurs suffisantes pour vaincre la capillarité, ou encore pour dépasser le seuil de résistance mécanique de la roche, où des microfissures se développent, permettant au pétrole et au gaz de s'échapper.

Une fois atteint un réservoir poreux, le mouvement du pétrole et du gaz s'explique facilement par les différences de densité avec l'eau qui remplit normalement ce réservoir. Les hydrocarbures tendent, de ce fait, à occuper les points hauts de la couche et viennent se piéger dans des dômes anticlinaux, contre des failles, dans des biseaux déterminés par des variations pétrographiques, etc.

A ce point, l'histoire de la formation d'un gisement de pétrole est souvent terminée. Dans certains cas, cependant, il peut encore subir des changements profonds par dismigration, évolution thermique ou altération. La *dismigration* est une fuite des hydrocarbures hors du piège. Ils peuvent soit venir remplir un autre piège, soit atteindre progressivement la surface : c'est là l'origine des indices de pétrole et de gaz, dont certains peuvent être importants, comme les « feux éternels » de Baba Gurgur, en Mésopotamie, ou le lac de bitume de Trinidad. L'*évolution thermique* se produit lorsqu'un piège contenant du pétrole se trouve porté à des profondeurs et températures plus élevées, par exemple à cause du dépôt d'un nouveau cycle sédimentaire. Le craquage peut alors intervenir pour former des hydrocarbures plus légers et en particulier du gaz. L'*altération*, enfin, peut être physico-chimique ou biochimique, et souvent les deux à la fois. Le lessivage par les eaux souterraines peut entraîner les composés les plus solubles, en particulier les molécules légères. Si les eaux sont chargées d'oxygène dissous, en particulier si l'huile arrive au voisinage de la surface par migration, il peut y avoir oxydation du pétrole. Mais c'est surtout la dégradation biochimique, par des micro-organismes aérobies, qui introduit les modifications de composition les plus remarquables. Sélectivement, les alcanes normaux, puis ramifiés, enfin les molécules cycliques sont attaqués par les bactéries. Par contre les composés lourds, résines et asphaltènes, ne sont pas dégradés. L'huile devient alors lourde, visqueuse, voire solide ; ainsi se forment les sables ou calcaires bitumineux, selon le type de réservoir dans lequel est contenue l'huile lourde. Ce type de dépôt peut avoir une ampleur considérable : les sables de l'Athabasca, au Canada, contiennent environ 150 milliards de tonnes de bitume ; deux autres gisements, celui du Venezuela oriental et celui des îles arctiques du Canada ont une ampleur comparable.

L'histoire de la formation des gisements de pétrole et de gaz nous explique la relative rareté de ces fluides. Lors du dépôt des roches mères, l'essentiel de la matière organique produite dans le bassin de sédimentation est détruit ou recyclé. La fraction de la matière organique morte qui est fossilisée n'excède pas 1 % et représente seulement une « fuite » par rapport au cycle principal du carbone organique. Au cours de l'enfouissement progressif des sédiments, la zone principale de formation du pétrole constitue une fenêtre bien délimitée : si l'enfouissement n'est pas suffisant, les quantités d'hydrocarbures sont insignifiantes ; si l'enfouissement se poursuit trop longtemps, le seuil de craquage est atteint, et l'huile est remplacée par du gaz. La migration enfin possède un rendement qui va de 0,01 à 10 %.

Cette relative rareté des accumulations de pétrole ou de gaz nous explique les difficultés rencontrées par l'exploration, une fois « écrémés » les gisements les plus faciles à trouver. On voit aussi les importantes conséquences des recherches fondamentales menées sur la genèse du pétrole, qui nous permettent maintenant d'évaluer la probabilité de formation de pétrole ou de gaz en mesurant l'abondance, la qualité et l'état d'évolution de la matière organique. On voit enfin l'importance qui s'attache à l'élucidation des mécanismes de la migration, ce qui nous permettra alors de compléter notre évaluation des quantités de pétrole formées par celle des quantités accumulées.

Une autre conséquence est le souci de ne pas gaspiller cette richesse qui n'a pu s'accumuler que grâce à un enchaînement complexe de circonstances géologiques favorables, et ne peut se renouveler qu'à l'échelle de plusieurs millions d'années. L'usage du pétrole est difficilement remplaçable, à court terme, dans la plupart de ses applications. Mais on devra certainement, à long terme, restreindre son application à des usages pour lesquels aucun substitut satisfaisant ne peut être trouvé, et en particulier à des usages nobles, comme la pétrochimie.

POUR EN SAVOIR PLUS

Actes du 6e Congrès international de géochimie organique, Technip, 1973.

M. Louis, *Cours de géochimie du pétrole*, Technip, 1967.

C. Salle, J. Debyser, *Formation des gisements de pétrole*, Technip, 1976.

B. Tissot et al., « Influence of nature and diagenesis of organic matter in formation of petroleum », *Bull. Amer. Assoc. Petr. Geol.*, mars 1974.

La Recherche, avril 1977

2. Trouver du pétrole grâce à la dérive des continents

John Gribbin

Toute idée nouvelle qui peut nous aider à localiser et à mesurer les réserves de pétrole et de gaz subsistant dans le monde est aujourd'hui de la plus grande importance. Dans ce sens, la tectonique des plaques et la dérive des continents apportent précisément les indications dont ont besoin les prospecteurs de pétrole, car elles indiquent non seulement le lieu prévisible des gisements mais aussi leur déplacement à la surface de notre terre, qui a changé pendant les ères géologiques. Puisque les continents se déplacent, deviner l'emplacement possible des nouveaux gisements tient aujourd'hui de l'enquête policière. Bien que le concept de tectonique des plaques — nouvelle version de la dérive des continents — soit établi depuis une dizaine d'années, son application à la localisation des nouvelles réserves de pétrole n'en est qu'à ses tout débuts. Jusqu'ici, aucun champ de pétrole n'a été découvert à l'aide de ces théories géophysiques, mais le jour d'une telle découverte pourrait être proche. La valeur de ce nouvel outil pour les géologues prospecteurs est soulignée par le soin que mettent les experts des différentes sociétés pétrolières à cacher leurs cartes géographiques, et à refuser de discuter sur leurs intentions de jeu.

Il y a 100 millions d'années, l'océan Atlantique n'existait pas et les continents qui s'appellent maintenant Amérique, Europe et Afrique étaient accolés en un supercontinent. Les changements qui se sont produits quand les parties de ce supercontinent se sont d'abord dissociées puis éloignées expliquent bien des bizarreries de l'emplacement actuel des réserves pétrolières. Ainsi, par quelle énigme le pétrole qui, selon les experts, devrait se former dans les régions basses des deltas se trouve-t-il en haut de la chaîne des Andes sud-américaines?

Les réserves de pétrole et de gaz (gisements d'hydrocarbures) sont supposées se constituer à partir de matières organiques. Le pétrole provient essentiellement des restes de protéines animales, et le gaz (ainsi qu'une faible quantité du pétrole) est le produit de la décomposition des végétaux. Les gisements sont souvent déposés dans les deltas des grandes rivières, où les débris organiques s'accumulent au cours des ères géologiques jusqu'au moment où ils seront éventuellement recouverts de sédiments et déplacés en masse par les mécanismes qu'implique la dérive des continents. Mais l'action des bactéries sur les matières organiques se poursuit longtemps après que se sont constitués les réservoirs de pétrole et de gaz. Même alors, les réserves peuvent se dissiper ou s'écouler, ou encore être transformées par l'action bactérienne ultérieure. Cependant, en général, on a les plus grandes chances de trouver de nouvelles réserves d'hydrocarbures en localisant les régions de la croûte terrestre où jadis de grands fleuves se sont déversés dans la mer.

Des deltas au sommet des montagnes

Ici donc commence le travail de détective dont la première étape a été pour les géophysiciens de se convaincre eux-mêmes de la validité de leurs idées pour localiser les gisements pétrolifères existants.

Ces gisements ne peuvent pas se former dans les montagnes. Et pourtant, ils y sont. Donc, quand les gisements se sont déposés, les rochers dans lesquels ils sont enfermés devaient se trouver au niveau de la mer où quelque grand fleuve charriait les débris organiques vers son delta. Il y a quinze ou vingt ans, l'argument courant aurait invoqué un soulèvement vertical de la roche qui a formé les Andes, sans mentionner de mouvement horizontal. Pour expliquer alors l'origine de la matière organique arrivée dans les régions anciennement basses de l'ouest de l'Amérique du Sud, on n'aurait pas manqué d'évoquer un continent aujourd'hui disparu au sud de l'Atlantique (fantôme de l'Atlantide !), dont les rivières auraient coulé vers l'ouest. Mais il n'y a pas de preuve qu'une terre solide ait jamais rempli l'espace entre l'Amérique du Sud et l'Afrique. En effet, la croûte des fonds de l'océan est assez différente de la croûte des continents. Il ne peut donc y avoir de continents engloutis.

La théorie de la tectonique des plaques s'est fondée sur d'autres bases, mais elle seule permet aujourd'hui d'expliquer la présence de pétrole dans les Andes. Les spécialistes de la dérive peuvent donc désormais croire en leur capacité à prévoir des réserves encore inconnues. La dernière pièce de ce puzzle particulier est l'explication de la formation des Andes à partir d'une région côtière anciennement basse. Elle s'accorde avec la découverte que la côte occidentale de l'Amérique du Sud est le bord d'un plateau. Quand le continent a dérivé vers l'ouest avec l'expansion de l'Atlantique, il a été poussé au-dessus de la croûte du sol océanique vers l'ouest et le rebord du continent s'est froncé vers le haut à la manière d'une nappe qui se plisse quand un plat lourd est poussé sur elle. Il s'agit d'un cas particulier, la plupart des continents ne constituant pas le bord antérieur d'une plaque en mouvement.

En ce qui concerne les réserves de pétrole, les idées récentes sur le développement des bassins océaniques suggèrent que les rives de l'océan Atlantique en expansion ont dû être idéales pour le développement de réserves pétrolières qui ont mené depuis lors une vie tranquille loin de tout site d'orogenèse et pourraient être encore trouvées dans plusieurs régions de la côte. Tous les processus géophysiques de dérive des continents se déroulent encore aujourd'hui, et les géophysiciens peuvent étudier les premières étapes de la rupture des continents dans la mer Rouge où un foyer actif, relativement récent, de dilatation, l'Afar, est en train d'écarter lentement l'Afrique et l'Asie. Un jour la mer Rouge sera un océan. Aujourd'hui, elle nous donne une idée des conditions d'apparition de l'Atlantique comme une faille entre deux continents.

Une caractéristique de l'activité de la chaîne en expansion

qui court comme une épine dorsale le long de la mer Rouge réside dans une série de bassins profonds et chauds qui contiennent une saumure riche en sels métalliques, proie future des compagnies minières.

Mais un autre genre de bassin salé se trouve aussi dans la région de la mer Rouge. Il s'agit de sortes de lagons, ou bassins peu profonds qui se produisent, quand des régions côtières plates sont inondées puis asséchées, avec le retrait des eaux qui laissent une couche de dépôts salés ou d'évaporats. Les évaporats conviennent particulièrement au piégeage des réserves de pétrole et de gaz ; et, de fait, beaucoup de champs connus sont associés aux évaporats. Ainsi se complète le tableau pour le prospecteur pétrolier. Ce qu'il faut, c'est un océan peu profond aux régions côtières plates, bien arrosé par des rivières amenant des résidus organiques de l'intérieur du continent, et de préférence pas trop éloigné de l'équateur afin que la chaleur solaire puisse efficacement assécher les évaporats. Nous venons ainsi de définir la suite des opérations du mécanisme naturel de production du pétrole. Et l'exemple classique qui réunit toutes les pièces du modèle c'est... la mer du Nord !

Cherchez les failles

L'histoire du pétrole de la mer du Nord est une sorte de supplice de Tantale pour notre Sherlock Holmes géophysicien. Ces gisements de pétrole ont été trouvés évidemment en haute mer. Mais les découvertes faites pendant la dernière décennie venaient justement alors que la nouvelle représentation de la Terre obtenue par la tectonique des plaques fournissait des indices propres à démontrer que la mer du Nord *devait* être riche en pétrole.

Depuis la fin des années soixante, les sociétés pétrolières ont déployé tant d'efforts dans la mer du Nord (et en Alaska, où l'existence de gisements pétrolifères est connue depuis quarante ans) que personne n'a encore utilisé pratiquement le nouveau puissant moyen donné par la théorie tectonique.

Mais les grandes sociétés pétrolières ont été les premières à remarquer l'importance de la révolution des sciences de la Terre, et celle-ci était à peine établie qu'elles embauchaient déjà des géophysiciens et géologues pour la traduire dans la réalité. Aujourd'hui, tous les géants ont achevé leurs travaux de base et, dans leurs dossiers ultra-secrets, ils ont tous des rapports explicitant les prochaines régions à explorer. L'ironie veut que tous ces rapports — tous gardés rigoureusement secrets — désignent probablement les mêmes régions.

Peu de personnes possèdent dans ce domaine une compétence incontestable. L'une d'elles, le Dr R.C. Selley, de l'Imperial College de Londres, a bien voulu aborder le sujet avec moi. Le Dr Selley a travaillé comme géologue spécialiste du pétrole aussi bien à l'étranger qu'en mer du Nord, avant de venir aux études académiques à l'université de Londres, où il détient maintenant une chaire de géologie du pétrole. Il se refuse encore à donner des détails sur tout emplacement possible de ce qu'il appelle la « bonne nourrice » pour les jours de grève du pétrole. Mais il affirme connaître de façon précise la localisation du prochain site à explorer, et il a accepté de traiter le problème en termes généraux, se basant sur l'exemple de la mer du Nord.

Selon le Dr Selley, la mer du Nord représente une ancienne faille dans la croûte terrestre, qui n'a pas entièrement évolué en un océan. L'amincissement de la croûte terrestre, première étape de la fissuration a permis à la chaleur du centre de la Terre de percer, encourageant ainsi les processus de création de dépôts de pétrole. Depuis longtemps les géologues considèrent comme une règle d'or que les régions à « haut gradient géothermique » sont les endroits les mieux choisis pour la prospection du pétrole. Or, dans la mer du Nord, un tel site est en même temps une région de mer relativement peu profonde, ce qui a permis l'accumulation des évaporats et des sédiments marins. Par la tectonique des plaques, nous savons que ces activités ont eu lieu quand toute la région était située sous des latitudes chaudes — le gâteau a été mis au frais — il n'y a donc pas de problème pour expliquer la présence de dépôts d'évaporats. Si vous voulez trouver du pétrole aujourd'hui, suivez ce message : cherchez d'autres cas de « failles qui n'ont pas dérivé ». En effet, quand l'Amérique du Nord et l'Europe se sont séparées, ces processus se sont produits sur une assez grande étendue avant qu'une seule faille commence à se développer pleinement et devienne par la suite l'océan Atlantique.

Où trouver ces failles? De chaque côté de l'Atlantique, répond le Dr Selley avec une imprécision voulue, en laissant à chacun le soin de décider quelle portion de cette côte, souvent accidentée, ressemble le plus à la mer du Nord. Serait-ce entre l'Irlande et la Grande-Bretagne que pourrait se situer la cassure initiale de l'Atlantique? Que dire alors de la Manche, région de polémique actuelle entre la France et la Grande-Bretagne? Certainement aussi, la côte atlantique raboteuse du Canada paraît être un bon candidat. Les sociétés pétrolières semblent d'ailleurs avoir fait la même analyse en ce qui concerne les sites.

Notre roman policier n'est pas encore arrivé à terme. Il reste encore quelques pages à lire, bien qu'elles aient déjà été écrites par différents auteurs. Mais les mystères non résolus sont ceux qui intriguent le plus. Armé d'un bon atlas, chacun de nous peut formuler ses propres conclusions sur l'emplacement de la « bonne nourrice » dont parle le Dr Selley. On pourrait même tirer un bénéfice pratique d'un tel exercice : pour ma part, je serais assez tenté d'acquérir quelques actions de toute société commençant à prospecter dans l'une des régions qui, sur mon atlas, semble être une faille n'ayant pas dérivé.

La Recherche, avril 1976

3. Le charbon de l'an 2000

Jean Faucounau

Née à la fin du XVIIIe siècle avec la machine à vapeur, l'ère industrielle fut dès ses débuts grande consommatrice d'énergie ; elle la tira du charbon, dont la production doubla régulièrement dès lors tous les quinze ou vingt ans.

Après avoir régné en maître pendant plus d'un siècle, le charbon s'était vu détrôné par le pétrole, l'électricité hydraulique, le gaz naturel, et son déclin s'était accentué à partir des années cinquante. La crise pétrolière a amorcé un renversement de cette tendance, tout au moins dans les pays où les ressources minières s'y prêtent.

Mais le charbon des années 2000 ne peut plus être celui de 1950 : pour être utile, il lui faut désormais être transformé en gaz et produits liquides de synthèse.

Les techniques de la conversion du charbon en gaz et en hydrocarbures liquides sont anciennes. Le principe en est simple : il faut d'une part « casser » les molécules lourdes (opération de « craquage ») de manière à obtenir des molécules plus légères. Mais il faut aussi enrichir simultanément la houille en hydrogène : le charbon est en effet beaucoup moins riche en hydrogène que le pétrole ou le gaz naturel. Toutes les techniques de transformation du charbon en produits pétroliers ou en gaz se ramènent donc à des opérations chimiques et thermiques où l'hydrogène joue un rôle essentiel dans la recombinaison des molécules après craquage (*fig. 1*).

Transformer le charbon en essence et en gaz : un vieux rêve des ingénieurs allemands

Les techniques industrielles de conversion du charbon ont toutes leur origine en Allemagne, où elles ont été créées pour faire face aux besoins d'une économie de guerre. Pendant le premier conflit mondial, en 1915, le chimiste allemand Bergius installait la première unité-pilote fabriquant de l'*essence synthétique* à partir de charbon. L'opération est d'un principe très simple : elle consiste à fixer de l'hydrogène sur le charbon en opérant à haute pression (200 à 700 bars) et à température élevée (environ 450 °C), en présence d'un catalyseur de manière à orienter les réactions vers la production d'essence de bonne qualité. La difficulté est de réaliser un contact aussi bon que possible entre l'hydrogène et le charbon, de mettre au point un catalyseur actif et de longue durée, de définir un appareillage résistant à la corrosion, à la pression et aux températures élevées. Ces conditions étaient réalisées dans le procédé Bergius grâce à une première phase comportant l'hydrogénation du charbon finement broyé amalgamé avec des huiles de goudron. Ce traitement conduit à un produit que l'on fractionne ensuite par distillation. La fraction légère est soumise à un craquage avec de la vapeur d'eau enrichie en hydrogène : elle fournit ainsi une essence riche en aromatiques : benzène, toluène, xylènes. La fraction lourde est utilisée dans la première phase d'hydrogénation.

De 1915 à 1944, le procédé Bergius connut en Allemagne de nombreuses améliorations. Les chercheurs allemands étudièrent en particulier les meilleures conditions opératoires de manière à éviter la production d'hydrocarbures légers gazeux tels que méthane et éthane (qui diminuent d'autant le rendement en essence), les techniques permettant d'éliminer ou de retenir le soufre, dont la présence abrège fâcheusement la vie des catalyseurs d'hydrogénation, les procédés les plus économiques pour produire l'hydrogène nécessaire à la réaction, etc. Dans le procédé initial, l'hydrogène était produit en faisant réagir les hydrocarbures légers (méthane, éthane) avec de la vapeur d'eau en présence de matériaux réfractaires à très haute température (1 250 °C).

La réaction peut s'écrire :

$$CH_4 + 2\ H_2O \rightarrow CO_2 + 4\ H_2 - 49\ \text{kcal.}$$

Comme elle est endothermique, il est nécessaire de travailler en discontinu, en alternant les phases de chauffage du garnissage réfractaire (par combustion du méthane) et les phases de conversion. De nombreuses variantes ne tardèrent pas à se manifester, utilisant d'autres sources d'hydrogène : hydrogène du gaz des fours à coke, hydrogène provenant de la réaction de la vapeur d'eau sur le fer, etc.

Une nouvelle technique apparut en 1926 lorsque Fischer et Tropsch utilisèrent le « gaz à l'eau » comme source d'hydrogène. Le point de départ de cette technique consiste à faire agir de la vapeur d'eau sur le coke porté au rouge. La réaction donne de l'oxyde de carbone et de l'hydrogène :

$$C + H_2O \rightarrow CO + H_2 - 31\ \text{kcal.}$$

Mais il est possible, et c'est le procédé Fischer, de faire réagir entre eux les deux constituants formés, oxyde de carbone et hydrogène, de manière à obtenir des hydrocarbures liquides. Les caractéristiques de ceux-ci varient suivant la teneur en hydrogène du mélange, la température, la pression et le catalyseur utilisé. En fait, le procédé Fischer n'était pas véritablement nouveau : en 1913, la Badische Anilin und Soda Fabrick avait déjà obtenu des hydrocarbures liquides, à bas indice d'octane, en faisant réagir un mélange d'oxyde de carbone et d'hydrogène à 450 °C, sous 150 bars, avec un catalyseur au molybdène. Mais c'est la découverte par Fischer et Tropsch d'un catalyseur au cobalt sur support de thorine qui devait permettre au procédé de devenir véritablement industriel. Grâce aux deux procédés Bergius et Fischer-Tropsch, l'Allemagne possédait en 1939, à la veille de la seconde guerre mondiale, huit usines d'essence synthétique sur charbon et lignite, qui lui assuraient une large autonomie de ressources. Au début de 1944, elle avait 18 usines en marche, et sa capacité de production était de près de 5 000 000 de t/an de carburants divers pour autos et avions, auxquels s'ajoutaient environ 700 000 t/an d'huiles de graissage.

Comme les techniques de liquéfaction, les techniques de gazéification ont aussi leur origine en Allemagne. En 1930 apparaissait le procédé Lurgi de transformation du charbon en gaz (*fig. 2*). Ce procédé n'est pas fondamentalement différent du procédé Fischer. Il met en jeu les trois réactions de base :

$$C + H_2O \rightarrow CO + H_2 - 31 \text{ kcal.}$$

(préparation du mélange réactif)

$$CO + H_2O \rightarrow CO_2 + H_2 + 10 \text{ kcal}$$

(« conversion » de l'oxyde de carbone)

$$CO + 3\,H_2 \rightarrow CH_4 + H_2O$$

(méthanation)

La première réaction n'est autre que celle qui conduit au « gaz à l'eau » dont nous avons parlé ci-dessus. Comme elle a la particularité d'être endothermique, il est nécessaire, si l'on veut fonctionner en continu, d'apporter de la chaleur à la réaction par un moyen quelconque. Dans le procédé Lurgi proprement dit, cet appoint est obtenu par combustion partielle à l'air du charbon en tête de réacteur (celui-ci est couramment appelé « gazogène »). La réaction de conversion de l'oxyde de carbone en gaz carbonique a l'intérêt de libérer à son tour une nouvelle quantité d'hydrogène. Elle nécessite un catalyseur approprié. La réaction de méthanation s'effectue également en présence d'un catalyseur et sous une pression de 30 bars environ afin d'obtenir un rendement suffisant. C'est la réaction essentielle qui permet de fabriquer l'hydrocarbure gazeux recherché. Suivant la teneur en méthane du gaz sortant, on obtient un gaz plus ou moins « riche », c'est-à-dire un gaz dont le pouvoir calorifique est plus ou moins élevé. Ce point est important, car si un gaz à faible pouvoir calorifique peut être utilisé dans des centrales électriques comme combustible, il peut beaucoup plus difficilement être transporté et distribué : à diamètre égal de tuyauterie, il transporte en effet beaucoup moins de calories potentielles qu'un gaz riche (comme l'est en particulier le gaz naturel).

Toutes les réactions que nous venons de décrire sont d'une application difficile : le charbon est un produit complexe, qui contient diverses impuretés, dont la plus importante est le soufre, qui empoisonne les catalyseurs. Il a par ailleurs une fâcheuse tendance à produire des cendres, qu'il faut éliminer, ou du coke et des goudrons, qui bouchent les canalisations et corrodent les vannes. Ces problèmes expliquent pourquoi liquéfaction et gazéification du charbon ne pouvaient guère trouver de débouchés au temps du pétrole bon marché et pourquoi ces techniques n'ont pu se développer que dans les circonstances exceptionnelles créées par les deux guerres mondiales.

En dehors de l'Allemagne, quelques installations d'essence synthétique furent réalisées entre les deux guerres en France à Mazingarbe, Liévin et Harnes dans le Nord. Les unités de Liévin et Mazingarbe, appartenant à des filiales des compagnies minières, fonctionnaient sur des procédés analogues au procédé Bergius (procédé Audibert et procédé Valette). Elles ont produit des carburants jusque vers 1950. L'usine de Harnes, de la société Courrières-Kuhlmann, fonction nait sur synthèse Fischer-Tropsch. En Angleterre, l'usine de Billing-

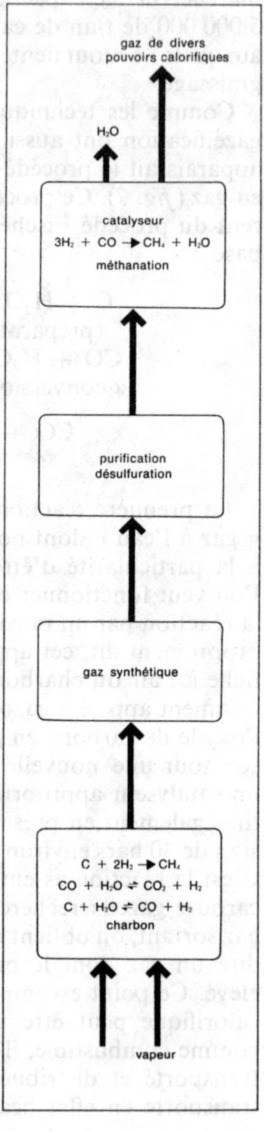

ham avait, au début de la guerre de 1939-1945, une capacité de 150 000 t/an. Le procédé utilisé était une variante du procédé Bergius. Comme ses semblables, cette unité ne survécut pas aux années 1950.

Une exception à la disparition des installations de liquéfaction et gazéification sur charbon est constituée par le complexe carbo-chimique de la Sasol, en Afrique du Sud. Créé il y a quelques années pour des raisons politiques (les mauvaises relations entre l'Afrique du Sud et les Etats arabes), cet ensemble d'unités est devenu la seule usine du monde produisant du gaz et du pétrole synthétiques à partir de charbon. Après certains déboires, dont quelques explosions, il semble que ce complexe qui assure une production de 230 000 000 de litres de carburant-auto par an fonctionne maintenant correctement et même économiquement. Il est vrai qu'il bénéficie d'un charbon de qualité médiocre, mais bon marché. Il est en voie de doublement. L'expérience sud-africaine suscite aujourd'hui un intérêt considérable car elle constitue la seule référence moderne de taille industrielle. Bien que ne possédant ni gaz naturel ni charbon, le Brésil semble en passe d'être le second pays susceptible de produire du gaz naturel à partir de charbon acheté à prix intéressant à ses voisins.

←

Fig. 1. Toutes les techniques de transformation du charbon en produit pétrolier sont basées sur le même principe : il s'agit de transformer le charbon C en produits plus hydrogénés CH_n, l'hydrogène étant généralement fourni par la dissociation de la vapeur d'eau par le carbone porté au rouge. Cette réaction, qui est endothermique, fournit de l'oxyde de carbone et de l'hydrogène. La composition du gaz à la sortie de l'appareil de gazéification dépend du charbon et du procédé utilisés. La dernière réaction, ou méthanation, qui fournit un gaz à plus haut pouvoir calorifique, s'effectue en présence de catalyseur. Elle se fait à partir d'un mélange gazeux débarrassé de ses impuretés, notamment le soufre, ce qui explique que le gaz naturel synthétique ne soit pas polluant.

Un programme énergétique tous azimuts : le projet « Indépendence » aux États-Unis

Les États-Unis sont le premier pays à avoir pris récemment conscience des gigantesques problèmes énergétiques de demain. La chose est en soi surprenante : les États-Unis sont en effet le plus gros producteur d'énergie du monde, et l'on aurait mieux compris que l'Europe ou le Japon, pays pauvres en ressources naturelles, se soient préoccupés les premiers du problème. La raison en est que les États-Unis sont aussi un énorme consommateur. Pendant des années, ils n'ont cessé de consommer toujours davantage d'énergie, surtout sous forme de gaz naturel et de pétrole, sans trop se préoccuper de l'avenir. Le résultat fut le brutal réveil des années 1971-1972 : pour la première fois dans leur histoire, les Américains manquaient de gaz naturel ! Puis, aggravée par le boycott arabe et le manque de raffineries, la pénurie s'étendit au gas-oil et à l'essence. Le Congrès, l'opinion publique s'émurent et réagirent vigoureusement : puisque la production de gaz naturel était désormais plafonnée, puisque le pétrole national ne pouvait plus couvrir qu'une partie des besoins (en 1973, il a représenté 65 % seulement de la consommation, les 35 % restant ayant été satisfaits grâce à l'importation), on se tournerait à nouveau vers le charbon, dont le pays possède d'énormes gisements à fleur de terre, en même temps que l'on exploiterait les schistes bitumineux (dont les réserves connues représentent déjà près de deux fois l'ensemble des réserves pétrolières du Moyen-Orient) et que l'on accélérerait le programme relatif à l'énergie atomique. Ce programme ambitieux, que le président Nixon avait baptisé projet « Independence » a, en particulier, communiqué une impulsion considérable aux recherches relatives à la liquéfaction et à la gazéification du charbon. Les dépenses correspondantes se chiffrent actuellement en centaines de millions de dollars et les recherches sont menées tant par les organismes gouvernementaux (Bureau of Mines, Office of Coal Research) que par les associations (Bituminous Coal Research, financée par l'industrie charbonnière ; Electric Power Research Institute, financée par les sociétés productrices d'électricité ; Institute of Gas Technology, financée par les sociétés gazières) et par les compagnies privées (Westinghouse, Exxon, Occidental Petroleum, etc.).

On peut classer les divers projets ou réalisations en cours en cinq catégories : ceux qui produisent un bon substitut au gaz naturel, ceux qui fournissent un gaz à faible pouvoir calorifique, ceux qui donnent des hydrocarbures liquides, ceux qui permettent de transformer le charbon *in situ*, et enfin les procédés « magnéto-hydrodynamiques ».

Les projets visant à fournir un substitut au gaz naturel sont les plus avancés, car, nous l'avons signalé plus haut, la « crise de l'énergie » a débuté aux États-Unis par une pénurie de gaz naturel. Ils concernent la fabrication d'un gaz à haut pouvoir calorifique (environ 9 000 kcal/m^3, appelé aussi « gaz qualité pipe-line » ou SNG[1]). Les procédés auxquels ces projets font appel sont bien sûr le procédé Lurgi dont nous avons déjà parlé, mais aussi d'autres procédés dont les noms fleurissent dans la littérature spécialisée : Hy-Gas, Bi-Gas, Acceptor, Synthane, Atgas, Oxy-Process, etc.

Pour se retrouver quelque peu dans cette forêt, il est nécessaire d'avoir en mémoire les différentes étapes qui sont à la base du procédé Lurgi et qui se retrouvent avec quelques modifications dans tous les autres procédés. Ce sont :

— une préparation plus ou moins poussée du charbon (broyage, préchauffage, etc.) ;

— une première réaction dite « de gazéification » par injection d'air (ou d'oxygène) et de vapeur d'eau. Rappelons — car c'est important — que cette réaction étant endothermique, il est nécessaire d'apporter de la chaleur. Il existe aussi des procédés de gazéification à l'air seul (ou à l'oxygène). Ce sont les procédés qui ont été utilisés dans les « gazogènes » qui équipaient certaines voitures pendant la

1. L'abréviation la plus utilisée pour désigner ce gaz est SNG, *substitute natural gas*.

dernière guerre. Mais ils ne fonctionnent qu'avec certains types de charbon, ont des rendements relativement médiocres et conduisent à un gaz pauvre (de 3 000 kcal/m^3 environ); nous n'en parlerons donc pas davantage ;

— une purification des gaz, indispensable en vue des traitements suivants ;

— une étape transformant l'oxyde de carbone en hydrogène et gaz carbonique par action de la vapeur d'eau (« conversion » catalytique du CO) ;

— une élimination des gaz acides CO_2 et H_2S ;

— une étape de méthanation ;

— un séchage des gaz sortants.

Les procédés en cours d'étude ou de réalisation diffèrent entre eux par la manière dont est réalisé l'appoint de chaleur nécessaire à la réaction de gazéification, par la technologie du réacteur (réacteur à lit fixe ou à lit fluidisé), par la pression utilisée et par la façon dont sont éliminés les résidus gênants : cendres et scories.

Une dizaine d'usines de SNG vers 1985, une quarantaine en 1990

La première firme américaine qui ait décidé de se lancer dans la fabrication du SNG à partir de charbon est la société El Paso Natural Gas, dont les démêlés avec l'Algérie pour acheter et importer aux États-Unis du gaz naturel liquéfié ont par ailleurs défrayé la chronique. Elle a annoncé la construction de deux usines près de Farmington, dans le Nouveau-Mexique, devant produire chacune 2,5 millions de m^3 par jour. Ces unités utilisent le procédé Lurgi tel qu'il a été amélioré et mis au point à la South African Coal Oil and Gas Corp (Sasol), mais avec des réacteurs plus importants (ceux de la Sasol sont capables de traiter chacun 425 tonnes de charbon par jour en produisant 400 000 m^3 de SNG). Elles devaient démarrer en principe au printemps 1975, mais il était prévu que leur mise en service soit retardée de plusieurs mois par suite de problèmes administratifs et écologiques : le procédé nécessite beaucoup d'eau et celle-ci est rare et précieuse au Nouveau-Mexique. Aussi, la société El Paso n'a-t-elle pu obtenir vite les autorisations nécessaires. Le coût de l'opération est d'environ 450 millions de dollars, soit 2,25 milliards de francs. Plusieurs autres sociétés ont annoncé des projets du même genre fondés sur le procédé Lurgi : la Texas Eastern Transmission, la Michigan Wisconsin Pipe-line, l'American Natural Gas ont commandé des unités de 7 millions de m^3/jour ; la Panhandle Eastern Pipeline une unité de 2,5 millions de m^3/jour, etc.

Toutes les sociétés intéressées à la fabrication de SNG n'envisagent pas toutefois de faire appel au procédé Lurgi. D'une part, on reproche à celui-ci la conception du réacteur, qui limite la taille de cet appareil (il faut environ 30 réacteurs pour une unité de 7,5 millions de m^3/jour), et le faible rendement en méthane dû au fait que le procédé opère à une pression relativement basse (30 bars) ; d'autre part, il existe de nombreux concurrents au procédé Lurgi, soit en Allemagne même — procédés Koppers-Totzek (*fig. 3*) et procédé Winkler —, soit surtout aux États-Unis, où un vaste programme de recherches a été lancé et commence à porter ses fruits. Voici la liste des principaux procédés en cours d'étude ou de mise au point :

— *le procédé Hy-Gas* de l'Institute of Gas Technology existe depuis 1971 en pilote de 80 tonnes/jour à Chicago (*fig. 4*). Dans ce procédé, le charbon est broyé, mélangé à une huile légère, puis injecté dans un réacteur à lit fluidisé. L'hydrogazéification s'effectue à une pression de 75 bars en deux étapes et est suivie par un traitement électrothermique qui apporte le supplément de chaleur nécessaire à la réaction et produit également l'hydrogène utilisé dans l'hydrogazéification. Il comporte d'autres variantes : dans la première, le réacteur électrothermique de production d'hydrogène est remplacé par une réaction chimique exothermique : vapeur d'eau + fer à 850 °C et 105 bars. Dans la seconde, la gazéification est réalisée en une seule étape, l'appoint de chaleur étant obtenu par combustion du charbon dans de l'oxygène ;

— *le procédé Synthane* a été étudié par le Bureau of Mines. Un pilote de 72 t/j est en cours de construction à

Procédés donnant du gaz

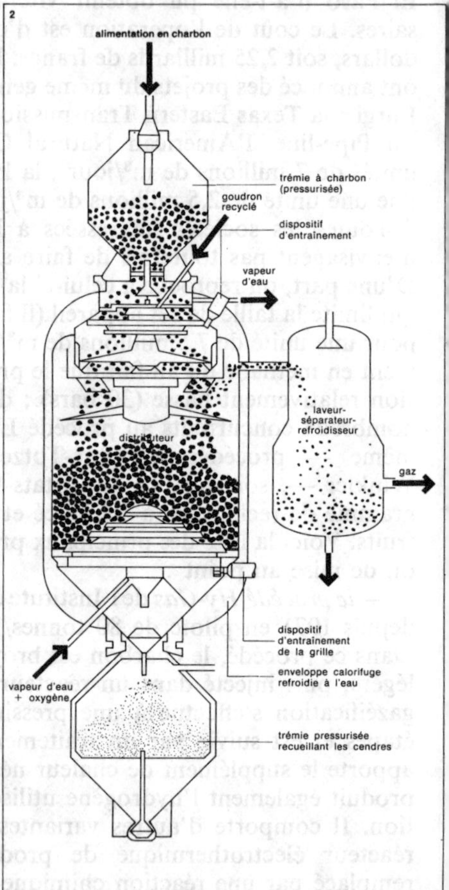

Fig. 2. Le procédé allemand Lurgi est le plus ancien et le plus connu des procédés de gazéification du charbon. Vapeur d'eau et oxygène sont injectés dans le bas du réacteur et traversent le lit fixe de charbon. Une partie du charbon est brûlée, et la chaleur dégagée par cette combustion sert à entretenir la réaction de la vapeur d'eau sur le carbone, qui fournit l'élément essentiel du gaz de synthèse : l'hydrogène. Le gaz fourni par ce procédé a un faible pouvoir calorifique. En ajoutant une unité de méthanation à l'ensemble, on obtient du gaz à haut pouvoir calorifique, semblable au gaz naturel.

Fig. 3. Le procédé allemand Koppers-Totzek est un concurrent de longue date du procédé Lurgi. Il est à « lit fluidisé », c'est-à-dire que les particules de charbon sont maintenues en suspension par le courant (dirigé de bas en haut) d'oxygène et de vapeur d'eau. Il a été récemment amélioré de façon importante, et peut être utilisé avec toutes sortes de charbons. Plus souple et moins coûteux, finira-t-il par détrôner son rival de toujours, le procédé Lurgi ?

Fig. 4. Le réacteur Hy-Gas est considéré comme le plus avancé des procédés récents d'origine américaine. Le charbon est introduit sous forme d'une suspension de fines particules dans une huile légère ; cette huile est un sous-produit de la gazéification et peut être récupérée et recyclée à la sortir du réacteur. Ce procédé Hy-Gas a beaucoup d'avantages. En particulier, il peut accepter n'importe quel type de charbon et produit un gaz à forte teneur en méthane, ce qui est favorable à la diminution des investissements. Mais il lui reste à faire ses preuves industrielles.

à haut pouvoir calorifique

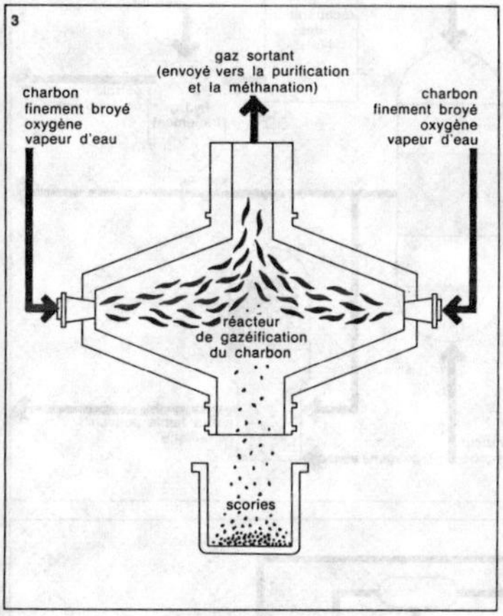

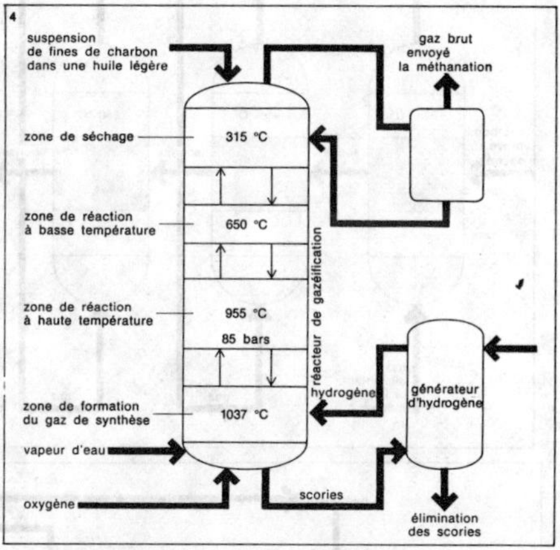

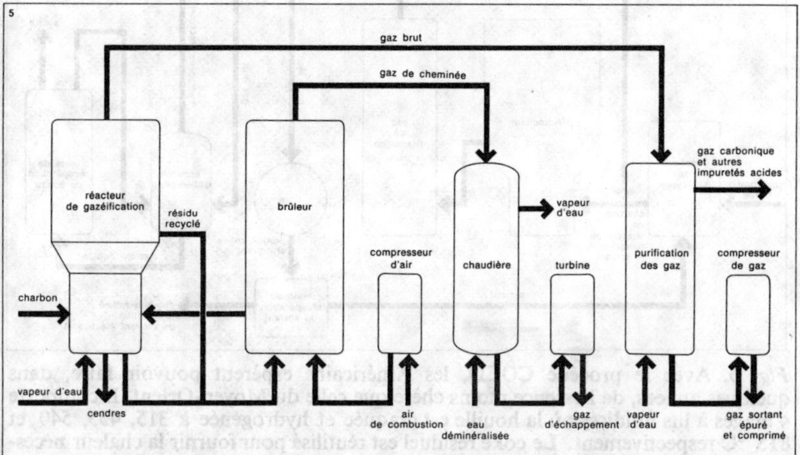

Fig. 5. **Le procédé Battelle - Union Carbide s'écarte beaucoup des techniques classiques. L'une de ses originalités est d'obtenir à la sortie un gaz dont les particules solides (cendres volantes, suies) ont été éliminées sans faire perdre au gaz sa chaleur, comme c'est le cas dans les laveurs traditionnels. Le gaz de sortie peut ainsi être utilisé dans une turbine à gaz.**

Procédés fournissant un pétrole de synthèse

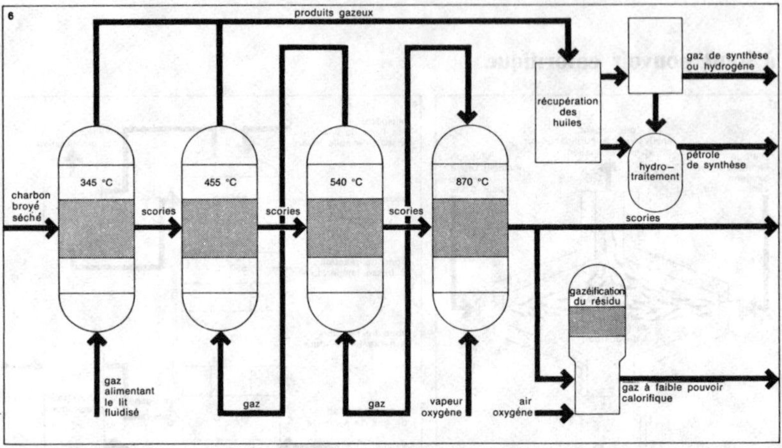

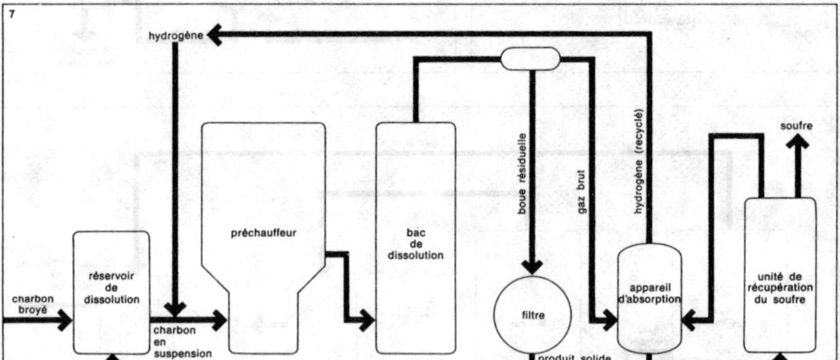

Fig. 6. Avec le procédé COED, les Américains espèrent pouvoir faire, dans quelques années, de l'essence moins chère que celle du Moyen-Orient. Il comporte 4 étages à lits fluidisés où la houille est craquée et hydrogénée à 315, 455, 540 et 815 °C respectivement. Le coke résiduel est réutilisé pour fournir la chaleur nécessaire au procédé. La fraction liquide, hydrogénée, donne un pétrole de synthèse.
Fig. 7. Le procédé par solvant a été étudié pour pouvoir traiter les charbons sulfureux, qui constituent la plus grande part des réserves de charbon des États-Unis. Ce charbon est dissous dans un solvant aromatique (produit lui-même par le procédé) sous pression d'hydrogène. Une grande partie du soufre est éliminée sous forme de H_2S ; le reste donne du soufre élémentaire. Peut-être ce procédé sera-t-il économique un jour, mais sans doute pas avant de longues années.

Bruceton, Pa. Le procédé fonctionne à 45 bars et ressemble dans son principe au procédé Lurgi, l'appoint de chaleur nécessaire à la réaction étant fourni par la combustion du charbon dans l'oxygène en tête de réacteur. Il permet de gazéifier presque tous les types de charbon;

— *le procédé Hydrogasification* est un autre procédé étudié par le Bureau of Mines. Le principal reproche fait au procédé Synthane étant (comme pour le Lurgi) la faible concentration en méthane des gaz sortant du réacteur, le Bureau of Mines a en construction un pilote industriel destiné à développer une haute concentration en méthane durant les premières étapes de la réaction. Le réacteur comprend deux étages, respectivement à 240 et 880 °C, qui permettent de sortir (d'après des essais réalisés en petit pilote) un gaz contenant, après élimination du CO_2, 75 % de méthane, 15 % d'hydrogène et 4 % de CO, le reste étant constitué de gaz inertes ;

— *le procédé Bi-Gas* a été étudié en pilote à Homer City, en Pennsylvanie, par le Bituminous Coal Research Institute. Il s'agit d'un procédé de type classique comme le Synthane, c'est-à-dire avec appoint de chaleur apporté par la combustion d'une partie du charbon dans l'oxygène. Le réacteur est à deux étages et a comme particularité de travailler à pression élevée (50 à 100 bars) de manière à obtenir un bon rendement en méthane et à travailler à température suffisamment élevée pour permettre la fusion des cendres (1 500 °C), ce qui facilite leur élimination. Une unité-pilote de grande taille (120 t/j de charbon) est en cours de construction ;

— l'originalité du *procédé CO_2 Acceptor* de la Consolidation Coal réside dans l'utilisation de chaux ou de dolomite calcinée de manière à créer une réaction exothermique avec le gaz carbonique libéré lors de la réaction de gazéification. L'enlèvement du CO_2 par cette méthode apporte les calories supplémentaires nécessaires à la réaction et permet de fonctionner sans oxygène. Mais cette solution interdit de travailler à plus de 900 °C et 20 bars, ce qui empêche l'utilisation de charbons non agglutinants ;

— *le procédé Molten Carbonate* a été proposé par la société Kellog. Dans ce procédé, la gazéification s'effectue dans un bain de carbonate de sodium fondu, à environ 950 °C ce qui permet une meilleure utilisation des calories et un rendement en méthane plus élevé. Le problème principal est celui de la corrosion due au carbonate de sodium, qui nécessite l'utilisation de revêtements spéciaux en oxyde réfractaire d'alumine ;

— dans le *procédé Atgas* de l'Applied Technology Corp., le charbon pulvérisé est injecté dans un bain de fer fondu à 1 400 °C en même temps que de l'oxygène est soufflé dans le réacteur. Les parties volatiles vont dans la phase gazeuse et le reste du charbon est dissous dans le bain avec de la vapeur d'eau et de l'oxygène qui le transforme en CO et H_2. L'avantage du procédé (dont l'inconvénient est de nécessiter une importante unité de méthanation) est dans l'élimination facile du soufre qui se retrouve intégralement dans le laitier. Pour cette raison, ce projet a intéressé l'Agence pour la protection de l'environnement, qui en a financé une partie ;

— *le procédé du Battelle Memorial Institute* a deux étapes de gazéification avec réacteur à lit fluidisé. L'apport de chaleur est assuré par la combustion à l'air d'une partie du charbon. La partie la plus originale du procédé consiste en une auto-agglomération des cendres sous forme de particules sphériques. Ces cendres agglomérées servent au transfert de chaleur du brûleur au réacteur de gazéification (*fig. 5*) ;

— l'originalité du *procédé Multiple-Catalyse Fluidized Reactor* de l'université du Wyoming consiste en l'emploi de deux catalyseurs qui, mélangés au charbon broyé, permettent de favoriser au maximum la formation de méthane. Les catalyseurs utilisés sont un catalyseur alcalin (carbonate de potassium ou de sodium) et un catalyseur au nickel. Dans ce procédé, la température est abaissée à 650 °C environ ;

— *le procédé de la Garrett Research and Development* repose sur une pyrolyse extrêmement rapide : le temps de séjour du charbon dans le réacteur est inférieur à 2 secondes, ce qui réduit le craquage des hydrocarbures. Le dispositif adopté permet d'utiliser l'air comme agent oxydant sans qu'il y ait accumulation d'azote dans le gaz produit. L'un des avantages est de nécessiter très peu d'eau ;

— *le procédé Stone and Webster*, enfin, prévoit d'utiliser l'énergie nucléaire pour transformer le charbon en gaz.

Quel sera finalement le vainqueur parmi tous ces procédés ? Il est encore trop tôt pour le dire. Peut-être quelque « outsider », comme celui que la société Exxon met au point dans le plus grand secret et pour lequel elle vient de lancer la construction d'une unité de 500 t/j coûtant 40 millions de dollars... Une certitude toutefois : quel que soit le procédé qui finira par s'imposer, il y aura vers 1985 aux États-Unis plus d'une dizaine d'usines de SNG qui couvriront environ 5 % des besoins, et vers 1990 probablement une quarantaine.

A moins que les prévisions les plus sérieuses ne soient — comme cela a déjà été le cas dans le passé — bouleversées par quelque révolution technologique, par exemple l'avènement du « fuel-méthyle », mélange liquide de méthanol et d'alcools que l'on peut obtenir à partir du charbon et qui pourrait constituer une sorte de combustible universel, capable de faire régresser les combustibles traditionnels comme le « gaz de ville » (voir *la Recherche*, nº 44, avril 1974, p. 377). La fabrication du « fuel-méthyle » comporte une première étape de préparation d'un gaz de synthèse contenant H_2, CO et CO_2, qui est identique à la première étape des procédés étudiés ci-dessus. Mais elle ne nécessite pas, après élimination des particules solides et des gaz sulfureux, la délicate réaction que constitue la méthanation, mais la remplace par une simple synthèse catalytique, ce qui permet d'utiliser des charbons de très basse qualité.

Du gaz pauvre mais propre pour l'électricité

Les projets concernant la fabrication d'un gaz à faible pouvoir calorifique (environ 3 000 kcal/m³) destiné à la production d'électricité sont en quelque sorte des « sous-produits » des recherches précédemment mentionnées. Comme nous l'avons vu, les procédés de fabrication de SNG comportent en effet généralement une première étape conduisant à un gaz à faible pouvoir calorifique. Dans certains cas, en particulier s'il s'agit de brûler le gaz en centrales pour produire de l'électricité, il peut être avantageux d'en rester là. Par rapport à la simple combustion du charbon, la gazéification apporte un gros avantage : elle permet d'éliminer sans difficulté les cendres et le soufre lors de l'opération de gazéification et d'obtenir en conséquence, chez l'usager final, une combustion « propre », sans cendres, sans suie ni émission de gaz corrosifs. Il existe depuis fort longtemps un bon nombre de procédés permettant de produire du gaz pauvre à partir de charbon, les plus anciens datant de plus d'un siècle. Ces procédés peuvent être classés en deux types principaux :

— *le type « gaz à l'air »*. Dans les procédés de ce type, on envoie de l'air à la base d'un « gazogène » rempli d'un charbon à faible teneur en cendres. Au sommet, on recueille un gaz contenant environ 25 à 30 % d'oxyde de carbone, 10 à 15 % d'hydrogène, le reste étant constitué par de l'azote et du gaz carbonique. Le pouvoir calorifique d'un tel gaz ne dépasse guère 1 650 kcal/m^3. Si on enrichit l'air avec de l'oxygène pur (mais c'est coûteux), on peut atteindre 3 000 kcal/m^3 ;

— *le type « gaz à l'eau »*. On injecte, soit alternativement (procédés « discontinus » ou « cycliques »), soit simultanément, un courant d'air et un courant de vapeur d'eau. Le gaz sortant recueilli contient beaucoup plus d'hydrogène que le gaz à l'air (35 à 50 %), et son pouvoir calorifique atteint 3 500 à 4 000 kcal/m^3.

Les procédés ci-après, qui correspondent aux projets les plus récents, sont tous de ce dernier type :

— le procédé Lurgi relatif au gaz pauvre est dérivé du procédé Lurgi avec méthanation que nous avons décrit ci-dessus. La dernière réalisation de Lurgi a été faite pour une société allemande. Elle a les caractéristiques suivantes : 900 tonnes par jour de charbon non bitumineux et cinq réacteurs produisant 2,3 millions de m^3/j de gaz. Plusieurs projets du même type sont à l'étude, dont celui de Commonwealth Utility à Pékin (Illinois) ;

— la société Westinghouse a rassemblé plusieurs compagnies intéressées par un procédé de gazéification en gaz pauvre, parmi lesquelles Amex Coalco, Public Service of Indiana et Bechtel Corp. Ces sociétés ont prévu de construire un pilote à Terre Haute (Indiana) dans une usine de Public Service. Le procédé choisi n'a pas été dévoilé ;

— Pittsburgh and Midway Coal Mining a proposé à l'Office of Coal Research de construire un pilote avec la participation de Foster Wheeler. Ce pilote consommerait 1 200 t/j de charbon et utiliserait un réacteur du type BCR (Bituminous Coal Research) étudié pour le procédé Bi-Gas ;

— l'Institute of Gas Technology a proposé d'adapter l'un des réacteurs qu'il étudie pour la production de SNG à la fabrication de gaz pauvre.

Vers un pétrole de synthèse

Ces projets s'inscrivent directement dans la tradition des procédés Bergius et Fischer-Tropsch, dont nous avons parlé plus haut. Dans l'ordre des priorités fixé par le gouvernement des États-Unis, ils sont moins bien partagés que les procédés de gazéification. Plusieurs sont cependant en cours d'étude :

— *le procédé COED* (Char-Oil-Energy-Development) de la FMC Corp. convertit le charbon en gaz et en fuel par une pyrolyse en lit fluidisé (*fig. 6*). Un pilote de 36 t/j de charbon fonctionne depuis août 1970 à Princeton (New Jersey). Dans ce procédé, le charbon, broyé et séché, est chauffé dans une série de réacteurs à lit fluidisé à des températures de 315, 455, 540 et 815 °C. Le nombre d'étages et le choix des températures varient avec la qualité du charbon. La chaleur pour le procédé est obtenue en brûlant le coke résiduel sortant du dernier étage. La fraction liquide est hydrogénée pour obtenir un crude-oil de synthèse. L'American Oil étudie un projet du même genre, avec le même type de réacteur ;

— *le procédé Solvent Refined Coal* de la Pittsburgh and Midway Coal Mining est financé par l'Office of Coal Research, et un pilote est à l'étude, ainsi qu'une raffinerie de 19 millions de tonnes de charbon par an. Le procédé (*fig.7*) consiste à dissoudre le charbon dans un solvant aromatique sous une pression modérée d'hydrogène, puis de fractionner par distillation le liquide obtenu, ce qui permet en même temps de récupérer le solvant. Il fournit aussi un résidu solide qui peut être brûlé en centrale électrique. L'ensemble du projet représente plus de 6 millions de dollars (environ 30 millions de francs) ;

— *le procédé de l'Old Ben Coal*, filiale de la Standard Oil (Ohio) ressemble au précédent. Il va être mis en route dans une unité de démonstration de 900 t/j près de la raffinerie de Toledo (Oregon).

Ces deux derniers projets ne fournissent pas beaucoup de produits pétroliers. Ils permettent surtout de rendre aptes à être utilisés en centrales électriques des charbons trop riches en soufre, inutilisables autrement.

— *le procédé Exxon* est tenu secret, mais on sait qu'il combinerait la liquéfaction et la gazéification. Exxon a annoncé la construction d'un pilote de 300 t/j de charbon pour 1974 à Baytown (Texas), qui utiliserait les résultats des études de gazéification menées actuellement par ses laboratoires. Le coût estimé de l'installation serait de 80 millions de dollars (400 millions de francs).

Il resterait à citer encore de nombreux autres projets ou procédés comme celui de l'université du North Dakota, celui de l'université de l'Utah, celui de l'US Steel Corp., etc. Ils n'existent pour l'instant qu'en pilote de petite taille, mais c'est peut-être parmi eux que se trouve le procédé industriel de demain. Mais le projet le plus ambitieux est sans doute celui de transformer le charbon dans le gisement même.

Alors que les techniques précédentes partent d'un charbon déjà extrait du sol, on cherche, dans celles-ci, à éviter l'extraction du charbon en produisant gaz et liquides dans le gisement même. Plusieurs essais de gazéification par combustion ont été faits à Hanna, dans le Wyoming, par le Bureau of Mines. D'autres essais ont été réalisés en utilisant un mélange oxygène et vapeur d'eau. Certains essais, encore au stade du laboratoire, ont étudié la dissolution du charbon par un solvant (University of West Virginia) ; d'autres sa fusion par un arc électrique (Columbia University). On a également beaucoup parlé d'un projet Thunderbird utilisant la chaleur d'un réacteur nucléaire. Mais le projet n'a pas dépassé, à notre connaissance, le stade des études préliminaires. Toutes ces techniques sont suivies avec grand intérêt, car elles peuvent être transposables au cas des schistes bitumineux, qui fourniront certainement le pétrole de demain : n'y a-t-il pas dans les 11 millions d'acres du gisement de Green River, au Colorado, quinze fois plus de pétrole que dans l'ensemble des réserves pétrolières des Etats-Unis ?

Les procédés magnéto-hydro-dynamiques (MHD)

Ce terme nouveau s'applique à la transformation directe du charbon en électricité, sans passer par la filière classique : chaudière + turbine + alternateur.

Le principe en est le suivant : le charbon est brûlé à une pression de 6 à 7 atmosphères. Le gaz chaud résultant de la combustion passe alors dans un conduit où règne un champ magnétique intense. La température du gaz est suffisamment élevée pour qu'il en résulte un « plasma » conducteur de l'électricité (la conductivité du plasma pouvant être améliorée par des métaux tels que le césium ou le potassium). L'action du champ magnétique crée dans ce plasma en mouvement un courant électrique qui est recueilli entre deux électrodes. On dispose ainsi d'un générateur thermo-électrique, sans pièce mécanique en mouvement. Le gaz sortant du générateur MHD va ensuite se refroidir dans une chaudière classique, génératrice de vapeur pour l'entraînement d'une turbine.

L'avantage du procédé est de permettre d'obtenir un rendement théorique élevé (50 à 60 %) et d'avoir un impact très faible sur l'environnement. Mais si le principe d'un tel générateur est très simple, sa réalisation pose des problèmes considérables : en particulier, la réalisation d'un « conduit » capable de supporter les hautes températures requises pendant une durée de vie acceptable est un problème technologique difficile. S'y ajoutent des problèmes annexes tels que la récupération des cendres, des laitiers, la fabrication d'aimants à haute puissance, etc. Plusieurs prototypes, couvrant tout ou partie du procédé, existent.

L'un d'eux, baptisé Lorho, a été construit par l'US Air Force. Il comporte un générateur MHD, un aimant de

20 000 gauss, une chambre de combustion avec préchauffage de l'air, un ensemble chaudière-turbine à vapeur avec diverses annexes : dispositifs d'élimination du soufre, auxiliaires électriques, instrumentation, etc.

Un autre pilote, à l'essai depuis 1972, baptisé Avco, a été construit par l'Everett Research Laboratory avec le soutien financier de plusieurs sociétés productrices d'électricité.

Un troisième, d'une capacité de 12 t/j de charbon, est en cours d'achèvement au Bureau of Mines.

Plusieurs sociétés ou laboratoires font des recherches se rapportant au procédé : Massachusetts Institute of Technology, Leland Stanford Junior University, National Bureau of Standards, Space Institute de l'Université du Tennessee, etc.

Les recherches sur la gazéification et la liquéfaction du charbon dans les autres pays n'ont rien de comparable à celles des États-Unis, le projet Independence représente un effort financier supérieur à celui du projet Apollo, qui a conduit à la conquête de la Lune.

Une nouvelle percée allemande ?

L'une d'elles mérite cependant d'être mentionnée : il s'agit des travaux du Pr P. Schulten, chef de la section d'études des nouveaux réacteurs à l'Institut de recherche nucléaire de Jülich en Rhénanie-Westphalie, relatifs à la possibilité d'utiliser la chaleur provenant de réacteurs nucléaires à haute température pour gazéifier et liquéfier le charbon. « Nos chercheurs, a-t-il déclaré, espèrent établir en deux ans les bases d'utilisation industrielle de l'hélium surchauffé provenant de réacteurs où ce gaz est utilisé pour leur refroidissement, atteignant une température de 1 100 °C. »

Les techniques de gazéification et liquéfaction du charbon resteront-elles décidément allemandes ? Il est permis de se le demander quand on connaît la prudence des chercheurs allemands, peu enclins à crier victoire prématurément.

POUR EN SAVOIR PLUS

J. Meunier, *Gazéification et Oxydation des combustibles*, Paris. Masson, 1958.

R. Loison, « Perspectives de la gazéification souterraine », *Revue de l'industrie minérale*, n° spécial du Congrès du centenaire. 1956.

« Coal gasification, State of the art », *Coal Age*, janvier 1971. p. 70 s.

Clean Energy from Coal Technology, US Department of the Interior, Office of Coal Research, US Government Printing Office, 1973.

United States Energy Resources, A joint report by the editors of *Engineering and Mining Journal* and *Coal Age*, avril 1974.

La Recherche, décembre 1974

4. Quand le charbon est trop profond

Janine Rondest

Brûler le charbon directement dans le sol pour le transformer en gaz, véhicule d'énergie directement utilisable, au lieu de l'extraire avant de le brûler, peut sembler à première vue une solution économiquement et humainement satisfaisante.

Pour les uns, ce n'est guère qu'un rêve que les difficultés techniques et les considérations économiques rendent irréalisable ; pour d'autres, la gazéification souterraine du charbon est la seule chance que l'Europe ait d'utiliser ses énormes ressources charbonnières souvent trop profondes pour pouvoir être exploitées par les moyens conventionnels[1]. C'est fort de cette assurance que l'Institut national des industries extractives de Belgique (INIEX) a depuis trois ans entrepris une série d'études dans le Borinage belge.

De Angren à Hanna

L'idée n'est pas neuve. Elle fait l'objet de recherches et d'expérimentations en URSS depuis une quarantaine d'années[2]. Deux installations industrielles y fonctionnent. La plus importante, située à Angren, en Ouzbékistan, est en exploitation depuis plus de quinze ans ; le gaz produit alimente une centrale électrique située à quelques kilomètres de là. Mais

1. P. Ledent, *Revue de l'industrie minérale*, février 1977, p. 81 ; *ibid.*, mars 1978.

2. D.W. Gregg, R.W. Hill, D.V. Olness, *Report UCRL - 52004*, Lawrence Livermore Laboratory, 29 janvier 1976.

ces installations restent en nombre limité du fait de la mauvaise qualité du gaz recueilli, qui ne peut être transporté sur de grandes distances, et de son prix de revient, plus élevé que celui du gaz naturel ou du pétrole.

Aux États-Unis, le plan Indépendence lancé par l'administration Nixon a permis de lancer un certain nombre de recherches en technologie charbonnière : gazéification et liquéfaction. Dans cette optique, un vaste programme de gazéification souterraine a été mené dans le Wyoming sur le site de Hanna. Il s'agit là, comme en URSS, de gisements peu profonds (quelque 100 à 200 mètres). A Angren il s'agit de lignite, à Hanna de charbon sub-bitumineux. La méthode utilisée est très simple : on creuse deux puits distants de 20 à 30 mètres jusqu'à la base de la veine de charbon. Par l'un, on insufflera de l'air sous pression ; par l'autre sortira le gaz formé lors de la combustion du charbon. Une étape préliminaire, primordiale pour le succès de l'opération, est la mise en communication des deux puits, ou « linking ». Elle s'effectue en mettant le charbon à feu par le puits de production tandis que de l'air injecté par l'autre puits se propage jusqu'au premier grâce à la grande perméabilité du charbon dans ces gisements ; le front de combustion se déplace alors à contre-courant de l'air injecté. Quand les deux puits sont unis par un chenal d'environ 1 mètre de diamètre dans lequel se déroule la combustion, des débits d'air plus importants sont continuellement insufflés et la gazéification se développe par progression du front de gazéification dans le sens d'écoulement du courant gazeux. Par le puits de production sort un gaz assez pauvre, contenant en outre de l'azote et du gaz carbonique (*fig. 1*). Un essai effectué à Hanna en 1975 a consommé 4 200 tonnes de charbon en trois mois et fourni un gaz dont le pouvoir calorique a atteint 1 560 kilocalories par mètre cube (kcal/Nm^3). D'autres essais ont été effectués ou sont prévus qui devraient permettre dans quelques années d'alimenter une centrale électrique de démonstration.

Mais qu'il s'agisse des réalisations russes ou des essais américains, la gazéification souterraine du charbon à faible profondeur se heurte à des inconvénients qui limitent ses possibilités de développement : d'abord elle est en concurrence avec des mines à ciel ouvert d'où le charbon peut être extrait dans de bonnes conditions économiques. Ensuite, l'inétanchéité du gazogène souterrain occasionne des fuites de gaz, ce qui interdit toute exploitation aux alentours des villes et de plus risque de polluer l'eau des nappes aquifères présentes dans les couches superficielles. Ces mêmes nappes aquifères provoquent d'ailleurs des infiltrations d'eau dans le gazogène avec pour résultat une baisse de rendement et une baisse du pouvoir calorifique du gaz. Seuls les gisements recouverts d'une couche d'argile pourraient être exploités dans de bonnes conditions. Enfin, on peut se demander si la disparition d'importantes quantités de charbon à faible profondeur ne risque pas de provoquer des dégâts par affaissement du sol.

Où la grande profondeur est un avantage

Ces limitations ne jouent plus lorsque les gisements sont situés à des profondeurs supérieures à 700 mètres, ce qui est souvent le cas pour le charbon européen. A partir de cette limite, les schistes houillers acquièrent, sous l'effet de la pression, un comportement plastique qui fait d'eux de véritables joints assurant le colmatage rapide des fissures produites au cours de l'exploitation. Plus de fuites de gaz, plus d'arrivées d'eau. On dispose d'un gazogène souterrain sec et étanche où l'on peut effectuer la gazéification du charbon sous haute pression, ce qui permet, entre autres avantages, un accroissement de la productivité et une augmentation du pouvoir calorifique du gaz.

Bien plus, dans ces conditions, on peut substituer à l'air d'autres agents gazéifiants : un mélange d'oxygène et de vapeur d'eau fournira directement du gaz de synthèse ($2\ CO + H_2$) d'un pouvoir calorifique de près de 2 500 kcal/Nm^3 qui pourrait être transformé en méthane à son arrivée en surface ; l'emploi d'hydrogène fournira directement du gaz de réseau (pouvoir calorifique 9 000 kcal/Nm^3).

Cette dernière solution est étudiée en Allemagne par des équipes de l'université d'Aix-la-Chapelle, les Mines de la Sarre et l'Institut de recherche nucléaire de Jülich. Le gaz de synthèse et le méthane obtenus dans l'un ou l'autre procédé pourraient de plus trouver d'autres usages que celui de combustible et donner naissance à une nouvelle carbochimie. Le projet étudié par l'INIEX en Belgique utilise lui, un comburant plus classique, l'air, afin d'obtenir du gaz pauvre destiné à la production d'électricité au moyen d'un cycle combiné turbine à gaz/turbine à vapeur[1].

Le problème le plus sérieux auquel se heurtent les projets de gazéification souterraine en couche profonde et à haute pression est la mise en communication des deux puits de départ, ou « linking ». En effet, l'augmentation de la pression lithostatique avec la profondeur a pour conséquence directe la diminution de la perméabilité du charbon, ce qui rend difficile l'utilisation de la méthode classique à contre-courant. D'autres méthodes, comme le forage horizontal étudié à Morgantown, ou la fracturation par explosifs mise à l'essai au Lawrence Livermore Laboratory ne semblent pas pouvoir être utilisées non plus. Pour l'INIEX, l'injection d'eau à une pression voisine de la pression lithostatique, ou hydrofracking, pourrait contribuer à orienter et élargir les fissures responsables de la perméabilité. L'injection d'air puis d'oxygène à très haute pression à la suite de l'injection d'eau pourrait ensuite amorcer le phénomène de rétrocombustion. La méthode d'hydrofracking a déjà été utilisée avec succès en France pour le gisement salifère de Hauterives[2]. Malheureusement, cette technique appliquée au charbon profond est encore mal connue. Par exemple, on ne sait pas si la fracturation aura lieu dans le sens horizontal, seul convenable pour connecter les deux puits, comme cela s'est produit pour les mines de sel, ou vertical, comme il advient généralement dans le charbon à faible profondeur. Des expérimentations qui ont eu lieu à la mine de Luisenthal, dans la Sarre, à 600 mètres de profondeur, sont encourageantes bien que les interpréta-

1. P. Ledent, *op. cit.*
2. B. George, P. Laporte, *Revue de l'industrie minérale*, novembre 1976, p. 219.

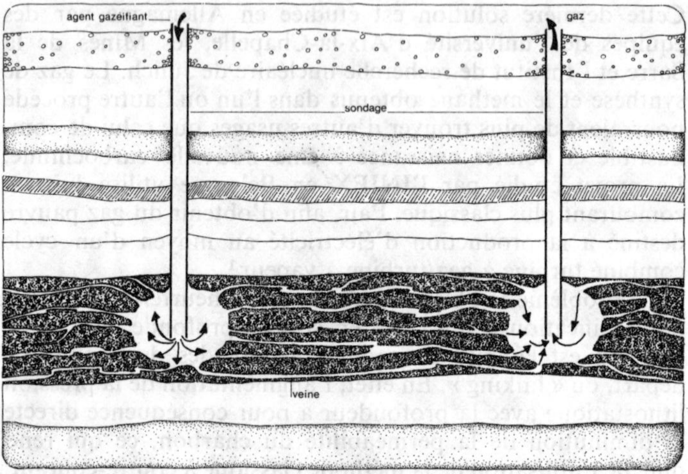

Fig. 1. Le procédé de gazéification souterraine par filtration est le plus employé. Le processus de gazéification est amorcé par rétrocombustion, l'allumage se faisant par le puits de production. Les veines de 2 mètres d'épaisseur, telles qu'on en rencontre dans les gisements européens, peuvent être ainsi exploitées.

tions soient très difficiles. D'autres méthodes pourraient être essayées, comme l'électrocarbonisation, qui consiste à établir une différence de potentiel entre les deux puits et à provoquer la distillation du charbon sous l'action du courant produit.

Quatre expériences, dont trois sont encore en cours, ont été effectuées dans les mines belges. Elles ont été menées à partir de l'étage le plus bas d'une mine en exploitation. Deux puits sont forés à 80 mètres de distance jusqu'à une veine profonde, et des essais d'injection d'air sont effectués en vue d'étudier la perméabilité du filon. Les résultats laissent espérer d'ici à deux ans une expérimentation *in situ* dans le Borinage.

Un espoir pour l'Europe

Il est encore trop tôt pour évaluer le prix de revient du mètre cube de gaz ou de la calorie[1, 2]. Il paraît évident que la gazéification souterraine ne pourra pas avant longtemps entrer en compétition avec le pétrole ou le charbon produit dans les mines à ciel ouvert et gazéifié en surface. Mais il faut compter avec la situation particulière de l'Europe de l'Ouest, qui recèle en son sol d'énormes quantités de combustibles fossiles (*fig. 2*), mais à des profondeurs dépassant souvent 1 000 mètres. Or, à grande profondeur, l'exploitation des mines devient excessivement onéreuse et, de plus, dangereuse pour les travailleurs. Il ne faut plus envisager le travail humain au-delà de 1 200 mètres. Dans ce cas, la gazéification souterraine devient la seule solution pour utiliser une ressource énergétique nationale qui pourrait, après l'an 2000, fournir avec l'énergie solaire une alternative à l'énergie totalement nucléaire et devenir, au même titre que le pétrole, source de molécules carbonées pour l'industrie chimique. Ces raisons, jointes à l'avantage d'obtenir par ce procédé de l'énergie sous une forme fluide, facilement stockable et transportable, expliquent que la Belgique ait dépensé jusqu'en 1978 80 millions de francs pour faire les études préliminaires du projet INIEX et que le gouvernement allemand ait accordé pour trois ans 12 millions de deutschmarks à l'équipe du professeur Wenzel à Aix-la-Chapelle, aux mines de la Sarre et à l'institut nucléaire-KFA de Jülich. D'ailleurs, ces deux pays ont signé un protocole d'accord pour unir leurs recherches.

En France, après avoir été considérée avec méfiance pendant des années, la gazéification *in situ* commence à intéresser. Encouragés par les essais belges et allemands, le Gaz de

1. P. Ledent, *op. cit.*
2. V. Chandelle, J. Patigny, « Economic prospect of underground gasification at great depth and under high pressure », *3e symposium annuel sur la gazéification du charbon*, Fallen Leaf Lake, USA, juin 1977.

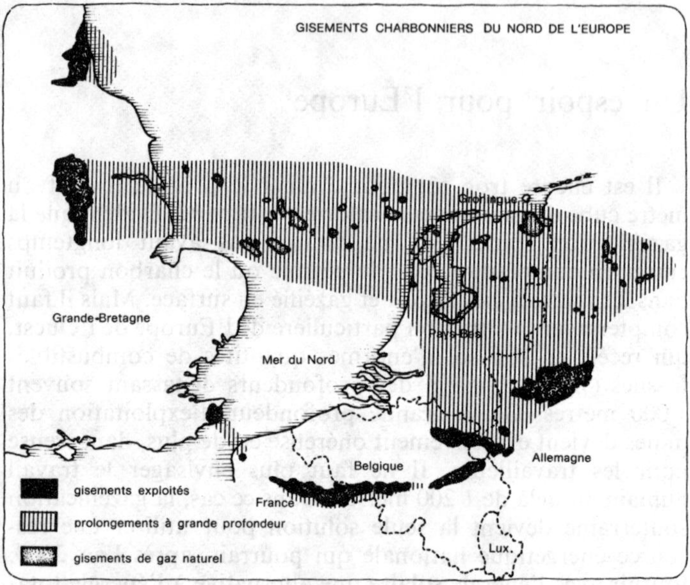

Fig. 2. Cette carte des gisements charbonniers du nord de l'Europe, établie en partie à partir des données de la recherhce pétrolière, montre l'extension des gisements profonds. Pour la France, non représentée ici, les gisements les plus intéressants sont situés en Lorraine, dans le nord du Pas-de-Calais, dans le Jura. Il est très délicat d'estimer la quantité de charbon présente, car on ne possède que peu de données sûres. De plus, certains gisements profonds, situés sous des régions fortement peuplées ou sous la mer, ou dans des régions déjà creusées de mines, ne peuvent être exploités. Pour P. Ledent, il y a là des centaines de milliards de tonnes. Les Français, prudents, estiment à moins de 2 milliards de tonnes les ressources de la France, si l'on s'en tient aux réserves de houille et d'anthracite ; ce qui représente pour ce pays une production de gaz à peu près similaire au gisement de Lacq. (D'après P. Ledent.)

France, les Charbonnages de France et l'Institut français du pétrole ont, en octobre 1977, remis au ministère de l'Industrie un rapport faisant le point sur le procédé, ses possibilités d'utilisation pour la France et sur les moyens nécessaires aux recherches préliminaires. Le comburant retenu serait l'oxygène et la vapeur d'eau, dans l'espoir d'obtenir après méthanation en surface un substitut de gaz naturel dont l'énergie serait de 9 th/Nm^3. Une première série d'études sur le linking, la combustion du charbon à haute pression, des études géologiques nécessiteraient quelque 5 à 10 millions de francs sur une période de deux ans. Ensuite, il faudrait construire une unité de démonstration avant de passer, si tout va bien, au stade semi-industriel d'ici à 1985. Une partie de ces recherches sera subventionnée par la Délégation générale à la recherche scientifique et technique qui y a affecté deux millions de francs pour 1978. Elles pourront, par la suite, se faire en collaboration avec d'autres pays comme la Belgique et l'Allemagne. Trop d'inconnues subsistent encore pour évaluer de façon certaine le coût de la thermie obtenue par gazéification *in situ* du charbon. Ainsi, on connaît à peu près le coût des installations de surface, mais le prix des forages varie avec leur profondeur, le nombre de puits nécessaires pour exploiter un gisement, etc. Ce ne sera pas une énergie bon marché, du moins pas avant longtemps ; son intérêt dépendra surtout du coût des autres types d'énergie (l'énergie nucléaire, comme le pétrole, augmente sans cesse) et, répétons-le, de son intérêt stratégique. Pour les plus optimistes, comme P. Ledent, directeur de l'INIEX, le but à atteindre est de « produire l'énergie de substitution la moins chère du monde à partir des charbons européens, qui sont parmi les plus chers du monde lorsqu'on les exploite par les méthodes conventionnelles [1] ».

La Recherche, mai 1978

1. P. Ledent, *op. cit.*

2

L'énergie nucléaire

Découverte durant la Seconde Guerre mondiale, l'énergie nucléaire fournit déjà des milliers de kilowatts au réseau électrique de nombreux pays. Mais la crise de l'énergie déclenchée par la hausse des prix du pétrole en 1973 l'a placée au-devant de la scène publique.

Elle apparaît pour beaucoup, au moins pour les gouvernements de l'Europe continentale, comme la seule alternative actuellement envisageable au pétrole. Pour les autres l'utilisation de cette source d'énergie, fondée sur un combustible minéral, donc limité, présente de trop grands dangers pour être développée sans risques.

La contestation du nucléaire est devenue la principale préoccupation des écologistes. C'est que la dimension des programmes d'équipement lancés par les pays occidentaux, la France en particulier, est impressionnante : en 1985 le potentiel nucléaire français devrait être de 38 000 MW ; il était fin 1977 de 4 000 MW (47 000 MW aux États-Unis). C'est aussi que les possibilités de panne et d'accidents des centrales ne semblent pas aussi faibles que les ingénieurs voulaient bien le dire au début des années 1970. Témoin l'accident de Three Mile Island aux États-Unis. L'enjeu pour la santé et le bien-être des populations est considérable ; il justifie que ce chapitre commence par une analyse de la sécurité des centrales nucléaires.

Jamais non plus les ingénieurs n'ont pris de si grands risques en extrapolant un prototype en une usine de taille énorme ou un ensemble d'usines réparties en des sites choisis avec une certaine hâte. Aussi, lorsque le CEA et l'EDF ont décidé de passer du prototype du surgénérateur Phénix de 250 MW, au Super-Phénix de 1 200 MW, l'émoi a été tel qu'une véritable émeute eut lieu sur le site même du futur surgénérateur à Creys-Malville. Le nucléaire soulève ainsi le plus grand problème d'« évaluation technologique » qui se soit posé. Qu'en sera-t-il lorsque les physiciens auront réussi à mettre au point, sur terre, des centrales à fusion thermonucléaire ?

1. La sûreté des centrales nucléaires

Martine Barrère

Dans cinq ans, une cinquantaine de centrales nucléaires de 1 000 MW électriques seront sans doute en service en France. Ce programme ambitieux pose d'importants problèmes de sécurité. Le débat que suscitent ces derniers reste confus. Les aspects militaires du nucléaire ne sont pas toujours clairement distingués de ses applications énergétiques, ni les options techniques des choix politiques.

Le présent chapitre tente d'apporter une réponse à deux questions : quelle sûreté présentent, selon les possibilités actuelles d'évaluation, les réacteurs de la filière retenue par le programme français? Quelle confiance peut-on faire aux mécanismes administratifs et réglementaires mis en place pour contrôler cette sûreté?

En France, le développement de l'énergie nucléaire a été fortement ralenti par un manque de continuité dans les décisions, malgré l'ancienneté des recherches. C'est dès 1945, en effet, que fut créé le Commissariat à l'énergie atomique (CEA). Il était responsable notamment « de l'organisation et du contrôle de la prospection, de l'exploitation des gisements de matières premières nécessaires au développement de l'utilisation de l'énergie atomique » et des recherches sur les différents types de réacteurs utilisant cette énergie ; il était aussi chargé des recherches sur l'utilisation de l'énergie atomique dans le secteur de la défense nationale. Cette même année vit la naissance de l'Électricité de France par nationalisation des producteurs et des distributeurs d'énergie électrique.

Au cours des années cinquante, le CEA s'attacha à développer la filière dite « française » à uranium naturel - graphite - gaz. Cependant, sauf lors de la préparation du Ve plan, jusqu'en 1968, les économistes, sur la base de calculs reposant sur le prix du pétrole, estimaient l'énergie nucléaire moins rentable que l'énergie à base de fuel. Seuls neuf réacteurs de cette filière furent donc construits. De leur côté, les États-Unis se lançaient à partir de 1966 dans la construction en grand nombre de centrales nucléaires à uranium enrichi et eau ordinaire, réalisées principalement par deux firmes : Westinghouse et General Electric.

C'est en 1968 que s'est précisée une nouvelle orientation énergétique française et, parallèlement, une nouvelle orientation nucléaire. On assista à une offensive de Westinghouse en Europe de l'Ouest, concrétisée par la création de filiales en Belgique, Italie, France (participation à Framatome, elle-même filiale de Schneider). Malgré la difficulté d'affirmer, en termes énergétiques ou économiques, un net avantage de la filière à uranium enrichi et eau ordinaire, la commission PEON [1] conseilla alors la construction en France de réacteurs de ce type. Le conseil fut suivi, et 1970 marqua l'abandon définitif de la filière « française » avec la décision prise par le gouvernement de mettre en service au titre du VIe plan 8 000 MWe à partir de centrales fonctionnant à l'uranium enrichi.

Par la suite, la crise pétrolière entraîna l'accélération des décisions, et le 5 mars 1974, le gouvernement engageait l'EDF à commencer la construction de treize unités nucléaires au cours des années 1974 et 1975. Enfin, le 1er février 1975, le Conseil central de planification autorisa l'EDF à produire 12 000 MWe en 1976 et 1977.

Ainsi devrait être mise en service, d'ici à 1985, une cinquantaine d'unités, de 1 000 MWe chacune, de la filière à uranium enrichi et eau ordinaire. Un tel programme de développement de l'énergie nucléaire, basé sur une technologie jeune et encore mal maîtrisée par les constructeurs commence à soulever en France une certaine inquiétude, liée aux dangers

1. Commission consultative pour la production d'électricité d'origine nucléaire.

potentiels de cette forme d'énergie. Le 14 novembre 1974, M. d'Ornano, ministre de l'Industrie et de la Recherche, essaya d'apaiser les esprits en déclarant au Parlement : « Bien entendu, nous prendrons et prenons déjà les mesures nécessaires pour garantir la sûreté de nos installations et la protection de l'environnement... » Tel n'était déjà pas l'avis de M. Belle, ancien directeur du cabinet de M. Poujade, ministre de l'Environnement, quand il disait en juin 1974 : « La réalisation des premières tranches du programme comporte d'ores et déjà une impasse énorme en ce qui concerne l'environnement. » Le débat n'est ouvert pour l'instant qu'à quelques spécialistes. Tentons de l'éclairer, et d'abord revenons brièvement sur les caractéristiques de la filière à uranium enrichi et eau ordinaire, couramment désignée par les initiales LWR *(Light Water Reactor)*.

La victoire des réacteurs à eau pressurisée

Dans les réacteurs LWR, l'eau ordinaire sert simultanément de modérateur et de caloporteur. Cependant, le mode d'extraction des calories dans le cœur est résolu de façon différente dans les deux filières de ce type de réacteurs : réacteur à eau sous pression (PWR : *Pressurized Water Reactor*) et réacteur à eau bouillante (BWR : *Boiling Water Reactor*). Dans les réacteurs à eau sous pression, l'eau est maintenue à une pression de l'ordre de 150 kg/cm^2, supérieure à la pression de saturation à la température moyenne du fluide la plus élevée, ce qui permet d'atteindre sans ébullition des températures d'environ 320 °C à la sortie du cœur. Cette eau du circuit primaire, sous pression, circule en circuit fermé. Elle cède sa chaleur à un fluide secondaire dans les générateurs de vapeur (*fig. 1A*). Dans les réacteurs à eau bouillante, l'eau est portée à ébullition pendant la traversée du cœur, et la température de la vapeur est d'environ 300 °C. Cette vapeur ainsi produite dans le cœur est envoyée directement

1 A

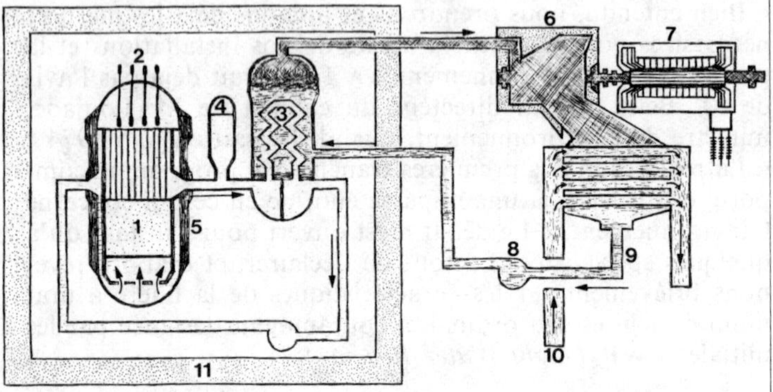

1 cœur du réacteur (combustible gainé)
2 barres de contrôle
3 échangeur
4 pressuriseur
5 cuve
6 turbine
7 alternateur
8 pompe
9 condenseur
10 eau de la rivière
11 enceinte de confinement

1 B

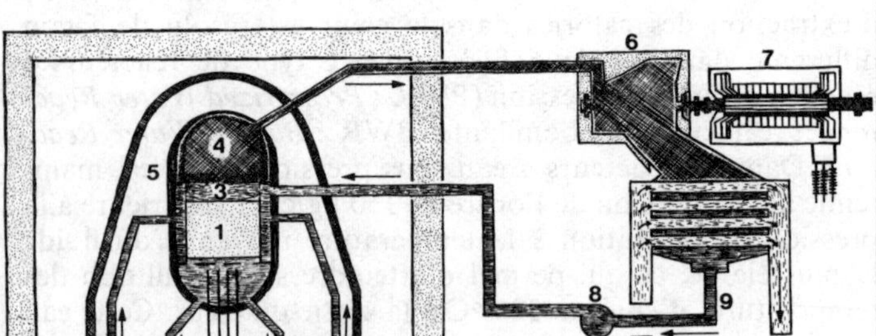

1 cœur du réacteur
2 barres de contrôle
3 séparateur
4 sécheur
5 cuve
6 turbine
7 alternateur
8 pompe
9 condenseur
10 eau de la rivière
11 enceinte de confinement

à la turbine (*fig. 1B*). Du fait de la forte absorption neutronique de l'eau, les réacteurs modérés à l'eau ordinaire ne peuvent se contenter comme combustible d'uranium naturel ; ils doivent utiliser de l'uranium enrichi à environ 3 %[1]. Ce combustible, ou du moins la première charge, doit être fourni par les États-Unis ; une usine de séparation isotopique européenne devrait ensuite prendre le relais.

Les différences les plus importantes entre les deux variantes de la filière à eau ordinaire résident dans les différences de cycle et dans ce qu'elles impliquent quant au confinement de la radioactivité créée dans le cœur. Dans un PWR, l'eau du circuit primaire (dans les conditions normales de fonctionnement) n'apparaît en principe pas dans le milieu extérieur à la chaudière nucléaire. Son confinement et celui des éléments radioactifs qu'elle véhicule doit donc pouvoir être assuré avec une relative facilité (réserve faite des problèmes de renouvellement de l'eau du circuit primaire). Le développement important du circuit primaire rend cependant nécessaire la construction d'une enceinte de grandes dimen-

1. 3 % d'uranium-235 fissile dans le combustible, à comparer à 0,7 % dans l'uranium naturel.

←

Fig. 1. Dans les réacteurs LWR, l'eau sert simultanément de modérateur et de caloporteur. Cependant, dans les réacteurs à eau sous pression, l'extraction des calories est faite en phase liquide ; ces réacteurs fonctionnent en cycle indirect. Dans les réacteurs à eau bouillante, l'extraction des calories est faite en phase vapeur ; ces réacteurs sont à cycle direct.

Sur le schéma du PWR (1A), sont représentés une cuve et un pressuriseur associés à une boucle primaire (il peut y avoir jusqu'à quatre boucles primaires). L'eau circule sous pression dans ce circuit fermé, ce qui lui permet d'atteindre à la sortie du cœur une température de 320 °C sans ébullition, elle cède alors sa chaleur à un deuxième fluide dans les générateurs de vapeur.

Sur le schéma du BWR (1B), on peut voir la cuve et ses deux boucles de recirculation, l'ensemble jouant le rôle d'une chaudière à circulation forcée. L'eau est portée à ébullition pendant la traversée du cœur, la température de la vapeur atteignant 300 °C. Cette vapeur passe directement dans la turbine, aussi le circuit d'utilisation de la vapeur est-il conçu pour faire face aux risques de contamination (protection de la turbine, disposition spéciale au niveau de l'extraction des gaz du condenseur, purification de l'eau avant réinjection dans la cuve).

sions pour assurer le confinement des produits radioactifs en cas de rupture de tuyauterie de ce circuit.

Par contre, dans un BWR, une partie de l'eau circulant dans le cœur se retrouve dans la turbine sous forme de vapeur, traverse le condenseur et divers échangeurs de chaleur avant de se retrouver dans le cœur (c'est dans le condenseur qu'aboutissent les éventuels produits radioactifs gazeux provenant du réacteur). L'ensemble de cette zone est donc actif et doit être protégé et surveillé.

Aux États-Unis, les PWR se sont développés à la suite du programme militaire de propulsion navale. Dès le mois de décembre 1948, la marine américaine passait un accord avec la société Westinghouse, après quelques études préliminaires au centre d'Argonne. Le prototype à terre du moteur du sous-marin *Nautilus* divergeait en mars 1953, et le Nautilus effectuait ses premiers essais en mer en janvier 1955. C'est aussi au centre d'Argonne que divergeait le premier réacteur bouillant expérimental en 1956. Rivale malheureuse de Westinghouse dans la propulsion navale et, comme elle, fabriquant de matériel électrique, la société General Electric s'attacha définitivement à la filière bouillante. Aujourd'hui, le total des commandes, aux États-Unis, se répartit à peu près également entre les PWR construits par Westinghouse et les BWR construits par General Electric. (Une contribution supplémentaire non négligeable doit cependant être attribuée pour les PWR à deux autres sociétés : Babcock et Wilcox, et Combustion Engineering.)

En France, deux sociétés se sont, depuis 1970, disputées les commandes des centrales nucléaires à uranium enrichi : Framatome (Creusot-Loire), sous licence Westinghouse, pour les PWR ; et Sogerca (CGE-Alsthom) sous licence General Electric, pour les BWR. Dès les premières commandes passées par l'EDF, les centrales à eau bouillante ont pris du retard sur celles à eau pressurisée. En effet, alors qu'en 1968 l'EDF prévoyait la mise en service, en commun avec les Belges, d'un PWR et, en association avec les Suisses, d'un BWR, seule la construction (par Framatome) du PWR, le réacteur de Tihange, fut effectivement entreprise.

La sûreté, ou comment être rigoureux avec des probabilités

La conception même des réacteurs à eau légère a fortement évolué aux États-Unis au cours des quinze dernières années. Elle a dû progressivement répondre à des règles de plus en plus rigoureuses en matière de sûreté nucléaire. En effet, après de fortes pressions, exercées tant par les autorités (essentiellement par l'American Energy Commission[1]) que par les mouvements de contestation, le gouvernement fédéral a été amené, à la suite de débats parlementaires, à imposer aux constructeurs de nouvelles réglementations et dispositions (sur le combustible, les systèmes de confinement, les dispositifs de secours...). Ainsi, dans les BWR, la General Electric en est au sixième modèle de chaudière, et au troisième type de confinement.

L'évolution de la conception des réacteurs s'est effectuée parallèlement à l'évolution de la notion même de sûreté, évolution qui se reflète d'ailleurs parfaitement dans les rapports établis par l'AEC en 1957 et 1974. Le premier rapport, WASH 740, tenait compte d'un « accident maximal crédible », considéré comme l'accident suprême pouvant advenir dans un réacteur donné. Dans le cas des LWR, il s'agissait du relâchement des produits de fission d'une centrale par suite de divers événements accidentels. Le rapport étudiait alors les effets d'un tel accident sur la population, mais n'avait pas comme objectif de s'en prémunir. Il devait par contre calculer le coût global de l'accident, le niveau des diverses responsabilités engagées (gouvernement, constructeurs, exploitant...)

1. Ou AEC. C'est le CEA américain. L'AEC vient d'ailleurs d'être remplacée par deux organismes : l'Energy Research and Development Administration (chargée de la recherche et du développement) et la Nuclear Regulatory Commission (assumant la fonction normative).

1. Discussion du rapport Rasmussen

Nous reproduisons ici des extraits du compte rendu des journées consacrées, les 27-28 novembre 1974 à l'OCDE, à la discussion du rapport WASH 1400 relatif à la sûreté des centrales nucléaires aux États-Unis. On trouvera d'abord les commentaires des pays représentés, puis les réponses du Pr Rasmussen.

France

Se limitant à l'aspect technique de la sûreté, indépendamment du côté information du public et réponse aux contestataires, M. Tanguy, chef du département sûreté nucléaire au CEA, a tenu à souligner les points suivants :

1. On bute toujours sur la difficulté d'évaluer la probabilité de phénomènes naturels (séismes, inondations) plus forts que ceux qui aient jamais été enregistrés dans une région donnée. [...] A partir du moment où l'approche probabiliste se fonde principalement sur des statistiques très restreintes, parce que les probabilités sont faibles, et non sur une approche logique d'arbres d'événements où les événements initiateurs sont suffisamment fréquents pour que les statistiques soient indiscutables, on a besoin d'approfondir avec beaucoup de rigueur l'approche choisie. [...] Jugeant sur le point particulier du séisme, les hypothèses du rapport WASH 1400 ne sont pas nécessairement conservatoires. [...] On limite considérablement les renseignements statistiques disponibles si l'on ne tient pas compte des accidents qui ne se sont pas produits mais qui auraient pu se produire si les circonstances avaient été légèrement différentes. [...] Ce type de « presque accident » n'est souvent pas rapporté d'autant qu'il comporte fréquemment une erreur humaine, ou de conception, que personne n'aime à rendre publique.

2. Une approche comme celle du rapport WASH 1400 donne-t-elle à l'analyste de sûreté la garantie que tous les accidents possibles sont pris en compte ? [...] Comment tient-on compte de l'imperfection de nos connaissances techniques ? [...] La perfection atteinte par l'analyse ne doit pas faire croire que tous les problèmes de sûreté sont résolus, et des études sont encore nécessaires.

3. Comment devons-nous utiliser le rapport WASH 1400 ? [...] Ce serait une déviation de l'objectif visé que d'utiliser des résultats du rapport pour prétendre que l'on peut tolérer sur certains points

une sécurité moindre, parce que la contribution du risque est faible (par exemple rupture du volant d'inertie des pompes), surtout lorsque des solutions existent. [...] Contrairement à ce que dit M. Levine, une étude de ce type (pas nécessairement aussi exhaustive) serait très utile pour un réacteur en projet (et non déjà en exploitation) ; à condition, bien sûr, que le projet soit parfaitement défini afin d'assurer une bonne cohérence des dispositifs de sécurité.

Japon (Pr Togo)

Un groupe de vingt experts a examiné ce rapport et a envoyé ses conclusions à l'USAEC. En voici certaines :

Le public ne comprend pas les probabilités. D'un côté, il voudrait que les probabilités d'accident soient nulles, mais, par ailleurs, il croit à l'improbable (loterie). Il faut donc une traduction pour les accidents en terme de « non-production d'un événement ». [...]

Il y a une notion de risque tolérable à dégager, par exemple en faisant une analyse coût/bénéfice de certaines dispositions ou améliorations.

Il faut tenir compte d'autres éléments qui relèvent plus des sciences sociales que physiques.

Grande-Bretagne (Dr Farmer et M. Kinchin)

Ce sont peut-être les Britanniques qui formulent les critiques les plus nettes sur le rapport WASH 1400 (bien qu'ils aient été les premiers à promouvoir l'application des méthodes probabilistes et qu'ils les appliquent déjà à tous les projets nucléaires).

Contrairement aux assertions des auteurs, ils considèrent que les méthodes présentées sont dès lors un outil de décision à tous les niveaux de conception, construction et exploitation des centrales nucléaires.

Ils soulignent que bien des données de base sont arbitraires et impossibles à vérifier expérimentalement. Il en est ainsi des caractéristiques d'une explosion de vapeur à la suite de la chute du cœur en fusion dans une masse d'eau. Il faudrait aussi une meilleure expérience statistique des incidents générateurs d'accidents.

Ils considèrent que la probabilité de rupture de cuve retenue dans le rapport est trop faible ; de plus, ils sont surpris que ne soit pas pris en compte le cas de destruction ou fuite de l'enceinte de confinement en cas de rupture de cuve.

Les modèles de conséquences méritent d'être affinés, il est certain que les hypothèses actuelles sont pessimistes.

Commission des communautés européennes (M. Vinck)

Il serait utile de mieux recadrer le risque présenté par les centrales nucléaires : par rapport aux autres réalisations industrielles, en faisant effectuer la même étude par des personnes indépendantes de l'industrie nucléaire ; par rapport aux effets de la radioactivité naturelle et de la pollution admise des centrales nucléaires en fonctionnement normal.

On peut douter des « scénarios » de relâchement des produits radioactifs.

Du point de vue de la réglementation technique générale. comme de celui de la conception des futures centrales nucléaires. l'impact de cette étude paraît certain.

États-Unis (Pr Rasmussen, en réponse à une question posée)

L'industrie, a contribué en partie aux études, elle y trouve une solution raisonnable à ses problèmes, elle considère que l'étude permettra de s'acheminer vers un langage commun. Malheureusement, il n'y a pas assez de gens expérimentés.

La communauté scientifique l'a commenté favorablement.

La presse a fait un accueil très correct, sans parti pris. Les commentaires du *Wall Street Journal* ont été très bons.

The Union of Concerned Scientists, groupe d'experts scientifiques contestataires réagit vivement et a rendu public le 25 novembre 1974 un contre-rapport de 170 pages s'appuyant notamment sur les échecs de la fusée Saturne IV pour la construction de laquelle on avait utilisé les méthodes probabilistes. Ces scientifiques estiment qu'un accident important, survenant dans un seul réacteur en fonctionnement (50 actuellement, mais 100 en 1980) pourrait tuer ou atteindre gravement 12 000 personnes, soit seize fois plus que les risques évalués par les auteurs du rapport WASH 1400 (MIT + AEC). Ces derniers sont soupçonnés d'avoir voulu, avant tout, soutenir et favoriser l'industrie nucléaire.

Le commentaire du Pr Rasmussen sur le contre-rapport est assez lapidaire : « C'est un enfantillage qui n'est même pas correctement étayé. [...] Nous sommes surpris, connaissant la qualité de certains des membres de l'UCS, que leur travail n'ait pas été plus scientifique. Peut-être est-ce voulu ? »

et enfin les différents types d'assurances que devaient prendre ces organismes.

La notion d'accident maximal crédible prête aisément le flanc à la critique : il est en effet impossible de prévoir tous les dangers potentiels du nucléaire. Elle a soulevé de nombreuses contestations surtout de la part du public, et la notion fondamentalement différente d'« accident de référence » lui a été progressivement substituée : désigné sous le sigle de DBA *(Design Basis Accident)*, il est choisi pour un type donné de centrale. On étudie alors le déroulement prévisible de cet accident, puis on calcule les paramètres de construction (ou dimensionnement) de la chaudière propre à empêcher ce processus. Pour les PWR, le DBA est la rupture « guillotine » de la plus grosse tuyauterie primaire. L'environnement est donc à priori protégé des effets du DBA ; les études de sûreté devront alors prendre en compte les autres accidents dont les effets ne seraient pas contenus par la centrale ainsi dimensionnée.

A cette notion de DBA s'ajoute aujourd'hui la notion de « probabilité d'un accident », proposée pour la première fois en 1966 par l'Anglais Farmer. Dans ce cadre, l'AEC a présenté en août 1974 le rapport WASH 1400, dit rapport Rasmussen, du nom de l'un des responsables de l'étude, qui systématise la méthode des probabilités. La ligne directrice du rapport est l'évaluation de la probabilité des accidents prévisibles dans les réacteurs de la filière à eau légère.

Penchons-nous maintenant plus précisément sur l'analyse technique de la sûreté, dont le principe est généralement, et en particulier en France, basé sur la méthode des barrières et la notion de progressivité de la sûreté. Il s'agit de démontrer la validité et le maintien, dans les différentes conditions, de barrières physiques interposées entre les produits de fissions et la population. Ainsi, dans une première étape, la validité de chaque barrière doit être démontrée quant au choix des matériaux, à leur adaptation aux conditions de fonctionnement normal et au maintien dans le temps des caractéristiques imposées. Un des facteurs fondamentaux pris en compte dans le bilan global est la parfaite indépendance des barrières. Dans le cas des réacteurs à eau, elles sont au nombre de trois :

— d'abord *la gaine* entourant le combustible, première barrière effective entre les produits de fission et l'environnement, et élément de transfert de l'énergie entre le combustible et le fluide primaire ;

— ensuite *l'enveloppe du réfrigérant* (réfrigérant primaire dans le cas des PWR) ;

— enfin *l'enceinte de confinement*, constituée par le bâtiment contenant la chaudière nucléaire.

Illustrons cette première partie de l'étude de sûreté en prenant le cas de la gaine. Cette dernière doit être refroidie en permanence pour assurer l'isolement du combustible. Ce refroidissement ne peut être assuré sans le respect de conditions successives : rotation permanente des pompes, alimentation en électricité, fiabilité du réseau, alimentation de secours.

Dans une deuxième étape, l'étude de sûreté d'un réacteur comporte l'analyse des séquences accidentelles prévisibles et celle de leurs conséquences — par défaut d'une des barrières (perte d'étanchéité) et de sa fonction associée — sur le taux de relâchement d'activité. L'analyse des accidents s'effectue à l'aide de techniques de fiabilité telles que l'arbre d'événements, par exemple, qui permet de déterminer les chemins critiques entre un événement initial et les accidents graves en découlant. La deuxième partie de cette étude doit être ensuite complétée en estimant la probabilité de défaillances des divers chemins étudiés précédemment. Au terme d'une étude de sûreté, il doit donc être possible d'estimer la probabilité des dégagements radioactifs et leur importance. C'est une telle étude, menée de façon systématique, que tente de réaliser le rapport Rasmussen. Il en ressort que les centrales nucléaires à eau légère présentent un risque presque négligeable. Ces conclusions ont soulevé des contestations dans le monde entier, et en Amérique même de la part de l'Environmental Protection Agency, tant en ce qui concerne l'évaluation des probabilités, particulièrement celles des effets biologiques, qu'en ce qui concerne les méthodes probabilistes utilisées [1]. Il n'en reste pas moins que la plupart des

1. Rapport d'un groupe d'experts scientifiques contestataires américains, The Union of Concerned Scientists (encadré 1).

responsables de la sûreté nucléaire dans le monde considèrent les résultats de cette étude comme d'utiles éléments de décision au niveau des gouvernements (voir encadré 1). Le rapport Rasmussen cité ici est cependant au stade de projet, et a été ensuite soumis aux divers organismes de sûreté dans le monde, à des fins de mise au point.

Des références qui n'en sont plus

En France, les études de sûreté des réacteurs à eau ordinaire sont confrontées à deux problèmes majeurs : la licence et le manque de référence. En effet, la réalisation des LWR fait appel à une technologie presque entièrement importée, en ce qui concerne la partie sous licence, c'est-à-dire la chaudière. Les accords fournissent aux industriels les spécifications techniques des chaudières indispensables à leur construction mais ne couvrent pas les données nécessaires à une analyse indépendante de sûreté. Ils imposent généralement d'admettre que les études ont été faites et bien faites. Jusqu'au début de cette année, les études de recherche et de développement n'étaient transmises que sous le sceau du secret à quelques personnalités de l'EDF mais non au service du CEA officiellement chargé des problèmes de sûreté nucléaire. La plupart des travaux américains sont maintenant accessibles, mais il reste difficile d'obtenir tous les éléments intervenus dans leur élaboration et qui seuls permettraient d'adapter les normes de sûreté aux conditions spécifiques françaises. D'autre part, la filière à eau légère évolue en permanence, et ces modifications entraînent naturellement de nouvelles recherches sur la sûreté, dont les conclusions n'arrivent en France qu'au moment même où les modifications techniques y sont importées. Cette situation de dépendance à l'égard du licencieur durera jusqu'à l'expiration des accords, soit 1982[1]. On peut noter à ce sujet que

1. A cette date, si l'on veut continuer la construction des mêmes centrales, un autre problème se posera en raison des nombreux brevets déposés par Westinghouse.

2. Choix d'un type de réacteur

Extraits du premier rapport de la Commission parlementaire du Royaume-Uni sur la science et la technologie (sessions 1973-1974), publié dans le rapport n° 1275 de l'Assemblée nationale, fait au nom de la commission d'enquête parlementaire sur la situation de l'énergie en France.

Pour la troisième session consécutive, la commission recueille les témoignages sur le choix d'un type de réacteur pour la prochaine étape du programme nucléaire britannique. Nous avons repris le dossier avec quelques réticences mais nous nous sentons obligés de le faire en raison de l'inquiétude croissante du public en ce qui concerne la sécurité des réacteurs américains à eau légère (LWR). Nous avons également pris en considération la préférence non dissimulée que le CEGB[1] exprime maintenant à l'égard de ce système, dont beaucoup pensent qu'il pourrait porter un coup sévère à la technologie britannique. [...]

Il apparaît clairement, d'après les témoignages, que le CEGB, en tant qu'acheteur principal, et que la société nucléaire nationale, en tant que contractant, sont d'accord pour que le réacteur à eau sous pression constitue l'essentiel du programme de réacteurs à moyen terme en Grande-Bretagne, bien que le CEGB pense qu'il y a effectivement un rôle à jouer pour le réacteur à haute température refroidi au gaz (HTR).

Mais les Américains eux-mêmes ont suffisamment de doutes pour construire un petit PWR dans le désert de l'Idaho, qu'ils vont tester presque jusqu'à destruction pour prouver l'efficacité ou non des systèmes de sécurité.

Dans le mémoire qu'il nous a présenté, Sir Alan Cottrell, principal conseiller scientifique du gouvernement, est arrivé aux conclusions suivantes concernant la cuve du réacteur à eau légère : « Des recherches plus poussées doivent être faites sur la possibilité d'une extension progressive des petites fissures dans les zones soumises à des efforts importants, en raison du vieillissement et de la corrosion entraînés par le fonctionnement. L'effet

1. L'EDF anglais, dont le directeur est M. Hawkins.

de choc thermique causé par l'eau de refroidissement utilisée comme remède d'urgence dans le cas d'un accident par perte de réfrigérant mérite également de plus amples recherches. »

Les problèmes de sécurité ont d'autant plus d'importance que l'expérience de fonctionnement des réacteurs à eau sous pression (PWR) de 500 MW et plus est encore très limitée. M. Tombs [1] a estimé à environ 20 « réacteurs-an [2] » l'expérience des grands réacteurs à eau sous pression. On peut comparer cette expérience à celle de la centrale Magnox, en Grande-Bretagne, qui est de 200 réacteurs-an. M. Williams [3] nous a dit que l'expérience de fonctionnement de tous les réacteurs américains à eau sous pression de 500 à 900 MW était également de 7,5 réacteurs-an (soit 1,5 réacteur-an par réacteur en moyenne). Le commissaire Doub, de la Commission américaine de l'énergie atomique, a admis tout récemment, en novembre 1973, que « l'expérience de fonctionnement est encore extrêmement réduite surtout pour les centrales d'une puissance de 800 à 1 000 MW, alors que la possibilité de réalisation technique et la valeur de la technologie ont été établies voilà un quart de siècle ». La haute commission canadienne nous a dit que l'expérience de fonctionnement des réacteurs des centrales de type CANDU [4] (que M. Hawkins, directeur du CEGB, avait tendance à rejeter) était maintenant de 7 réacteurs-an pour 4 réacteurs.

L'argument principal avancé par M. Hawkins en faveur de la construction de réacteurs à eau sous pression était leur faible coût et leur fiabilité. [...] C'est une opinion trop simple qui ne tient pas compte, par exemple, de l'éventualité d'une adaptation du réacteur aux normes britanniques de sécurité. Cette adaptation pourrait signifier la construction d'un prototype britannique.

1. Président de la compagnie d'électricité d'Écosse du sud.
2. C'est-à-dire 20 réacteurs pendant un an ou 10 pendant deux ans par exemple.
3. Chef du service de sûreté des installations nucléaires en Angleterre.
4. Filière à eau lourde développée au Canada.

l'Allemagne s'est débarrassée des obligations de la licence après trois ans d'études et avant de lancer un programme nucléaire important.

Par ailleurs, à défaut de disposer de toutes les études justificatives, les premières centrales à eau pressurisée construites en France devaient s'appuyer sur une expérience d'au moins deux ans de « centrales de référence », mises en service aux États-Unis (Beaver Valley pour Fessenheim et North Hanna pour Bugey). Il aurait été ainsi possible, dans un premier temps, de considérer comme acquises toutes les études de sûreté américaines, seules restant alors nécessaires les études correspondant aux différences entre les centrales de référence et les centrales françaises. Or les retards se sont accumulés aux États-Unis, et Beaver Valley entrera en service au mieux à la même époque que Fessenheim.

Enfin, il n'existe aucune référence possible pour la réalisation des 60 à 70 % de la centrale qui n'appartiennent pas au lot chaudière couvert par la licence. Cette partie dépend de l'architecte industriel, en l'occurrence l'EDF, dont les règles et les habitudes de construction sont souvent différentes des normes américaines, ce qui entraîne une difficulté supplémentaire pour la maîtrise de la sûreté.

Un ensemble de compromis peu rassurant

Pour les accidents, on adopte en France, au stade actuel, la démarche des analyses de sûreté américaines. Bien évidemment, l'un des premiers accidents pris en considération est l'accident de dimensionnement : perte de réfrigérant par suite d'une rupture d'une grosse tuyauterie du circuit primaire (LOCA, *Loss of Coolant Accident*). De par sa gravité, cet accident conduit à la rupture des deux premières barrières de sûreté. Mis à part la cuve, l'enveloppe du circuit primaire est composée essentiellement de tuyaux dans lesquels circule l'eau chargée d'évacuer la chaleur dégagée en permanence par la fission des noyaux du combustible. En cas de rupture brutale de la tuyauterie, l'eau de refroidissement s'échappe. Aussi a-t-on prévu des systèmes de refroidissement de secours (ECCS). Si ces derniers ne fonctionnent pas immédiatement, les gaines de combustible fondent en quelques secondes. A l'intérieur de la cuve se retrouvent alors tous les produits volatils du combustible, de nombreux produits solides portés à température de fusion et une masse partiellement fondue d'oxyde d'uranium. La température du magma continue de croître sous l'effet de la radioactivité résiduelle et entraîne progressivement la fusion de la cuve elle-même. A ce moment, deux événements sont envisageables :

— l'explosion de la vapeur, qui peut à son tour provoquer la rupture de la dernière barrière, l'enceinte de confinement. Une partie des produits de fission s'échappent alors dans l'environnement, et un nuage radioactif important se répand dans l'atmosphère.

— la poursuite de la fusion sans effet explosif, qui conduit à ce que les spécialistes appellent le « syndrome chinois » : le cœur s'enfonce dans la terre jusqu'à une profondeur de quelques dizaines de mètres selon le rapport WASH 1250 de l'AEC. Une description complète de cet accident doit être accompagnée des probabilités des divers événements. Selon les résultats du rapport Rasmussen, la probabilité de rupture brutale de la tuyauterie primaire est de l'ordre de 10^{-5}, celle de non-fonctionnement de l'ECCS de 10^{-7}, et enfin celle d'explosion de la vapeur de 10^{-8}.

Les analyses de sûreté sont ici conduites à partir de calculs très complexes dont la représentativité n'est pas assurée malgré des expériences diverses servant à corréler les méthodes de calcul. Aucun LOCA ne s'étant encore apparemment produit dans le monde, le bon fonctionnement du refroidissement de secours (ECCS) n'a jamais pu être établi dans des conditions physiques exactes. Des études expérimentales ont été conduites, mais une grande partie d'entre elles restent confidentielles. De plus, peu d'expériences ont été réalisées en réacteur et, qui plus est, rares sont les expériences pouvant prendre en compte la totalité du phénomène. Aussi. aux

3. L'irradiation des travailleurs

Des normes internationales ont été établies par la CIPR (Commission internationale de protection contre les rayonnements) pour définir les doses maximales tolérables d'irradiation et de contamination de l'homme par des produits radioactifs.

Si, dans le cas des faibles doses, l'opposition d'interprétation subsiste, et semble insoluble entre, grossièrement, les représentants gouvernementaux et les groupes de radiobiologistes « protectionnistes » on n'a jamais eu écho d'une irradiation dépassant ces normes pour les populations proches des installations nucléaires en fonctionnement normal. (Il n'en est pas de même en cas d'accident.)

La situation est fort différente en ce qui concerne les travailleurs. Remontons au début du cycle de l'uranium. Dans les mines, les risques d'irradiation sont faibles, le pourcentage d'uranium dans le minerai ne dépassant jamais 0,3 % ; mais, par contre, les risques de contamination (par inhalation de radon par exemple) sont réels. Les appareillages de détection sont très rares et, généralement on ne peut que constater la contamination par son effet *a posteriori*. C'est dans les mines, cependant, que les doses sont reçues le plus continûment. À ce propos, il est intéressant de noter que dans un avenir très proche, près de 50 % de l'uranium utilisé en France proviendra de l'étranger, et essentiellement du Niger et du Gabon, et que les responsables au CEA ne peuvent préciser qui est responsable du respect, dans ces pays, des normes internationales auprès des travailleurs africains.

Dans les usines de séparation isotopique et de traitement du combustible, les travailleurs manipulent des quantités importantes de produits radioactifs, certains postes de travail justifiant même des tenues spéciales. Dans une usine de retraitement, la tenue endossée pour accomplir certaines tâches se met en une demi-heure et se retire dans un temps égal. La demande croissante en énergie nucléaire va fortement affecter ces usines où la production d'uranium et de plutonium devra croître parallèlement tout en demeurant compétitive avec la production des marchés mondiaux. La rentabilité va devenir rapidement un facteur déterminant.

Dans les centrales nucléaires à eau ordinaire, la situation ne se présente pas mieux pour les travailleurs.

Tandis que l'exposition individuelle moyenne mesurable (supérieure à 100 mrems) demeure « faible », l'exposition moyenne par unité a crû de 1969 à 1973, et particulièrement pour les PWR (elle a été multipliée par un facteur 3).

Si l'on prenait pour le rapport dose/puissance une valeur de 1 (donc inférieure à la valeur américaine pour les PWR en 1973), on trouverait que pour 50 000 MWe installés (programme français pour 1885, à majorité PWR) 50 000 travailleurs prendraient 1 rem/an, ou 10 000 travailleurs en prendraient 5. 50 000 MWe représentant 50 unités de 1 000 MWe, cela peut signifier qu'en moyenne 200 travailleurs recevraient une dose de 5 rems/an par unité installée. Or cette dose est considérée comme un maximum à ne pas atteindre (recommandations du CIPR). Un calcul identique réalisé pour la centrale de Chooz (PWR de 270 MWe) pour l'année 1973 aboutit déjà à un rapport 1,09 entre la dose et la puissance installée.

Enfin, si l'on regarde l'évolution des doses à partir de la mise en service des centrales, on constate que toutes les « vieilles » centrales ont une nette remontée de dose vers 8 ans : 2,4 rems/agent et 5,25 h.rems/MWe.

Par ailleurs, dans les centrales PWR réalisées par Westinghouse, les échangeurs de chaleur subissent un record d'accident : sur les 66 échangeurs commandés à ce jour il n'en existe pas un seul sans tube percé. L'existence de trous permet le passage des produits de fission du circuit primaire au circuit secondaire, où ils se retrouvent dans la vapeur. Il est donc nécessaire de les boucher au plus vite. Pour ce faire, il existe aux États-Unis une société dont l'unique raison d'être est la location de personnel, généralement hors contrôle, qui colmate ces brèches avec des risques d'irradiation importants. Pour ces quatre niveaux — mines, fabrication de combustibles, centrales nucléaires, traitement de combustibles irradiés — les risques d'irradiation ou de contamination auxquels sont soumis les travailleurs devraient entraîner un développement des recherches sur les conséquences des radiations et de la contamination et une redéfinition législative des normes de sécurité. Connaîtrons-nous jamais les dessous de l'affaire Silkwood, cette jeune femme américaine technicienne dans un surgénérateur, contaminée par les effets du plutonium ? Sa mort dans un accident de voiture ne paraît pas naturelle à certains, dont les membres de son syndicat, en raison de la contestation gênante qu'elle commençait à animer.

États-Unis, le réacteur LOFT *(Loss of Fluid Test)* a-t-il été construit dans le désert de l'Idaho pour tester effectivement pour la première fois le bon fonctionnement de l'ECCS en cas de LOCA total. Cette expérience est prévue pour la fin de l'année. D'ores et déjà la conception allemande de l'ECCS est résolument différente de la conception américaine. En effet, pour des centrales du type prévu en France, l'AEC admet deux lignes d'injection de secours, là où les Allemands en préconisent quatre (tenant compte notamment de leur population plus nombreuse). Ils augmentent ainsi notablement la probabilité de bon fonctionnement du refroidissement de secours.

Les gros composants en acier des centrales nucléaires posent aussi d'énormes problèmes. En particulier, la rupture d'une cuve pourrait amener la fusion complète du cœur, qui provoquerait à son tour avec une probabilité de 10^{-1} la rupture des trois barrières. Selon les travaux menés jusqu'à présent en France sur ce problème, il semble qu'il n'y a pas de raison théorique d'exclure formellement la possibilité d'une rupture de cuve... Le rapport Rasmussen, quant à lui, attribue à une cuve donnée une probabilité de rupture par an inférieure à 10^{-6} (une chance sur un million). La base du raisonnement repose sur l'acquis technologique important qu'a derrière elle l'énergie nucléaire ; ainsi, dans le domaine de la grosse chaudronnerie, la probabilité de rupture des ballons de chaudière est d'environ 10^{-4} à 10^{-5}. Tablant sur les précautions particulières qui seraient prises pour des cuves de centrales nucléaires, l'AEC améliore la probabilité de rupture d'un facteur de 10 à 100 (chiffre fortement contesté par les responsables anglais de la sûreté, voir encadré 2). Plusieurs estiment que si la probabilité de rupture d'une cuve était supérieure à 10^{-6}, le risque que constituerait le programme d'une centaine de réacteurs de ce type ne devrait pas être pris.

En France, en février 1974, un arrêté a été pris par le ministère de l'Industrie sur la réglementation des cuves des réacteurs à eau, imposant des règles très strictes aux constructeurs dont la responsabilité est ainsi fortement engagée. L'industrie française se déclare prête sur la plan technique à assumer la tâche énorme qui lui incombe. Si les responsables de la sûreté nucléaire déclarent : « ... Les industriels... Framatome et Sogerca... ne semblent pas gênés actuellement par leur situation de licenciés de sociétés américaines ni par cet effort de suréquipement qui réservera un potentiel disponible pour l'exportation[1] », le syndicat CFDT, par contre, estime que, compte tenu du nombre de centrales prévues, le personnel est insuffisant et que cela pourrait mettre en cause la fiabilité des centrales. Il est sans doute utile de rappeler ici que la plupart des nombreux incidents techniques survenus dans les centrales américaines sont dus à des défauts de fabrication que, par ailleurs, les contrôleurs n'avaient pas remarqués.

En outre, quelle certitude a-t-on qu'une réalisation sous licence soit bien étudiée? De nombreux exemples illustrant une mauvaise conception d'éléments nucléaires pourraient au contraire nous amener à un certain pessimisme. En effet, ces dernières années, la majorité des réacteurs construits sous licence ont été le siège d'incidents qui auraient pu très facilement dégénérer en catastrophes. Mentionnons :

— Chooz (réacteur franco-belge PWR), où l'incident fut provoqué par des vibrations internes du réacteur ;

— Garigliano (réacteur italien, premier BWR de la série) et Selni (réacteur italien PWR) ; pour ces deux cas, l'incident était de même type que pour Chooz ;

— Beznau (réacteur suisse PWR), où les échangeurs se sont rompus ;

— Santa Maria de Garona (réacteur espagnol BWR), où les combustibles étaient mal conçus ;

— Tarapur (réacteur indien BWR), et Zorita (réacteur espagnol PWR) ; l'incident, dans ces deux derniers cas, résultait aussi d'une mauvaise conception du combustible.

Ces divers événements ont amené l'arrêt pendant un temps plus ou moins long de tous les réacteurs et ont dans certains cas entraîné une forte contamination des travailleurs des centrales (voir encadré 3).

Un constructeur essaie toujours pour vendre d'être concurrentiel, et doit donc réaliser un compromis entre la rentabilité et la recherche de la meilleure sûreté possible. L'exploitant,

1. *Note d'information sur le programme nucléaire français*, rédigée par le SCSIN en octobre 1974.

quant à lui, doit aussi réaliser un compromis entre le coût de production et la sûreté. Les contrôles par des organismes indépendants de la fabrication aussi bien que du fonctionnement semblent donc, ainsi que cela se fait dans tous les pays, indispensables pour que la sûreté demeure prioritaire malgré tous les compromis. Or, comme on va le voir maintenant, il ne semble pas que le gouvernement français se soit donné jusqu'à présent les moyens d'exercer efficacement ce contrôle. Peut-il d'ailleurs être à la mesure de la croissance nucléaire prévue? Nous risquons fort dans un avenir proche de subir en France une dégradation insensible de la qualité, qu'aucun organisme ne pourrait apprécier ni contrôler à temps. Avant de passer à ce point, faisons cependant mention d'un dernier facteur intervenant dans les études de sûreté et considéré, comme les autres, en termes de probabilité : le facteur humain. Les défaillances humaines doivent être envisagées. Elles ont en fait souvent été à l'origine d'incidents dans des centrales nucléaires. Aussi M. Tanguy, chef du département de sûreté nucléaire, a-t-il pu déclarer à l'occasion d'un commentaire du rapport Rasmussen : « Un effort supplémentaire ne devrait-il pas porter sur l'analyse des erreurs humaines en cas d'opérations manuelles répétitives (référence à l'accident du réacteur d'Oak Ridge où l'on a constaté 21 erreurs humaines consécutives)?... Devant l'importance des erreurs humaines, comment peut-on encore confier à des opérateurs, et non à des automatismes, des fonctions importantes de sûreté? »

D'autres formes d'intervention humaines doivent enfin être sérieusement envisagées dans les années à venir telles le vol du combustible nucléaire, le sabotage des installations, ou toute autre action terroriste. Les responsables du rapport Rasmussen disent à ce sujet : « La démonstration étant faite qu'il est très difficile de réaliser simultanément une série d'incidents qui conduisent à un accident grave, les chances de succès d'un commando de saboteurs paraissent très faibles par rapport à ce qui pourrait être fait sur nombre d'autres installations industrielles. De toute façon, on ne voit pas quelle probabilité attribuer à ce risque. Une étude doit être faite par l'USAEC qui devra tenir compte de facteurs tels que l'attrait psychologique pour des saboteurs « mal informés ».

Il est certain que de solides mesures de sécurité doivent être prévues pour compenser l'attrait psychologique d'actions de sabotages contre les centrales nucléaires. » Les contestataires du nucléaire, qui pensent que le nucléaire conduit inéluctablement à la mise en place d'un système répressif, trouveront ici une confirmation de leur crainte.

Des décrets souvent sans effets

En tout état de cause, en France, dans les années 1985, 50 000 MWe devraient provenir des centrales nucléaires à uranium enrichi, centrales dont la durée normale de vie moyenne est d'une trentaine d'années. L'existence d'une centrale et sa mise en marche sont sujettes à un certain nombre d'autorisations officielles, dont la première est l'autorisation de sa création (on verra en fait qu'au préalable doit être donnée une autorisation de site).

Le décret 63-1228 publié le 11 décembre 1963 précise le cadre législatif et réglementaire français de la sûreté nucléaire. Ce décret a été modifié en 1973 par un nouveau décret 73 405 s'appliquant aux installations nucléaires de base (réacteurs, accélérateurs, usines de préparation, fabrication ou transformation de matières radioactives, installations de stockage...). En vertu de ce texte, les installations nucléaires de base ne peuvent être créées qu'après autorisation donnée par décret pris sur le rapport du ministère de la Recherche et de l'Industrie, après avis de la CIINB (Commission interministérielle des installations nucléaires de base) et avis conforme du ministre de la Santé publique. Un autre décret du 3 mars 1973 (73 278) a alors ordonné la création du Service central de sûreté des installations nucléaires (SCSIN), rattaché au ministère de l'Industrie et de la Recherche, chargé en particulier de préparer le décret d'autorisation de création. A cette fin, le SCSIN transmet le rapport préliminaire de sûreté établi par l'exploitant à un groupe permanent composé

4. *Comment s'en débarrasser?*

D'autres aspects de la sûreté nucléaire devraient également être traités ici en détail. Les premiers pourraient être coiffés globalement du chapeau « environnement ». Il s'agit du réchauffement des eaux, du rejet dans la biosphère d'effluents gazeux, et dans les fleuves et les mers d'effluents liquides et solides. Une des rares certitudes acquises dans ce domaine est que les réacteurs à eau sont loin d'être les mieux placés. Mais les connaissances fondamentales sur les circulations marines ou aériennes sont totalement insuffisantes, sinon inexistantes. Rien ne garantit donc qu'à long terme les produits aisément dissous dans le court terme ne se concentreront pas pour donner un effet global imprévisible. C'est ce qu'exprime clairement F. Ramade dans son livre [1] : « Il faut le répéter avec force, les pratiques présentes fondées sur la dilution et le rejet des déchets n'offrent aucune garantie pour la protection de l'environnement de l'homme. »

En fait, pour les centrales, ce problème des effluents pourrait être éliminé ; il est techniquement possible en effet de construire des centrales « zero release » et de récupérer tous les déchets produits au niveau des usines de traitement. Ces solutions techniques nécessitent des investissements financiers souvent importants. Elles supposent une révision de la politique énergétique française et un désir réel de la part des pouvoirs publics d'assurer une plus grande protection de l'environnement aux dépens de la rentabilité des capitaux investis.

On ne sait pas non plus évaluer avec précision l'effet à long terme des rejets de chaleur dans l'eau ou l'air, conséquences des quelque 60 % de chaleur perdus dans le cadre d'une production maximale d'électricité [2]. Et les représentants des pouvoirs publics restent particulièrement vagues sur le sujet : « Tout comme la réfrigération sur eau vive, qui échauffe les rivières, les autres modes de réfrigération sont susceptibles de présenter de sérieux inconvénients écologiques ou esthétiques [3]. »

1. F. Ramade, *Éléments d'écologie appliquée*, Ediscience, 1974.
2. « Les centrales à eau légère en cours de construction rejettent environ 1,6 fois plus de chaleur qu'une installation classique de même puissance [3]. »
3. Rapport de la commission Énergie et Environnement, publié début 1974.

Le stockage des déchets

Avec le développement de l'énergie nucléaire, les effets de l'implantation d'une centrale sur l'environnement vont rapidement devenir importants. Ils semblent pour l'instant, traités de façon bien négligente par les pouvoirs publics, qui en confient le contrôle à l'exploitant, l'EDF. Cette situation inquiète depuis quelque temps déjà de nombreuses personnes, comme en témoigne cet extrait d'un rapport sur les juridictions anti-nuisances remis par le Pr Rouvier au ministère de la Santé publique en 1970 : « C'est en effet un paradoxe bien français et plus que jamais actuel que de confier en matière de pollution la protection aux producteurs, la prévention aux promoteurs ! »

Les déchets radioactifs sont aussi une des conséquences des centrales nucléaires. Aucune solution satisfaisante n'est encore apportée aux problèmes posés par leur traitement et leur stockage. Rappelons brièvement leur origine. Quand un combustible sort du réacteur, il possède la radioactivité maximale ; il est alors stocké quelques mois dans une piscine située près du réacteur. Ce stockage a pour but de laisser décroître une partie de la radioactivité (environ 1/10 au bout d'un mois) et de faire disparaître certains produits radioactifs à la vie courte (^{239}Np, ^{237}U). Puis il est envoyé dans les usines de retraitement où s'effectue la séparation des différents composants (uranium, plutonium, transuraniens, radionucléides à longue période, produits de fission, métaux radioactifs divers). Ces usines constituent de loin la plus importante cause de contamination de l'environnement par l'industrie nucléaire, et le problème des effluents devrait être à ce niveau sérieusement regardé. Enfin les déchets, c'est-à-dire les radioéléments non utilisables, sont traités et conditionnés. Les déchets à très faible activité sont dispersés dans la mer ou l'atmosphère. Les déchets à faible radioactivité sont justiciables du stockage en surface. Le site de La Hague utilisé à ces fins jusqu'à présent sera saturé en 1990. Un second centre devrait être ouvert vers 1980-1985. Ces déchets présentent des risques assez faibles mais ont des volumes importants. Ce sont en outre les plus nombreux, car ils sont une conséquence du fonctionnement *normal* des centrales et des usines de fabrication du combustible. Sans compter que dans quelques années, à moins de transformer en mausolée chaque centrale en fin de fonctionnement (ce qui impose une surveillance du site pendant plusieurs centaines d'années), la solution est de la démolir (ce qui double par ailleurs l'investissement initial). Elle sera donc envoyée pièce par pièce sur un site de stockage (le problème est d'actualité en ce moment avec Chinon I).

Les déchets contenant des transuraniens pourraient, eux, être stockés dans des formations géologiques telles que le sel, le granit, le basalte... Cependant, « jusqu'à présent, seules des études préliminaires, en particulier géologiques, ont été réalisées [1] ». Enfin, pour l'instant, les déchets à haute activité (tels les produits de fission) sont conservés sur le lieu de production (usine de retraitement) dans des cuves en inox à double paroi. Ce stockage présente l'inconvénient majeur que, du fait de la corrosion, les récipients doivent être remplacés après quelques décennies d'utilisation. Aussi procède-t-on un peu partout dans le monde à des recherches sur divers modes de stockage et d'élimination durable de ces déchets sous forme solide (le procédé de vitrification, étudié par la France à Marcoule, étant le plus prometteur). Les produits vitrifiés seraient alors stockés dans des puits ventilés. Certaines recherches sont aussi orientées vers l'utilisation de produits de fission dans des systèmes fournisseurs de petites quantités d'énergie (en médecine par exemple).

Le traitement du combustible en provenance de la filière à uranium enrichi est quant à lui encore problématique. Aux États-Unis, General Electric vient d'abandonner, en octobre 1974, la construction de son usine de retraitement. Aucun constructeur à l'heure actuelle ne sait proposer des solutions de retraitement pour les éléments combustibles. Il ne reste donc aux exploitants qu'à développer les capacités de stockage dans des piscines. En France, on construit actuellement au centre de retraitement de La Hague une usine-pilote pour traiter le combustible d'oxyde d'uranium des centrales LWR. Cette usine devrait être opérationnelle en 1977, elle ne peut bénéficier de l'expérience acquise dans le traitement des combustibles provenant exclusivement de la filière graphite-gaz. Si ce projet tournait court, le combustible devrait être stocké dans des piscines ; or nul ne peut garantir la bonne tenue de gaines après un petit nombre d'années (cinq à dix) passées dans l'eau. Près de chaque centrale est prévue une capacité d'accueil pour quatre tiers du « cœur ». Environ un tiers du cœur

1. *Ibid.*

étant renouvelé chaque année, la situation peut devenir critique au bout de cinq ans de fonctionnement. En Allemagne, le gouvernement va sans doute exiger des constructeurs une solution de retraitement pour leur combustible avant d'autoriser la construction d'une centrale.

Le transport des matières radioactives

Un dernier problème doit être évoqué dans le cadre général de la sûreté : celui des transports. La responsabilité du transport de tout matériel entre deux installations nucléaires de base incombe au ministère des Transports. Cette prise en charge unilatérale entraîne des problèmes multiples d'harmonisation de procédure (emballage), d'engagement et de changement des responsabilités (l'exploitant est responsable dans l'enceinte de l'installation nucléaire). Selon la commission Énergie et Environnement, qui trouve par ailleurs que « ce nombre n'aurait rien d'excessif », le parc nucléaire prévu pour l'an 2000 nécessitera de 1 000 à 1 500 transports par an de combustibles irradiés, et plus de 1 000 transports annuels de déchets radioactifs produits au cours du seul traitement des combustibles[1]. Et cela ne constituera qu'une partie des transports effectués pour l'ensemble des déchets. Le transport est principalement effectué par route, d'où des risques énormes d'accident, de sabotage, de vol... Il est question de rendre obligatoire l'arrivée d'une voie ferrée dans chaque installation nucléaire, mais la décision risque fort de n'être pas prise à temps pour les futurs PWR.

Personne ne peut aujourd'hui présenter de solutions satisfaisantes et définitives aux problèmes évoqués ici. Comment ne pas se demander, une fois de plus, sur quels faits repose cette attitude résolument confiante des pouvoirs publics : « On peut prévoir avec certitude que des progrès techniques apparaîtront et continueront comme dans le passé à accroître les possibilités et la liberté d'action de l'homme. Comparées à celles qui sont mises en œuvre aujourd'hui, les solutions qui seront donc effectivement utilisées dans dix ou vingt ans devraient atténuer dans une large mesure les atteintes à l'environnement[2]. »

1. *Ibid.*
2. *Ibid.*

d'experts et de représentants de l'administration qui le confie au département de sûreté nucléaire du CEA. Ce dernier procède à son tour à une évaluation technique des dispositions prévues par l'exploitant pour assurer la sécurité de son exploitation. Les conclusions du rapport et de l'avis du groupe permanent sont alors transmis au SCSIN.

L'application des dispositions du décret d'autorisation de création est surveillée par les « inspecteurs des installations nucléaires de base », dépendant du SCSIN. Cet ensemble de dispositions n'offre toutefois que des garanties limitées : « La sûreté des installations nucléaires de base est avant tout l'affaire des constructeurs et des exploitants, qui sont seuls en mesure de prendre à tout moment les dispositions techniques qui s'imposent et d'en contrôler l'exécution... La puissance publique ne fournit pas de règles ou de codes de construction, elle ne fournit pas davantage une garantie en accordant une autorisation de création ou une approbation[1]. » Le démarrage même de chaque centrale est fonction de cinq autorisations successives (voir encadré 5).

Cet ensemble de dispositions pourrait apparaître comme la preuve rassurante des attentions particulières accordées par les services officiels à cette forme d'énergie dont le potentiel de risques est sans commune mesure avec celui de toutes les activités humaines du passé. Mais s'il est vrai que les services officiels portent à l'énergie nucléaire plus d'attention qu'ils n'en ont jamais portée aux autres secteurs industriels (sans que ceci soit par ailleurs une référence), ces mêmes services se donnent mal les moyens de faire prendre leurs conseils en considération. Un véritable pouvoir parallèle est détenu par l'exploitant (en l'occurrence EDF pour les centrales à eau ordinaire de 1 000 MW), à l'abri derrière son étiquette de service public.

Ainsi, les inspecteurs des installations nucléaires de base chargés de surveiller l'application des prescriptions techniques données par les autorisations ministérielles (dix personnes travaillant à temps extrêmement partiel) n'exercent pas réellement ce rôle. Pratiquement, les seuls contrôles

1. D. Quichart, SCSIN, *Annales des Mines*, janvier 1974, p. 50-51.

sont donc ceux exercés par l'EDF et le CEA, qui sont l'un et l'autre parties prenantes dans le développement du nucléaire.

De même, EDF et CEA sont présents dans tous les groupes de décision des installations nucléaires (tel par exemple le groupe permanent des réacteurs attaché au SCSIN). De même aussi, la première autorisation dans la vie d'une centrale, celle d'autorisation de site, est non seulement donnée essentiellement sur demande de l'EDF, mais encore a une utilité négligeable puisque tous les sites proposés par l'EDF ont été jusqu'à présent ouverts *avant* publication du décret d'autorisation de création. L'autorisation de site est en fait une déclaration d'utilité publique (DUP) : « Il s'agit essentiellement d'un acte officiel qui caractérise la reconnaissance officielle par l'État de l'opportunité de l'opération envisagée [1]... » Cette autorisation est prise après diverses enquêtes effectuées sur le site proposé par l'exploitant, par des fonctionnaires dépendant des ministères de l'Aménagement du territoire, de l'Environnement, de la Culture... et d'une enquête publique auprès de la population, sur laquelle nous allons revenir.

S'il faut prendre en considération les dangers potentiels d'une centrale sur la population environnante (seuls les États-Unis définissent une zone d'exclusion d'habitation autour d'une centrale), il est aussi indispensable de tenir compte des dangers potentiels liés aux interactions possibles entre une centrale et son environnement. Aussi, par exemple, certains s'élèvent-ils violemment contre l'aménagement de grands complexes où industries et centrales nucléaires cohabiteraient, conception que certains représentants de pouvoirs publics présentent comme une solution aux problèmes de nuisance (pollution, modification climatique locale...), et comme une réponse aux besoins communs des industries et centrales nucléaires (transport de matériaux, approvisionnement en eau...). Le moindre incident dans un des composants du complexe peut entraîner une série d'accidents en chaîne et avoir des conséquences importantes sur le comportement

1. Annexe 1 de la référence 6 : « Procédures administratives des centrales nucléaires. »

de la centrale. Aussi les débats sur le choix de sites nucléaires tels que le port pétrolier de Dunkerque (où était prévue la construction d'un conduit de méthane) ou la zone industrielle de Fos ont-ils été serrés. Finalement, le choix de Dunkerque a été accepté (centrale de Gravelines) mais en principe sans méthane, et Fos a été éliminé. De plus, aucune loi ne peut empêcher une industrie privée de s'implanter près d'un site nucléaire, et l'EDF ne peut éviter une telle situation qu'en recourant à des moyens administratifs détournés (loi de 1917 sur les installations classées).

Si l'exploitant est directement intéressé par le choix d'un site, il n'est cependant pas le seul organisme concerné. En particulier, toutes les caractéristiques d'un site (sismologie, climatologie, hydrologie, environnement industriel, etc.) sont déterminantes pour les études de sûreté des installations nucléaires (voir encadré 1). Or il arrive qu'un site soit défini sans que le choix du type de centrale ait été effectué. Cette méthode peut amener à des situations limites où l'administration devrait refuser l'autorisation de créer une installation sur un site où des options importantes mais jugées dangereuses pour la sûreté ont été prises par l'exploitant, ou encore d'imposer tardivement un surcroît de dispositions de sûreté qui risquent de n'être que des palliatifs. Il est peu compréhensible que la sûreté de l'installation nucléaire ne soit pas considérée de façon déterminante dès la présélection du site puis, à fortiori, au moment du choix du site. Mais les critères de sûreté ne pourront jouer un rôle effectif dans le processus de décision que s'ils entrent dans le cadre d'une *loi nucléaire*.

Il est facile d'arguer de la complexité des calculs de probabilité pour ne pas engager un débat populaire. Mais ne serait-il pas simple et honnête de dire que toutes les études de sûreté n'ont pas encore été réalisées, que l'on ne peut prédire les conséquences de l'échauffement de l'eau et de l'air, que l'on ne sait pas encore retraiter le combustible et que le risque est réel d'avoir un nombre croissant de piscines-dépôts, que l'on ne sait que faire des déchets radioactifs, que les centrales elles-mêmes ne sont pas au point et qu'elles doivent être souvent arrêtées pour contrôle ou réparation?

(Voir l'encadré 4.) Cela sans parler des faiblesses dans les circuits administratifs de décision et de contrôle, ni des données économiques du problème, fort controversées !

La Recherche, avril 1975

2. Les réacteurs à neutrons rapides, les surgénérateurs

Guy Denielou et Louis Vautrey

Des réacteurs fournissant plus de combustible qu'ils n'en consomment, voilà de quoi exciter l'imagination des physiciens et des ingénieurs ! Du rêve à la réalité, il n'y a souvent qu'un pas : ces réacteurs, dits à neutrons rapides, sont déjà dans leur phase de démonstration. Ainsi Phénix, premier réacteur français de puissance de ce type, doit diverger dans quelques mois.

Il faudra certes attendre les premières grandes centrales de plus de 1 000 MW pour prouver dans les faits les pronostics actuels, mais tout porte à croire que les réacteurs à neutrons rapides devraient, dès la fin du siècle, prendre une place essentielle dans la production d'énergie électrique. N'est-ce pas d'ailleurs une nécessité pour sauvegarder les ressources naturelles en uranium ?

Parmi les 140 000 MW électriques d'origine nucléaire prévus pour l'an 2000, l'année de la crise pétrolière, en 1973, 40 000 environ pourraient être installés sous forme de centrales à neutrons rapides. Actuellement, après avoir réalisé le réacteur expérimental Rapsodie, puis une première centrale de démonstration à neutrons rapides, baptisée Phénix, (250 MW électriques) un réacteur de 1 200 MWe, le Superphénix est en cours de construction.

Les différentes filières nucléaires

Un réacteur nucléaire produit de la chaleur dont la source réside dans la fission des noyaux fissiles : uranium-235 ou plutonium-239 *(fig. 1)*.

Le seul élément fissile existant dans la nature est l'uranium-235, qui constitue 1/140 de l'uranium naturel, le reste étant essentiellement de l'uranium-238 non fissile. Chaque fission (cassure) d'un atome d'uranium sous l'action d'un neutron[1] engendre 2 ou 3 neutrons de haute énergie (en moyenne 2 MeV), c'est-à-dire rapides (20 000 km/s). Ces neutrons peuvent à leur tour produire la fission d'autres noyaux d'uranium, qui émettront des neutrons produisant d'autres fissions, etc. C'est ainsi que se réalise une réaction en chaîne divergente, qui, dans le cas d'un bloc de matière fissile pure suffisamment gros, s'amplifie d'elle-même et conduit à une explosion : c'est le principe de la bombe atomique. Dans un réacteur nucléaire, un certain nombre d'autres phénomènes doivent être pris en considération pour établir un bilan de la réaction : des neutrons sont capturés dans l'uranium, en particulier dans l'uranium-238, sans produire de fission ; d'autres sont absorbés par les matériaux de structure ; d'autres enfin s'échappent à l'extérieur du cœur et sont perdus. Il s'ensuit qu'un réacteur ne peut fonctionner (diverger) avec un volume donné que s'il existe une masse minimale de matière fissile : c'est la masse critique. Dans un bloc d'uranium naturel, aussi grand soit-il, la réaction en chaîne est impossible : la quantité de matière fissile (uranium-235) est trop faible, et la majorité des neutrons est capturée en pure perte par l'uranium-238. Il faut donc artificiellement favoriser les fissions vis-à-vis des captures sans fission. Deux voies sont possibles : ou bien augmenter de façon importante la quantité de matière fissile (enrichir l'uranium en ^{235}U, ou

1. Ces neutrons, particules élémentaires entrant dans la constitution des noyaux, existent dans le rayonnement cosmique qui nous entoure.

lui ajouter du plutonium-239), ou bien diminuer l'énergie des neutrons au moyen d'un modérateur (ralentisseur), ce qui renforce le rôle de l'uranium-235 (en termes de physicien, la section efficace[1] de fission du ^{235}U) vis-à-vis de celui de l'uranium-238 (la section efficace de capture du ^{238}U). Ainsi se dessinent deux classes de réacteur : d'une part, ceux qui utilisent le plus directement les neutrons de haute énergie issus des fissions ; ce sont les réacteurs à neutrons rapides, dont le combustible doit contenir une proportion importante de matière fissile (15 % dans un gros réacteur) ; d'autre part, les réacteurs utilisant un modérateur (réacteurs à neutrons thermiques), dont le combustible peut être de l'uranium naturel. Il faut encore ajouter à ces notions schématiques une précision importante : dans des réacteurs à neutrons thermiques, l'utilisation d'uranium naturel n'est possible que si les matériaux de structure et le fluide de refroidissement qui véhicule la chaleur produite pour actionner les turbo-alternateurs n'introduisent pas de captures parasites trop considérables. C'est ce qui a été réalisé dans les réacteurs à uranium naturel-graphite-gaz et les réacteurs à eau lourde (voir ci-dessous). En fait, dans la plupart des réacteurs thermiques, la nature des matériaux de structure et du fluide de refroidissement imposent un léger enrichissement (de l'ordre de 3 %) du combustible.

La figure 2 représente très schématiquement les constituants essentiels d'un réacteur : c'est un ensemble de cellules élémentaires formées de longs crayons ou d'aiguilles de combustible, dont la surface est léchée par un fluide de refroidissement. Si le réacteur est à neutrons thermiques, ces cellules sont régulièrement réparties au sein d'un modérateur. Dans un réacteur rapide, il n'y a pas de modérateur. Cet ensemble, qui constitue le cœur, est entouré d'un réflecteur, qui limite les fuites de neutrons, et d'une protection biologique (béton) contre le rayonnement. Dans le cas des réacteurs rapides, une zone appelée couverture située directement autour du cœur permet d'assurer la surrégénération, dont on reparlera plus

1. Section efficace : grandeur caractéristique du noyau d'un élément donné pour un processus déterminé (capture de neutrons, diffusion de neutrons, fission). On peut la schématiser par la surface d'une cible fictive. L'unité habituelle est le barn = 10^{-24} cm^2.

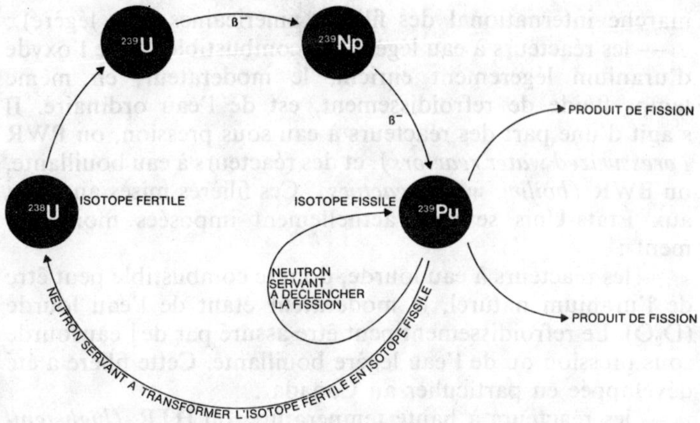

Fig. 1. Réaction en chaîne avec le plutonium-239. La fission du plutonium par absorption d'un neutron donne naissance, en dégageant de l'énergie, à des produits de fission et à au moins deux neutrons. L'un d'eux sert à entretenir la réaction en chaîne, l'autre à transformer l'isotope fertile (en l'occurrence l'uranium-238) en matériau fissile (plutonium-239).

loin. Ajoutons enfin que des barres de contrôle, non figurées sur le schéma, et constituées d'éléments absorbeurs de neutrons, sont introduites dans le cœur pour arrêter le réacteur, et plus ou moins retirées pour le mettre en route et régler son fonctionnement.

Les différents types de réacteurs (on dit couramment les différentes filières) qui ont été ou qui sont actuellement développés industriellement se déduisent largement des considérations qui précèdent. Ce sont essentiellement :

— les réacteurs à uranium naturel, gaz, graphite (UNGG), ces trois termes indiquant, dans l'ordre, le combustible, le fluide de refroidissement (CO_2) et le modérateur. Ce fut la première filière industrielle développée en Grande-Bretagne et en France, où elle donna naissance aux trois centrales de Chinon, aux deux centrales de Saint-Laurent-des-Eaux et à la centrale de Bugey. Cette filière a été maintenant abandonnée, en grande partie par suite de l'influence sur le marché international des filières américaines (eau légère) ;

— les réacteurs à eau légère : le combustible est de l'oxyde d'uranium légèrement enrichi, le modérateur, en même temps fluide de refroidissement, est de l'eau ordinaire. Il s'agit d'une part des réacteurs à eau sous pression, ou PWR *(pressurized water reactors)*, et des réacteurs à eau bouillante, ou BWR *(boiling water reactors)*. Ces filières mises au point aux États-Unis se sont actuellement imposées mondialement ;

— les réacteurs à eau lourde, dont le combustible peut être de l'uranium naturel, le modérateur étant de l'eau lourde (D_2O). Le refroidissement peut être assuré par de l'eau lourde sous pression ou de l'eau légère bouillante. Cette filière a été développée en particulier au Canada ;

— les réacteurs à haute température, ou HTR *(high temperature reactors)* : le modérateur est du graphite, le combustible de l'uranium très enrichi joint à du thorium, sous forme de carbure, et le refroidissement est effectué par de l'hélium sous pression ;

— les réacteurs à neutrons rapides appelés encore surgénérateurs ou surrégénérateurs, dont on va parler plus en détail : le combustible est un oxyde mixte d'uranium et de plutonium, et le fluide refroidisseur du sodium (éventuellement un gaz).

Produire plus de combustible nucléaire qu'on en consomme

Pourquoi les réacteurs à neutrons rapides se sont-ils développés, et quelles sont leurs motivations ? A l'origine de leur histoire, quand l'énergie atomique appartenait encore au domaine du physicien, il y eut sans doute une large part de curiosité scientifique. Faire fonctionner un réacteur avec des neutrons rapides, c'était explorer une voie nettement distincte de celle des neutrons thermiques, et il n'était pas pensable que l'esprit humain s'en désintéresse.

Mais il faut ajouter qu'une perspective quelque peu miraculeuse incitait fortement à une telle tentative : c'est celle de la surrégénération. Expliquons un peu ce concept. Comme on l'a indiqué plus haut, l'uranium naturel ne contient que 1/140 (0,7 %) d'atomes fissiles (^{235}U). Mais les atomes d'uranium-238 qui constituent les 139/140 de l'uranium naturel, et qu'on appelle atomes fertiles, se transforment, par capture d'un neutron, en plutonium-239 qui, lui, est fissile et peut donc être utilisé comme combustible au même titre que l'uranium-235. Dans tout réacteur, cette transformation a lieu : c'est la régénération, grâce à laquelle on peut en fait disposer d'une quantité de matière fissile supérieure au 1/140 indiqué. Si le réacteur est à neutrons thermiques, le bilan neutronique est tel qu'une faible part des neutrons peut être utilisée pour fabriquer du plutonium-239. La quantité de matière fissile ainsi produite est nettement inférieure à celle qui est consommée. Dans le meilleur des cas, avec des réacteurs à eau lourde, on peut théoriquement arriver à utiliser environ 2 % de l'uranium naturel, si l'on recycle dans un réacteur le plutonium produit. Avec un réacteur à neutrons rapides, au contraire, on bénéficie d'une circonstance assez exceptionnelle, puisque, en utilisant le plutonium-239 comme matière fissile, le réacteur peut fabriquer du plutonium-239 nouveau en quantité supérieure à celle qu'il consomme.

En réutilisant le Pu formé pour en fabriquer à nouveau davantage, et en recommençant cette opération, on voit qu'on peut en principe utiliser intégralement l'U naturel. Disons qu'en pratique l'énergie disponible dans l'uranium peut ainsi être multipliée par un facteur de l'ordre de 100.

Ces perspectives sont évidemment alléchantes, d'autant que l'uranium de l'écorce terrestre n'est pas inépuisable. Il y a dix ou quinze ans, on pensait même que la limitation des réserves en uranium imposerait une introduction aussi précoce que possible des réacteurs rapides pour économiser les ressources en uranium. Depuis, de nouveaux gisements ont été découverts, et l'utilisation de l'uranium dans les réacteurs thermiques s'est améliorée. Aussi l'introduction des réacteurs rapides ne présente-t-elle plus, dans l'immédiat, le caractère d'urgence et de nécessité qu'on lui a tout d'abord attribué.

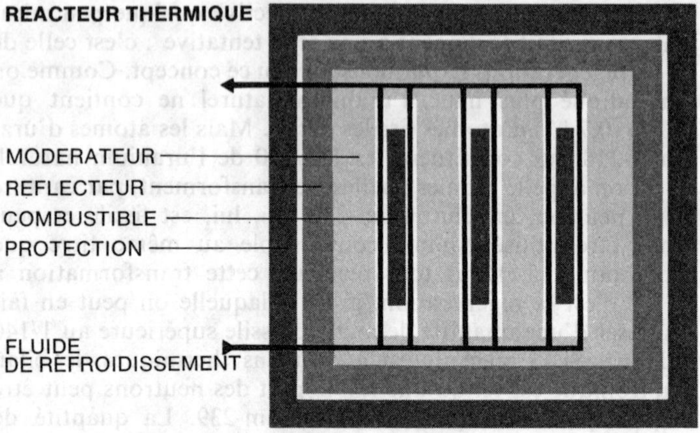

Fig. 2. Schéma de principe d'un réacteur.
— La partie essentielle d'un réacteur à neutrons thermiques (le cœur) est constituée d'éléments combustibles refroidis par un fluide approprié et disposés régulièrement au sein d'un modérateur. Le combustible contenant la matière fissile (en général oxyde d'uranium plus ou moins enrichi en isotope 235) est disposé le plus souvent sous forme de crayons (diamètre de l'ordre de 10 ou 12 millimètres et longueur de l'ordre de 3,5 mètres dans un gros réacteur) contenus dans une gaine métallique. Le fluide de refroidissement peut être de l'eau ordinaire, de l'eau lourde ou un gaz (CO_2, He). Le modérateur est de l'eau ordinaire, de l'eau lourde ou du graphite. Le cœur est entouré d'un réflecteur, constitué du même matériau que le modérateur, et qui mini-

Des filières qui se complètent

Alors, pourquoi faire dès maintenant des réacteurs rapides? En fait, seul un intérêt économique peut inciter à développer rapidement cette filière. Les centrales nucléaires à neutrons thermiques sont dès maintenant compétitives avec les centrales classiques et les futures centrales à neutrons rapides doivent donc trouver leur place en concurrence avec

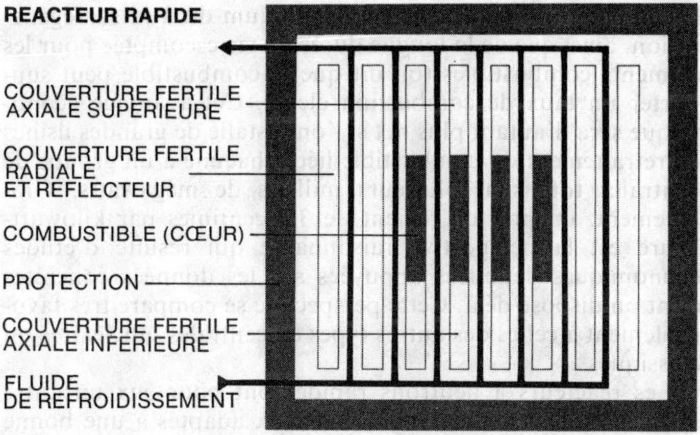

mise les fuites de neutrons. L'ensemble est logé dans une épaisse enveloppe de béton qui assure la protection biologique contre les rayonnements.

— Dans un réacteur à neutrons rapides (ci-dessus), on retrouve les mêmes constituants essentiels, à l'exception du modérateur. La matière fissile est du plutonium utilisé sous forme d'oxyde mixte PuO_2-UO_2. Les fines aiguilles de combustible (diamètre 6 à 8 millimètres, longueur 0,50 à 1 mètre) sont gainées d'acier inoxydable et refroidies par du sodium fondu. D'autres aiguilles dites de couverture, contenant de l'oxyde UO_2, entourent le cœur. Elles assurent la surrégénération par transformation de l'uranium-238 en plutonium-239. Le réflecteur est constitué en général de blocs d'acier.

les centrales nucléaires actuelles, c'est-à-dire à eau légère. Or on peut raisonnablement penser que le prix de construction de centrales rapides de grande taille, en tenant compte d'un progrès technique normal sur le plan industriel, ne devrait pas être supérieur à celui des centrales à eau légère. Les frais d'exploitation ont toute raison d'être sensiblement identiques dans les deux cas. Enfin, le troisième poste intervenant dans le prix de revient, le coût du cycle de combustible (bilan économique du plutonium investi et du plutonium fabriqué, auquel s'ajoute le prix du retraitement du combustible irradié et de la fabrication du nouveau combustible) s'annonce particulièrement bas pour les réacteurs rapides : cela provient essentiellement du bénéfice en plutonium dû à la surrégénération, ainsi que de la longue durée de vie escomptée pour les éléments combustibles (on dit que le combustible peut supporter un taux de combustion élevé). Cet avantage économique sera d'autant plus net si l'on installe de grandes usines de retraitement du combustible liées chacune à un groupe de centrales totalisant plusieurs milliers de mégawatts. Globalement, un prix de revient de 3,3 centimes par kilowattheure est la perspective raisonnable qui résulte d'études économiques détaillées appuyées sur les données concrètes dont on dispose déjà. Cette perspective se compare très favorablement à celles des autres types de centrales, nucléaires ou classiques.

Les réacteurs à neutrons rapides ont pour eux un autre atout : ils sont les réacteurs les mieux adaptés à une bonne utilisation du plutonium produit par les réacteurs à neutrons thermiques. En effet, de par les caractéristiques nucléaires respectives du plutonium et de l'uranium, un gramme de plutonium fissile équivaut à peu près à 1,4 g d'uranium-235 dans un réacteur à neutrons rapides, alors que dans un réacteur à neutrons thermiques, un gramme de Pu fissile ne vaut en fait qu'environ 0,75 g d'uranium-235. Il est donc à priori rationnel de brûler l'uranium-235 dans des réacteurs à neutrons thermiques, et le plutonium dans des réacteurs à neutrons rapides. Les réacteurs thermiques et les réacteurs rapides apparaissent ainsi comme complémentaires, et il est certain qu'ils coexisteront au moins jusqu'à la fin du siècle. Si un jour le temps de doublement des réacteurs rapides (temps nécessaire pour produire en excédent dans un réacteur rapide la quantité de matière fissile nécessaire pour alimenter un nouveau réacteur identique) peut être rendu égal à celui de la production électrique, c'est-à-dire au temps au bout duquel il faut construire une nouvelle centrale identique à chacune de celles qui existent, on pourra alors envisager de ne plus réaliser que des centrales à neutrons rapides, qui pourront s'alimenter elles-mêmes en combustible par leur production de plutonium.

Ajoutons enfin que, sous l'angle de la protection de l'environnement, les réacteurs rapides se présentent sous un jour particulièrement favorable. D'une part, l'utilisation de sodium à haute température permet des rendements thermiques très élevés (plus de 40 % au lieu de 32 ou 33 % avec des réacteurs à eau) : la quantité de chaleur rejetée au condenseur de la turbine est donc limitée, et le problème de la pollution thermique, c'est-à-dire de l'échauffement de l'eau d'un fleuve, par exemple, utilisée pour refroidir le condenseur est minimisé. D'autre part, les réacteurs rapides sont particulièrement propres : l'utilisation d'un système primaire de refroidissement complètement clos permet d'éliminer le rejet de tout effluent gazeux radioactif dans l'atmosphère. Enfin, sous l'angle de la sécurité vis-à-vis des populations dans tous les cas incidentels ou accidentels, les réacteurs rapides (comme les autres types de réacteurs) ont été étudiés avec un soin et un détail qui dépassent de loin ce qui a jamais été fait pour aucune autre technique, et qui permettent d'affirmer que toutes les précautions sont prises dans la conception et dans la réalisation pour parer à toute défaillance envisageable, aussi improbable soit-elle.

Un combustible très enrichi

Abordons de façon plus concrète les caractéristiques des réacteurs à neutrons rapides. Il est important de noter tout d'abord que, pour des neutrons rapides, toutes les sections efficaces, notamment les sections de capture, sont nettement plus faibles que pour les neutrons thermiques. Par ailleurs, ces sections varient relativement peu d'un noyau à l'autre. Il en résulte que le choix des matériaux pour un cœur rapide est relativement indifférent, en tout cas beaucoup plus large que pour certains types de réacteurs thermiques. Tous les aciers, et en particulier les aciers inoxydables, pourront être utilisés dans le cœur sans poser de problèmes dus à une capture excessive de neutrons.

Par contre, les faibles sections de fission donnent une importance accrue aux fuites. Par suite, à volume égal, la masse critique est environ cinquante fois plus grande qu'en neutrons thermiques, ou à masse de combustible égale, le volume est plus faible d'autant. Pour limiter l'investissement en matière fissile, on est alors naturellement conduit à utiliser des cœurs de volume beaucoup plus faible que dans des réacteurs thermiques de puissance équivalente. La densité de puissance (puissance par unité de volume) est donc très élevée : l'optimum économique pour des réacteurs de grande taille apparaît de l'ordre de 500 kW par litre, mais on a réalisé jusqu'à 1 ou 2 MW par litre, alors que dans des réacteurs à eau légère, la valeur correspondante est de 30 à 150 kW par litre.

La masse critique élevée ainsi que le souci de produire la puissance dans un volume réduit impliquent plusieurs conséquences :

— le combustible doit être très enrichi, ou contenir une proportion importante de matière fissile : de l'ordre de 15 % pour un très gros réacteur, 70 % pour un petit (à comparer à 3 % environ pour un réacteur à eau légère) ;

— les flux de neutrons sont très élevés ; de l'ordre de 2.10^{15} neutrons/cm^2.s pour un petit réacteur d'une vingtaine de mégawatts, 8.10^{15} pour un réacteur de 2 000 MW ou plus (10^{13} à 10^{14} dans un réacteur à neutrons thermiques) ;

— enfin même en divisant le combustible en aiguilles très fines, les flux de chaleur à extraire sur les gaines des aiguilles sont très élevés : jusqu'à 200 à 300 W/cm^2 (trois fois plus environ que dans un réacteur à eau).

Nous verrons, dans ce qui suit, les conséquences de ces caractéristiques spécifiques.

Un choix unanime

Le cœur d'une pile à neutrons rapides se réduit dans son principe à des aiguilles de combustible contenues dans des gaines métalliques, autour desquelles circule le fluide de refroidissement. Le cœur est entouré en haut, en bas et latéralement par une zone appelée couverture, où a lieu la surrégénération. Cette zone est constituée d'aiguilles de matériau fertile. Examinons donc le choix des éléments constitutifs essentiels d'un réacteur rapide : le fluide de refroidissement, le combustible, la gaine des aiguilles combustibles, et le matériau fertile.

La nécessité d'éviter le ralentissement des neutrons exclut un certain nombre de fluides, en particulier l'eau lourde et l'eau ordinaire, bien qu'un refroidissement à la vapeur ait été envisagé, l'effet modérateur étant alors très faible. Compte tenu des densités de puissance utilisées dans les premières réalisations de réacteurs rapides, on a cherché des fluides qui soient des agents de refroidissement particulièrement efficaces, et on a fait appel pour cela aux métaux fondus (on dit plutôt métaux liquides). Par suite de leur conductivité thermique très élevée due à leur caractère métallique, ces fluides permettent d'obtenir des coefficients d'échange thermique inégalables et, de ce fait, sont particulièrement adaptés aux réacteurs rapides. Leur faculté d'assurer encore un refroidissement efficace en cas d'arrêt accidentel de la circulation forcée, ainsi que leur capacité calorifique importante, qui confère à un réacteur rapide une inertie thermique dont il est dépourvu intrinsèquement, sont d'ailleurs des caractéristiques essentielles pour la sûreté du réacteur.

Dans les premières réalisations de réacteurs rapides (1945-1955), on a utilisé le mercure comme fluide refroidisseur, car c'était le métal liquide le plus à la portée de la main. Mais dès cette époque, une comparaison des propriétés des différents métaux (caractéristiques nucléaires, points de fusion et d'ébullition, caractéristiques thermiques, facilité de pompage, activité chimique, facilité de manipulation, corrosion, disponibilité et prix) avait montré l'intérêt incontestable du sodium et éventuellement des alliages sodium-potassium (NaK).

Le sodium est un métal bon marché (2,20 F/kg), qui fond à 98 °C et bout à 880 °C. Il est ainsi utilisable dans une très grande gamme de températures sans pressurisation, ce qui simplifie notablement la conception de l'installation de refroidissement du réacteur. Sa densité et sa viscosité à 500 °C sont voisines de celles de l'eau. Il est donc facile à pomper. Sa capacité calorifique est environ le tiers de celle de l'eau, donc assez élevée, et les coefficients de transfert thermique environ le double. Ces qualités thermiques ainsi que son pouvoir modérateur très faible font qu'il est particulièrement adapté aux réacteurs rapides. C'est d'ailleurs un fluide moins corrosif que l'eau, s'il est suffisamment pur en oxygène. Il présente deux inconvénients certains : c'est un fluide dangereux, qui s'enflamme spontanément à l'air ; d'autre part, le contact avec l'eau peut donner lieu, dans certaines conditions, à une réaction violente, et il faut en tenir compte dans la conception de générateurs de vapeur alimentés par un circuit de sodium. En fait, l'expérience prouve qu'avec une technologie adaptée, l'utilisation du sodium à haute température dans de grandes installations ne pose pas de problèmes majeurs. L'unanimité s'est faite actuellement sur le choix du sodium, et tous les grands réacteurs rapides en projet sont refroidis au sodium.

Il faut toutefois signaler que le refroidissement par gaz, qui avait été à une époque considéré comme inadapté aux réacteurs rapides, compte tenu des densités de puissance de 1 MW par litre ou plus qui étaient alors envisagées, a été de nouveau pris en considération depuis une dizaine d'années. Les protagonistes du refroidissement par gaz font état d'une technologie en principe plus simple que celle du sodium. Mais l'emploi d'un gaz n'est pas sans inconvénient : les coefficients d'échange thermique sont très faibles comparés à ceux du sodium, de l'ordre de douze à treize fois plus petits ; on est donc amené à diminuer les densités de puissance, c'est-à-dire à grossir le réacteur, donc à augmenter les quantités de matière fissile investies, qui peuvent être de l'ordre de deux fois plus grandes. Par ailleurs, la capacité calorifique du fluide est très faible et le refroidissement par convection naturelle insignifiant ; la sécurité de refroidissement ne peut donc reposer que sur le maintien en toutes circonstances d'une circulation forcée. Actuellement, les réacteurs rapides refroidis par gaz n'ont donné lieu qu'à des études sur le papier. Aucune réalisation n'existe ou n'est en projet.

La source d'énergie : le plutonium ; la surrégénération : l'uranium naturel

Le plutonium est la matière fissile la mieux adaptée aux réacteurs rapides : l'utilisation d'uranium-235 conduirait à une augmentation d'environ 40 % de la masse critique et à une réduction de l'ordre de 0,4 du taux de surrégénération. Dans les tout petits réacteurs réalisés à l'origine, et dont le volume du cœur était de l'ordre de 2 litres, la matière fissile était pure. Dans de plus grandes installations, on dilue la matière fissile dans de l'uranium naturel : un réacteur d'une quarantaine de litres aura par exemple un combustible contenant 70 % de matière fissile ; dans un grand réacteur produisant 1 200 MW électriques, soit environ 2 900 MW thermiques, et dont le volume du cœur est de l'ordre de 6 m^3, le combustible sera constitué de 15 à 18 % de plutonium dilué dans de l'uranium naturel ou appauvri.

Sous quelle forme utiliser ce mélange de plutonium et d'uranium ? La solution la plus simple est un alliage métallique U-Pu, mais cet alliage subit des gonflements importants pour des taux de combustion élevés, et pose des problèmes de compatibilité avec la gaine. On s'est alors tourné vers des combustibles céramiques obtenus par frittage d'oxydes, de carbures ou de carbonitrures. Les carbures et carbonitrures ont l'avantage d'une bonne conductibilité thermique et d'un point de fusion élevé, favorables à la réalisation de puissances massives élevées. Mais ils ont été encore peu pratiqués, et l'on manque d'expérience. Le combustible sous forme d'oxyde, au contraire, a été largement expérimenté dans les réacteurs rapides d'essai existants, et les résultats obtenus sont très prometteurs. Tous les réacteurs rapides actuellement en construction ou en projet utilisent l'oxyde mixte UO_2-PuO_2.

Le gainage du combustible doit être compatible à la fois avec le combustible et avec le sodium ; il doit d'autre part

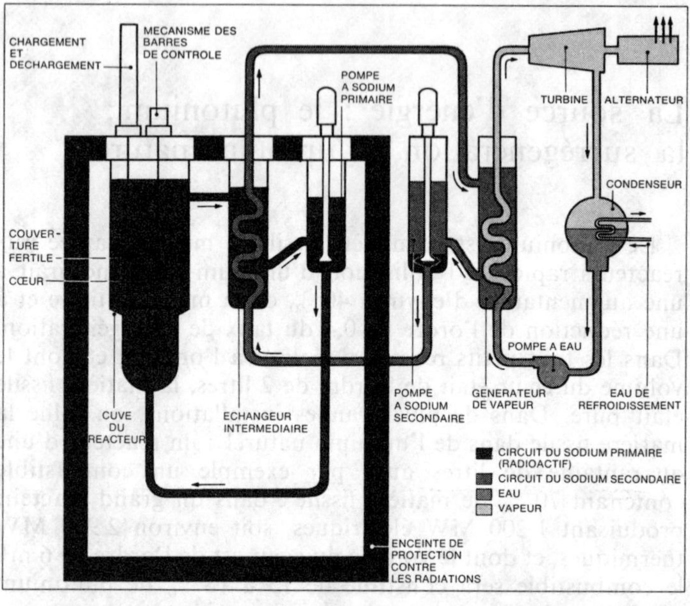

Fig. 3. Dans les projets actuels de centrales nucléaires utilisant l'énergie thermique d'un réacteur à neutrons rapides, le sodium qui sort du réacteur, et qui est radioactif, ne passe pas directement dans le générateur de vapeur. Il est envoyé dans un échangeur intermédiaire où il transfère sa chaleur à un circuit de sodium secondaire, non radioactif. C'est le sodium du circuit secondaire qui passe dans le générateur de chaleur.

offrir une résistance et une tenue mécanique satisfaisantes pour garantir l'intégrité du combustible pendant une durée de vie aussi longue que possible. Dans l'état actuel des connaissances, c'est incontestablement un acier inoxydable qui satisfait le mieux à ces exigences. Différents phénomènes peuvent limiter la vie de la gaine, et donc le taux de combustion de l'oxyde, en particulier la pression des gaz de fission, et le gonflement de l'oxyde. D'après les résultats obtenus dans les réacteurs actuellement en fonctionnement, Rapsodie en particulier, on sait qu'avec une conception correcte de l'aiguille combustible et de sa gaine, on peut faire face à ces phénomènes, et obtenir des taux de combustion élevés (100 000 MWj/t étant l'objectif qui serait parfaitement satisfaisant sur le plan économique).

Malheureusement, un phénomène découvert assez récemment est venu jeter le trouble dans les pronostics. Il s'agit du gonflement des aciers sous l'effet du flux de neutrons, qui bouleverse le réseau cristallin et y crée des lacunes, qui peuvent se réunir pour former de minuscules cavités. Il est vrai que le flux de neutrons est si élevé que chaque atome d'acier inoxydable est déplacé en moyenne une fois par jour. L'ampleur du phénomène n'est pas encore très bien connue, car le gonflement n'apparaît guère que pour des flux de neutrons intégrés très élevés, qui n'ont pas encore été réalisés dans les réacteurs expérimentaux (il faut pour cela un certain nombre d'années de fonctionnement). Mais dans les gros réacteurs de l'avenir, les gaines devront supporter ces flux. Il y a là un problème dont on ne peut pas encore mesurer l'importance réelle, et qui pourra influer sur la conception des assemblages combustibles. Ajoutons toutefois que l'extrapolation des derniers résultats expérimentaux semble montrer qu'en choisissant correctement l'acier inoxydable utilisé, en particulier en utilisant un acier au molybdène écroui, le gonflement pourrait ne pas dépasser quelques pour cents, ce qui serait tout à fait tolérable.

Dans la technologie actuelle, l'utilisation du plutonium-239 comme matière fissile implique tout naturellement celle de l'uranium-238 comme matière fertile. En pratique, il s'agit d'uranium naturel ou même appauvri en ^{235}U sous forme d'oxyde UO_2, qui est d'une part mélangé au PuO_2 pour former le combustible, d'autre part utilisé seul pour constituer la couverture qui entoure le cœur. C'est essentiellement dans cette couverture en UO_2 que se produit la surrégénération.

Rapsodie et Phénix

Rapsodie. C'est le premier réacteur au monde dont le cœur ait préfiguré celui des grandes centrales futures (combustible UO_2-PuO_2, refroidissement par sodium). Rapsodie a divergé le 28 janvier 1967 à Cadarache (Bouches-du-Rhône) et a atteint sa puissance nominale de 20 MW dès le 17 mars suivant. Les bons résultats obtenus ont permis de porter la puissance à 24 MW en novembre de la même année. Un an plus tard, quand se faisaient jour les premiers soucis sur le gonflement de l'acier inoxydable, on envisagea les moyens d'accroître le flux au centre du réacteur pour obtenir plus vite les résultats nécessaires pour les réacteurs de l'avenir. C'est ainsi qu'eut lieu en 1970 l'opération Fortissimo, qui a porté le flux central de $1{,}9.10^{15}$ à $3{,}2.10^{15}$ neutrons/cm^2.s, et corrélativement la densité de puissance au centre de 630 à 1 080 kW/l, et la puissance totale de 24 à 40 MW thermiques (voir tableau p. 149). Pour ce faire, le combustible, qui était constitué de 25 % de PuO_2 associé à 75 % d'UO_2 lui-même enrichi à 60 % en uranium-235, a été remplacé par 30 % de PuO_2 et 70 % d'UO_2 enrichi à 85 %. On a divisé plus finement ce combustible pour augmenter la surface d'échange thermique : 61 aiguilles au lieu de 37 auparavant dans chacun de la soixantaine d'assemblages combustibles dont les dimensions n'ont pas changé. On a également modifié légèrement les pompes et les échangeurs intermédiaires et ajusté les températures de fonctionnement pour permettre d'évacuer la puissance accrue.

Le réacteur est contenu dans une cuve cylindrique en acier inoxydable de 2,35 mètres de diamètre, suspendue à sa partie supérieure, alimentée en sodium par deux circuits primaires identiques (fig. 3) qui transmettent la chaleur à deux circuits secondaires terminés par des échangeurs à air. Dans la cuve, le sodium circule de bas en haut dans les assemblages hexagonaux disposés de façon jointive. Une soixantaine d'assemblages centraux contiennent dans leur partie médiane les aiguilles combustibles du cœur, et dans leurs parties supérieure et inférieure les aiguilles fertiles des couvertures axiales supérieure et inférieure.

Ces assemblages centraux sont entourés de 250 assemblages réflecteurs en nickel, puis de 250 assemblages fertiles (couverture radiale), et enfin d'assemblages réflecteurs en acier.

L'ensemble du réacteur et des circuits primaires est logé sous le niveau du sol, dans un bâtiment cylindrique étanche, sous d'épaisses protections de béton. La cuve du réacteur est fermée à sa partie supérieure par deux bouchons tournants excentrés l'un par rapport à l'autre, remplis d'acier et de graphite boré, qui assurent la protection, et à travers lesquels s'effectue la manœuvre des barres de contrôle, ainsi que l'introduction et la sortie des assemblages.

Depuis cinq ans que Rapsodie existe, son fonctionnement a apporté une moisson de renseignements et de résultats essentiels pour l'avenir. Ce fonctionnement a été dans l'ensemble très satisfaisant : pour l'année écoulée par exemple, le coefficient de disponibilité a dépassé 89 %. Au début de l'année 1972, plus de 10 000 aiguilles combustibles avaient été déjà irradiées, certaines jusqu'à des taux de combustion dépassant 80 000 MWj/t. Deux pompes centrifuges à sodium avaient fonctionné environ 40 000 heures sans défaillance.

La vie de Rapsodie n'a d'ailleurs pas été sans incident : des débordements et des fuites de sodium au moment des premiers essais, des coincements des bouchons tournants, des ennuis mécaniques dans la manipulation des assemblages, etc. Dans tous les cas, on a pu remédier à ces avaries avec une facilité qu'on n'aurait pas soupçonnée, et les arrêts qui en ont résulté n'ont jamais dépassé quelques semaines. On a finalement tiré de ces incidents une confiance accrue dans la facilité d'exploitation des réacteurs à sodium.

Entre Rapsodie, réacteur expérimental qui ne produit pas d'électricité, et la première grande centrale commerciale, devait se situer une étape intermédiaire, une centrale de démonstration. C'est Phénix, au nom évocateur : des cendres du combustible nucléaire renaît un combustible nouveau. Construit sur le bord du Rhône, à Marcoule (Gard), Phénix devait fournir 250 MW électriques au réseau français à partir de 1973.

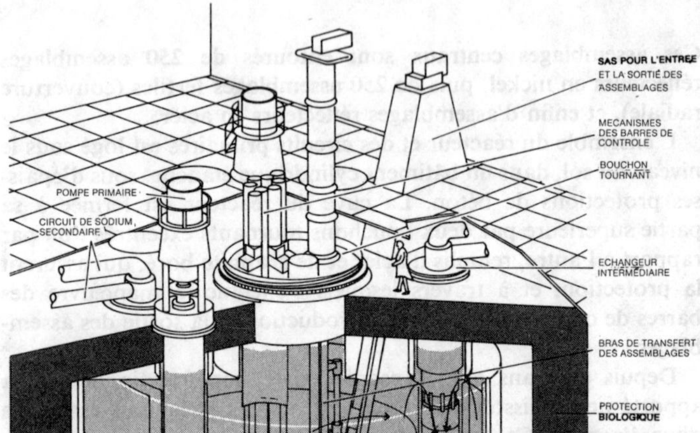

Fig. 4. Vue perspective de Phénix. Le réacteur proprement dit est constitué d'assemblages verticaux juxtaposés (assemblages combustibles, assemblages fertiles, assemblages de protection), dont les différentes parties forment du centre vers l'extérieur : le cœur, les couvertures fertiles (axiale supérieure, axiale inférieure et radiale), et enfin la protection neutronique. Le réacteur est logé dans une cuve (cuve primaire) dont la partie supérieure évasée est traversée par les pompes et les échangeurs intermédiaires disposés régulièrement à la périphérie. L'ensemble est contenu dans une grande cuve (cuve principale) remplie de sodium. Le sodium circule de bas en haut dans le réacteur, arrive dans le haut de la cuve primaire d'où il s'écoule de haut en bas dans les échangeurs intermédiaires. Il débouche alors dans la cuve principale où il est repris par les pompes qui le refoulent à la base du réacteur.

Les différents composants de l'installation dérivent directement de ceux de Rapsodie, dont ils ne sont qu'une extrapolation : c'est le cas des aiguilles et des assemblages combustibles, des pompes et des échangeurs intermédiaires, de l'appareillage et de l'instrumentation. Seuls les générateurs de vapeur constituent un élément nouveau essentiel, dont le développement et la mise au point ont été réalisés indépendamment sur des installations d'essai spécialement adaptées.

Toutefois, une nouveauté importante a été introduite dans la conception de Phénix. C'est un réacteur à circuits primaires intégrés, par opposition à Rapsodie dont les circuits primaires sont extérieurs. Dès 1963, EBR-2 aux États-Unis utilisait sous une forme quelque peu rudimentaire le concept intégré. Ce principe a été repris pour Phénix avec un dessin beaucoup plus élaboré. PFR en Grande-Bretagne et BN-600 en URSS sont d'ailleurs construits sur un schéma très analogue. Intégrer les circuits primaires consiste à concevoir une grande cuve pleine de sodium, contenant non seulement le réacteur mais également les circuits primaires de refroidissement qui y sont immergés. Dans le dessin de Phénix (fig. 4), il n'y a plus à proprement parler de circuits primaires : la cuve dite cuve principale de 12,75 mètres de diamètre et 11,40 mètres de haut contient tout le sodium primaire (environ 800 tonnes). Une autre cuve appelée cuve primaire, placée à l'intérieur de la précédente, contient le réacteur lui-même avec ses couvertures et des éléments de protection neutronique, et délimite dans la cuve principale des compartiments qui permettent de conduire le sodium aux six échangeurs intermédiaires, puis aux trois pompes primaires qui refoulent ensuite le sodium à la base du cœur. Bien que les deux concepts, à circuits intégrés et à circuits extérieurs, aient chacun leurs défenseurs, il apparaît que le système intégré, grâce d'une part à la forme simple de la cuve principale et à la suppression de toute tuyauterie extérieure de grand diamètre, grâce d'autre part à l'inertie thermique apportée par la grande masse de sodium, offre des attraits incontestables quant à la sécurité de refroidissement et donc à la sûreté générale de l'installation.

Les assemblages combustibles et fertiles

Un réacteur à neutrons rapides se présente comme une cuve remplie de sodium dans laquelle est immergé le combustible UO_2-PuO_2. Ce combustible est divisé en fines aiguilles gainées d'acier inoxydable, d'un diamètre de 5 à 8 millimètres, la longueur variant de 40 centimètres à 1 mètre environ suivant la taille du réacteur. Ces aiguilles sont groupées en faisceaux (37 aiguilles dans Rapsodie, 271 par exemple dans un gros réacteur de 1 000 MW électriques) logés dans des boîtiers hexagonaux pour constituer ce qu'on appelle les assemblages combustibles. Ceux-ci sont fichés verticalement, de façon jointive, dans la cuve de sodium pour former le cœur du réacteur. Des aiguilles de couverture (UO_2) sont placées au-dessus et au-dessous des aiguilles du cœur, (couvertures axiales supérieure et inférieure) ainsi que dans des assemblages latéraux (assemblages fertiles formant la couverture radiale). Le sodium évacue la puissance thermique en circulant verticalement dans les assemblages combustibles et fertiles. Les assemblages les plus périphériques sont des prismes hexagonaux pleins en acier, qui jouent le rôle de réflecteur (*fig. 2*). La cuve est entourée de protections biologiques en béton (*fig. 4*). Des dispositifs de contrôle (barres absorbantes de carbure de bore plongeant dans le cœur) permettent de régler la marche du réacteur. Des organes mécaniques extérieurs sont prévus pour introduire et extraire les assemblages combustibles et fertiles au travers de canaux pratiqués dans la protection biologique supérieure.

Le sodium qui circule dans le cœur est fortement radioactif. C'est pourquoi les circuits de refroidissement du réacteur, appelés circuits primaires, sont logés dans des cellules à parois épaisses de béton (*fig. 3*). Ils sont suivis d'autres circuits de sodium non radioactifs appelés circuits secondaires, auxquels ils transmettent la puissance calorifique par l'inter-

Nom du réacteur et année de fonctionnement	*Puissances nominales thermique et électrique (MW)*	*Fluide primaire*	*Combustible*	*Températures du fluide primaire à la sortie et à l'entrée du réacteur (°C)*
Clémentine (USA) 1946	0,025/0	Hg	Pu	140/40
BR-2 (URSS) 1956	0,2/0	Hg	Pu	70/40
EBR-1 (USA) 1951	1,4/0,2	NaK	U	
BR-5 (URSS) 1958	5/0	Na	PuO_2 puis carbure	450/375
DFR (GB) 1959	72/15	NaK	U-Mo	350-360/230
EBR-2 (USA) 1963	62/16,5	Na	U-Mo	482/371
EFFBR (USA) 1963	200/65,9	Na	U-Mo	427/288
Rapsodie (France) 1967	40/0	Na	UO_2-PuO_2	514/400
BOR-60(URSS) 1969	60/0	Na	UO_2 ou PuO_2	600/360-450
JEFR (Japon) 1974	100/0	Na	UO_2-PuO_2	500/370
FBTR (Inde) 1976	40/15	Na	UO_2-PuO_2	518/400
SEFOR (USA) 1969	20/0	Na	UO_2-PuO_2	430/370
FFTF (USA) 1974	400/0	Na	UO_2-PuO_2	590/370
PEC (Italie) 1976	140/0	Na	UO_2-PuO_2	525/375
BN-350 (URSS) 1972	1 000/350	Na	UO_2-PuO_2	500/300
PFR (GB) 1973	600/250	Na	UO_2-PuO_2	560-585/400-420
Phénix (France) 1973	538/250	Na	UO_2-PuO_2	560/400
SNR (Allemagne) 1978	730/300	Na	UO_2-PuO_2	560/380
BN-600 (URSS) 1975	1 430/600	Na	UO_2(UO_2-PuO_2)	580/410
USA 1980	/ ~ 300	Na	UO_2-PuO_2	
1 000 MWe	2 700/1 000	Na	UO_2-PuO_2	540-560/400

Dix réacteurs à neutrons rapides existaient en 1973 dans le monde, et une autre dizaine devaient diverger d'ici 1980. Les pays les plus avancés dans la voie des surrégénérateurs sont les États-Unis, l'Union soviétique, la Grande-Bretagne et la France. Seuls les premiers réacteurs américains et soviétiques étaient refroidis au mercure. Pour tous les autres, y compris les réacteurs en projet, le fluide refroidisseur est du sodium.

médiaire d'échangeurs dits intermédiaires. Les circuits secondaires alimentent des générateurs de vapeur qui permettent d'actionner des turbo-alternateurs.

Les températures du sodium primaire sont limitées par la zone chaude du réacteur (le cœur) et, plus précisément, par les points chauds des gaines du combustible, qu'on garde actuellement inférieurs à 650 ou 700 °C, en y incluant les facteurs d'incertitude. Des problèmes de tenue à long terme des aciers des cuves peuvent également limiter la température du sodium primaire chaud. Dans de gros réacteurs, la température du sodium à l'entrée du cœur est de l'ordre de 380 à 400 °C, celle du sodium chaud sortant de 540 à 560 °C. Cela permet de produire de la vapeur à une température de l'ordre de 500 °C, dans des conditions analogues à celles des centrales classiques modernes, et donc d'obtenir de l'électricité avec un excellent rendement (41 à 42 %), que ne peuvent réaliser les réacteurs à neutrons thermiques.

De la phase de démonstration actuelle dépendra l'avenir des surrégénérateurs

Où en est-on actuellement ? Les pays les plus avancés dans la voie des réacteurs rapides sont les États-Unis, l'Union soviétique, la Grande-Bretagne et la France (voir tableau p. 149). La technologie nouvelle des installations de sodium à haute température a été étudiée aux États-Unis depuis plus de vingt-cinq ans, en France depuis près de vingt ans. Au laboratoire, puis sur de petites installations d'essai, enfin à l'échelle industrielle, on a abordé et résolu les problèmes très divers qui se posaient : tenue des matériaux, lois d'échange thermique, pompes mécaniques et électromagnétiques, échangeurs de chaleur et générateurs de vapeur, appareillage et instrumentation, purification, etc.

Parallèlement, les réalisations de réacteurs rapides ont débuté puis sont allées en s'accélérant. Ce fut d'abord Clémentine, aux États-Unis en 1946, puis BR-2 en 1956 en URSS : deux petits réacteurs de puissance respective 25 et

200 kW, dont le cœur, d'environ 2 litres, était refroidi au mercure. A noter que, malgré la petitesse du cœur, l'ensemble du réacteur avec ses protections représentait pour Clémentine un massif de 3,30 mètres et 4,50 mètres de côtés, et 2,70 mètres de haut. Les premiers réacteurs qui annoncent l'avenir et utilisent respectivement le NaK et le sodium comme fluides de refroidissement sont EBR-1 aux États-Unis (1951, 1,4 MW thermique) et BR-5 en URSS (1958, 5 MW thermiques). Il est d'ailleurs intéressant de signaler que la première électricité d'origine nucléaire produite au monde le fut en 1951 par EBR1 (200 kW électriques). La génération suivante est celle de réacteurs expérimentaux de plus grande taille : en Grande-Bretagne, DFR (1959, 60 MW thermiques environ), aux USA, EBR-2 (1963, 62,5 MW) et EFFBR (1963, 200 MW) ; en France, Rapsodie (1967, 40 MW) ; en URSS, BOR (1969, 60 MW). Cette génération a essentiellement deux objectifs : d'une part fournir une expérience d'exploitation des réacteurs rapides à sodium à une échelle suffisante pour préparer les grands réacteurs, d'autre part tester et mettre au point des éléments combustibles capables de supporter les taux de combustion élevés nécessaires pour que les centrales à neutrons rapides soient économiquement rentables.

On en était au début des années 1970 à la phase des réacteurs de démonstration : il s'agit déjà de centrales électriques d'une taille importante (250 à 600 MW électriques, soit 560 à 1 450 MW thermiques) destinées à préparer l'avènement des grandes centrales rapides. C'est ainsi que fonctionnent : en URSS, BN-350, et BN-600 (en 1976) ; en Grande-Bretagne, PFR (en 1973) et en France, Phénix (également en 1973) ; en Allemagne, SNR (en 1978) et aux USA, un réacteur de démonstration en 1980. Signalons également SEFOR aux USA, réacteur pour étude de physique, puis FFTF (USA) et PEC (Italie) qui seront utilisés pour des essais poussés de combustible. Enfin, d'autres pays, comme le Japon et l'Inde, se sont lancés récemment dans la course. Les grandes centrales sont maintenant en construction. La France, qui se trouve actuellement dans le peloton de tête, a lancé une centrale à neutrons rapides de 1 200 MW électriques (environ 3 000 MW thermiques) Super-Phénix.

N'est-il pas quelque peu magique de multiplier par 100 les ressources en uranium ?

Ainsi les réacteurs rapides à sodium, dont les premiers ancêtres datent d'il y a quelque vingt-cinq ans, sont maintenant entrés dans la phase qui précède immédiatement leur introduction massive dans la production d'électricité d'origine nucléaire.

Bien que le refroidissement des réacteurs rapides par gaz ait des adeptes, et qu'il ne soit pas exclu que ce système donne lieu à des réalisations dans l'avenir, le refroidissement par sodium a fait l'unanimité dans tous les grands pays industrialisés. La technologie nécessaire est maintenant bien développée, et l'expérience acquise sur les réacteurs en fonctionnement ne fait que renforcer la confiance dans l'avenir de ces installations.

Si, comme les résultats actuels le laissent espérer, le combustible en oxyde permet de réaliser des taux de combustion suffisamment élevés, les réacteurs rapides à sodium devraient aboutir à une énergie électrique compétitive avec celle des réacteurs thermiques à eau légère. Bien que les centrales de démonstration, puis les premières grandes centrales à neutrons rapides soient nécessaires pour prouver dans les faits ce qui ne peut être actuellement que des pronostics, tout porte à croire qu'à partir de la fin du siècle, les centrales à neutrons rapides devraient prendre une place essentielle dans la production d'énergie électrique.

A plus long terme, mais sur ce point l'horizon n'est pas encore clair, les centrales rapides deviendront une nécessité pour sauvegarder les ressources naturelles en uranium. N'est-il pas quelque peu magique de multiplier d'un coup ces ressources par 100 grâce aux réacteurs rapides ?

POUR EN SAVOIR PLUS

Jean Sauteron, *Les Combustibles nucléaires*, Paris, Hermann, 1965. Ouvrage conçu pour le profane aussi bien que l'ingénieur. Contient des généralités sur l'énergie nucléaire et les différents types de réacteurs. Détaille les problèmes posés par les différents types de combustibles. Est évidemment un peu ancien.

J. Andriot, *Économie et Perspective de l'énergie atomique*, Paris, Dunod, 1964. Rappel des données fondamentales sur l'énergie nucléaire, et les différentes filières possibles. Précise le contexte économique du développement de l'énergie nucléaire. Les conclusions seraient sans doute à réactualiser, mais la présentation générale garde toute sa valeur.

Génie atomique, Paris, PUF, 1961. Cet ouvrage en cinq tomes traite de façon didactique de tous les sujets concernés par l'énergie atomique. Le tome 3 traite des piles, et en particulier des piles à neutrons rapides sous leurs divers aspects physiques et technologiques.

Fast Breeder Reactors, Proceedings of the London Conference on Fast Breeder Reactors, organized by the British Nuclear Energy Society, Pergamon Press, 17-19 mai 1966. Textes de communications des plus grands spécialistes mondiaux sur les différents aspects de la question : la place des réacteurs rapides dans le développement énergétique, l'expérience acquise, la conception des réacteurs, la physique, la technologie du sodium et du combustible.

Sodium Cooled Fast Reactor Engineering, Proceedings of a Symposium held in Monaco, 23-27 mars 1970. Agence internationale de l'énergie atomique, Vienne. Revue générale de l'état des connaissances dans le domaine de la technologie et de l'ingénierie.

Conférence internationale sur les réacteurs à neutrons rapides, Aix-en-Provence, 2-4 septembre 1971, Secrétariat de la section française de l'ANS, BP n° 2, 91190 Gif-sur-Yvette. Exposés généraux et discussions très libres sur : les problèmes de base, la sûreté, l'expérience de construction et l'expérience de fonctionnement.

La Recherche, février 1973

3. Les réacteurs nucléaires à haute température

Jacques Brisbois et Jean Malherbe

Les réacteurs à haute température, les HTR, sont capables de fournir de la chaleur à des températures très élevées. De la famille des réacteurs à neutrons thermiques, comme le sont les réacteurs à eau légère actuellement en service ou en construction, ils possèdent une grande souplesse vis-à-vis du cycle combustible ; le cycle au thorium, en particulier, leur permet d'assurer une utilisation optimale du combustible.

L'industrialisation des HTR est encore soumise à de nombreux aléas. Cependant, leur utilisation, non pas en tant que réacteurs électrogènes, mais plutôt en réacteurs calogènes en ferait des auxiliaires privilégiés de l'industrie chimique de demain. Ils pourraient notamment permettre la production massive d'hydrogène ou de combustible de synthèse et transformer ainsi toutes nos habitudes de consommation d'énergie.

De 1965 à 1973, année de la « crise de l'énergie », la consommation totale d'énergie s'accroissait au même rythme que la production intérieure brute. Dans le même temps, la structure et l'approvisionnement en énergies primaires subissaient de profondes modifications puisqu'au moment de la crise, seuls 25 % de la consommation étaient assurés par des sources nationales, contre 65 % en 1950. C'est pour faire face à cette situation, où 67 % des besoins sont couverts par les produits pétroliers importés, qu'un objectif ambitieux de diversification des ressources énergétiques à l'horizon 1985 a été arrêté (*fig. 1*). En se fondant sur l'hypothèse que les structures de consommations finales n'évolueraient pas beaucoup à court terme, il a été fait appel au premier chef à l'énergie électrique d'origine nucléaire. Mais l'accroissement du prix du pétrole — qui a pour effet d'abaisser la taille des réacteurs économiquement « rentables » — et l'expérience technologique acquise lors des réalisations du programme électronucléaire donnent à penser qu'à plus long terme, les applications *calogènes* de l'énergie nucléaire sont envisageables. Elles seront probablement appelées à voisiner avec les énergies traditionnelles pour répondre aux besoins de l'industrie ; il ne faut pas oublier que l'énergie dégagée par la fission nucléaire est tout d'abord recueillie sous forme de chaleur.

C'est dans ces perspectives que les réacteurs à haute température, désignés également sous le vocable HTR (*high temperature reactor*), présentent des avantages. Ces réacteurs sont en effet capables de fournir de la chaleur à des niveaux de température plus élevés que les autres types de réacteurs.

Le cœur des HTR, où se produisent les réactions nucléaires, est constitué d'un empilement de graphite dans la masse duquel sont noyées des sphérules ou « particules » de matériaux fissiles et fertiles de diamètre inférieur à un millimètre.

Un combustible céramique

La chaleur produite par les fissions est extraite du cœur par une circulation d'hélium à travers un grand nombre de canaux percés verticalement dans l'empilement. Puis l'hélium cède à son tour sa chaleur au circuit d'utilisation, par exemple par l'intermédiaire de générateurs de vapeur (*fig. 1*).

Après un séjour de quatre ans dans le réacteur, le combustible est déchargé ; les particules sont séparées du graphite et triées en fonction de leur composition initiale (diamètre ou matériaux d'enrobage différents) ; leur retraitement permet d'extraire les matériaux fissiles qui, après refabrication, sont recyclés dans le cœur.

L'une des originalités du HTR vient de la dispersion de son combustible dans une matrice en graphite. Cela confère au combustible une excellente conductibilité thermique. L'efficacité du refroidissement permet de rester en dessous de 1 300 °C dans le combustible pour une température de sortie d'hélium de 740 °C, alors que les combustibles des réacteurs à eau légère (type eau pressurisée) ont une température de 1 800 °C pour une température d'eau du caloporteur de 300 °C seulement. Cette température est d'ailleurs loin des limites possibles pour le cœur, qui pourrait fournir à l'hélium des températures supérieures à 1 100 °C et permettrait de couvrir ainsi toute la gamme des besoins industriels, alors que les limites de température des PWR sont imposées par la température d'ébullition de l'eau.

La dispersion du combustible confère aussi une grande souplesse en ce qui concerne le cycle du combustible, ce qui permet d'adapter le matériau fissile ou fertile sans avoir à modifier le dessin du cœur.

Le matériau fertile : le thorium-232

Les réacteurs nucléaires sont fondés sur l'utilisation de l'énergie de fission de noyaux fissiles : les isotopes 235 et 233 de l'uranium (^{235}U et ^{233}U) et le plutonium-239 (^{239}Pu). Seul le ^{235}U existe à l'état naturel, à raison d'un atome pour 140 atomes de l'isotope stable ^{238}U. Chaque fission d'un de ces isotopes engendre deux à trois neutrons de haute énergie. Et chaque fission est provoquée par la capture d'un neutron. Pour entretenir la réaction, il suffit donc que l'un des neutrons émis provoque une nouvelle fission. A partir de ce principe, deux méthodes peuvent être mises en œuvre pour organiser les réactions en chaîne : utiliser les neutrons avant la dégradation de leur énergie (dans les réacteurs dits à neutrons rapides), ou bien ralentir suffisamment les neutrons en les faisant traverser un modérateur (graphite, eau légère, eau lourde, etc.) : c'est ce qui est fait dans les réacteurs à neutrons thermiques. Les structures en graphite du cœur situent d'emblée les HTR dans cette dernière famille de réacteurs.

L'uranium-233 et le plutonium-239, matières fissiles, sont obtenues par capture d'un neutron par les atomes *fertiles* de thorium-232 et d'uranium-238. Aussi, lorsque la production de noyaux fissiles excède leur disparition, on dit que le réacteur fonctionne en *surgénérateur*. Dans les réacteurs à neutrons thermiques, le facteur de conversion, c'est-à-dire la production de noyaux fissiles rapportée à la disparition de noyaux fissiles, est en général inférieur à l'unité. Il est néanmoins intéressant de tenter d'augmenter ce facteur de conversion, et ce d'autant plus que le coût de l'uranium est élevé. Or il se trouve que le facteur de conversion est d'autant plus élevé que l'on dispose de plus de neutrons. Pour des neutrons thermiques, le nombre moyen de neutrons produits par absorption d'un neutron initial dans un noyau lourd prend les valeurs suivantes : 2,26 pour l'uranium-233, 2,06 pour l'uranium-235, 2,04 pour le plutonium-239 et 2,21 pour le plutonium-241. Il est donc intéressant de choisir le cycle de combustible qui aboutit à l'uranium-233, c'est-à-dire d'employer le matériau fertile thorium-232. Les HTR utilisent ce cycle qui permet d'excellents facteurs de conversion (le facteur de conversion d'un HTR à cycle au thorium est voisin de 0,67, contre 0,60 pour les réacteurs à eau légère ; si le coût de l'U_3O_8 augmentait, il serait possible de monter cette valeur jusqu'à 0,95).

Un caisson en béton

Le choix de l'hélium sous pression pour refroidir le cœur résulte des contraintes imposées au gaz caloporteur ; il doit être chimiquement inerte, même à très haute température ; il doit être transparent aux neutrons et ne pas s'activer (l'isotope hélium-3 qui s'active est en quantité infinitésimale, surtout dans l'hélium extrait des puits de gaz naturel) ; enfin, il doit avoir de bonnes qualités thermiques. Comme l'hélium est peu dense, les structures des réacteurs, les tubulures par exemple, sont peu soumises à des vibrations par l'écoulement du gaz. En outre, la plupart des impuretés telles que l'eau et les produits de fission véhiculées par l'hélium sont facilement condensables et peuvent être ainsi extraites ;

les impuretés telles que l'hydrogène et son isotope radioactif, le tritium, doivent être absorbées sur des éponges de titane à très basse température. Le niveau d'activité de l'hélium dans le circuit primaire reste donc très faible. Cependant, l'hélium est cher : 18 F/m³ (1975). Toutefois, sa consommation est faible, car il est possible de maintenir les fuites journalières à moins de 1 pour 1 000 de l'inventaire, qui représente 9 tonnes pour un réacteur de 3 000 MW.

L'hélium à une pression de 50 bars est entièrement contenu à l'intérieur d'un caisson en béton précontraint selon une technique inaugurée par le Commissariat à l'énergie atomique à Marcoule. De tels caissons permettent de très grandes enceintes de pression et donc d'y intégrer tout le circuit primaire (circulateurs, cœur, échangeurs) ; un autre avantage en est la grande sûreté vis-à-vis d'une ruine brutale, à cause de la redondance des systèmes indépendants tenant la pression (câbles de précontrainte). D'autre part, la protection biologique est assurée par le béton du caisson. Enfin, ce qui n'est pas négligeable, sa fabrication est réalisée sur le site, ce qui évite les transports délicats.

A l'intérieur du cœur, le combustible est constitué de particules ou sphérules de matériaux fissiles et fertiles enrobées de réfractaire (le noyau d'oxyde ou de carbure d'uranium ou de thorium a un diamètre compris entre 200 et 500 microns). Les matériaux fissiles et fertiles peuvent être mélangés au sein de la même particule, ou être mis en œuvre dans des particules distinctes pour être séparés au moment du retraitement. Les matériaux nucléaires sont enrobés par des couches de pyrocarbone ou de carbure de silicium de quelques dizaines de microns d'épaisseur. Ce gainage du combustible maintient les produits de fission à l'intérieur de la particule.

Deux types principaux de particules ont été expérimentés. La particule TRISO comporte trois couches principales d'enrobage et deux secondaires. Les couches les plus internes sont en pyrocarbone poreux à faible densité. Elles favorisent l'adhésion des autres couches sur le noyau, offrent un certain volume disponible aux gaz de fission, absorbent les déformations différentielles du noyau et des couches externes et protègent celles-ci des phénomènes physiques et chimiques prenant naissance dans le noyau. Les couches externes,

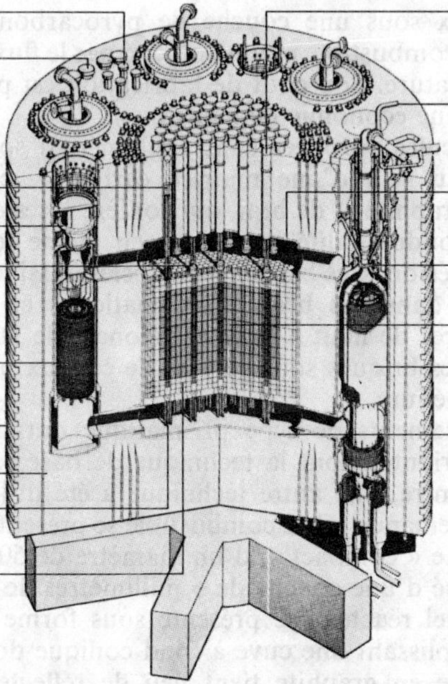

Fig. 1. Réacteur General Atomic de 1 160 MWe. Dans un réacteur HTR, la chaleur produite par les fissions ayant leur siège dans le cœur est extraite par une circulation d'hélium à travers des canaux percés verticalement. Puis l'hélium cède sa chaleur au circuit d'utilisation. Dans le cas du réacteur de General Atomic (1 160 MWe), l'ensemble est inséré dans une cuve en béton précontraint. Le cœur est entouré d'un réflecteur en graphite. Sur le circuit d'utilisation, l'eau qui sort du condenseur traverse six générateurs de vapeur et alimente une turbine placée hors du caisson et les turbosoufflantes.

carbure de silicium intercalé entre deux couches de pyrocarbone dense, assurent l'étanchéité. On réserve ce type de particule au combustible le plus sollicité soit parce que son noyau ne comporte que du matériau fissile, soit parce qu'il doit supporter de très hautes températures ou de forts flux de neutrons.

La particule BISO, qui comporte une couche de pyrocarbone poreux sous une couche de pyrocarbone dense, est destinée au combustible moins sollicité par le flux de neutrons et la température. Son coût de fabrication est plus faible, et elle réalise une économie de neutrons.

Les particules enrobées sont agglomérées sous forme de bâtonnets au sein d'une matrice carbonée, constituée de poudre de graphite et de brai, qui confère à ces éléments une excellente conductibilité thermique en même temps qu'une certaine cohésion. Ces bâtonnets, appelés aussi « compacts », sont placés dans des briques prismatiques en graphite de 80 centimètres de haut à base hexagonale de 36 centimètres sur plats. Ces briques sont percées de canaux pour la circulation de l'hélium.

Les empilements de type prismatique ont donné lieu à quelques variantes dont la technique de base reste très voisine. Par contre, une autre technique a été utilisée dans les réacteurs allemands, où le combustible se présente sous forme sphérique. Le « compact », d'un diamètre de 50 millimètres, est enveloppé d'une couche de 5 millimètres de graphite. Le cœur d'un tel réacteur se présente sous forme d'un tas de boulets remplissant une cuve à fond conique dont le revêtement interne en graphite tient lieu de réflecteur. Lors du chargement, qui peut se faire en marche, les boulets sont introduits à la partie supérieure, tandis que le combustible usé est prélevé par un orifice situé au point le plus bas de la cuve. Les boulets cheminent par gravité à travers le cœur.

Dans le réacteur à éléments prismatiques, les blocs sont empilés en colonnes qui sont juxtaposées avec le jeu nécessaire à leur manutention. Groupées par sept pour former une cellule de chargement, ces colonnes reposent sur un gros bloc de graphite posé sur des poteaux de même matériau qui s'appuient sur le calorifuge du fond du caisson. Le sommet de chaque cellule de chargement est coiffé d'un élément métallique percé de lumières ajustables qui servent à régler le débit d'hélium en fonction de la température de sortie de l'hélium, mesurée par des thermocouples placés dans le bloc support. Chaque année, à l'arrêt du réacteur, on renouvelle entièrement une cellule de combustible sur quatre. A la périphérie du cœur, le réflecteur de graphite comprend une rangée de colonnes renouvelables et des gros blocs fixes contenant des absorbants pour diminuer le flux de neutrons sur le caisson.

Un caractère de sûreté intrinsèque

Au cours de quatre années de vie en pile, les enrobages sont soumis à la pression des gaz de fission, aux déformations sous irradiation et à l'effet « amibe » — phénomène de transfert de matière qui se traduit par un cheminement du noyau à travers les couches d'enrobage. Aussi les diamètres des noyaux et les épaisseurs d'enrobage sont-ils calculés pour maintenir l'étanchéité du combustible. La déformation du graphite sous irradiation — l'effet Wigner — agit sur le pyrocarbone des enrobages et sur le modérateur du cœur ainsi que, de façon moindre, sur le réflecteur. Cela oblige à renouveler les blocs de graphite en même temps que le combustible et une partie du réflecteur.

Cependant, la température de 750 °C admise aujourd'hui dans les projets en cours de développement n'est pas une limite pour le cœur. Avec la même particule, mais en adaptant le nombre et le diamètre des canaux de refroidissement ou le débit d'hélium, il est possible d'atteindre 1 000 °C, et sans doute 1 100 °C moyennant certains raffinements sur le réglage de débit et le renouvellement du combustible. Ainsi, depuis février 1974, un réacteur, celui de Jülich, en Allemagne, fonctionne à 950 °C. Les spécialistes pensent améliorer la tenue des particules, ce qui autoriserait, dans une étape ultérieure, des températures de 1 200 °C. En réalité, la limitation actuelle ne vient pas du combustible mais des structures, barres de commande, calorifuge et échangeurs. Ces structures, qui sont en contact avec un gaz qui localement dépasse 750 °C, sont constituées en alliages métalliques « nobles » (type Inconel ou Incoloy 800). Ils doivent donc être testés très sévèrement et suffisamment longtemps pour que leur fiabilité puisse être assurée pendant toute la vie du réacteur. Cela est l'objet du programme actuel du CEA.

Au-delà de 800 °C, les structures permanentes peuvent difficilement être métalliques à cause des caractéristiques de fluage et résistance à la rupture de ces matériaux. Dans ce cas, il doit être fait appel pour les structures permanentes à des matériaux plus réfractaires, tels les céramiques ou le graphite.

Ainsi, le HTR réunit un certain nombre d'éléments qui lui confèrent un caractère de sûreté intrinsèque. Tout d'abord, le caractère monophasique de l'hélium permet au réfrigérant d'assurer son rôle quelle que soit la température. Ensuite, le faible niveau de température du combustible vis-à-vis de sa limite d'utilisation lui offre une marge très confortable avant la détérioration du combustible. Grâce au volant thermique des 1 100 tonnes de graphite de l'empilement, le cœur de 3 000 MWth peut supporter un arrêt complet de refroidissement pendant plus d'un quart d'heure. Le caisson en béton précontraint et d'autre part le circuit primaire intégré évitent la dépressurisation brutale. Enfin, le confinement des gaz dans une enceinte entourant le caisson en cas de dépressurisation de ce dernier élimine dans ce cas extrême la contamination de l'extérieur. A ces qualités, il faut ajouter que les rejets radioactifs des HTR sont très faibles. En effet, le système de purification de l'hélium maintient les rejets radioactifs gazeux à un niveau cent fois plus bas que celui d'un réacteur à eau légère (PWR). Les principaux effluents liquides viennent des opérations de décontamination et représentent un volume cinq mille fois plus faible que ceux d'un PWR, tandis que les déchets solides sont en volume dix fois plus faible.

Ces caractéristiques des HTR vis-à-vis de l'environnement — sûreté et rejets — les rendent parfaitement aptes à une implantation à proximité des villes.

Séduisant vis-à-vis de l'environnement, le HTR l'est aussi vis-à-vis du cycle de combustible. Le réacteur à haute température bénéficie d'une souplesse inégalée d'adaptation à des cycles extrêmement variés, utilisant à volonté tous les matériaux fissiles disponibles, grâce à la conception originale que lui confère sa structure en particules.

Le cycle $^{235}U/^{238}U$ dans lequel on recycle le plutonium formé a été parfois envisagé pour bénéficier des usines de retraitement existantes. Cependant, on lui préfère actuellement le cycle $^{235}U/^{232}Th$ avec recyclage du ^{233}U formé. Bien que nécessitant de l'uranium enrichi à 93 % (alors que le premier type de cycle utilise l'uranium enrichi à 10 %), la consommation de minerai d'uranium est relativement faible — 50 % inférieure à celle d'un PWR. De plus, les besoins en thorium sont faibles, alors que les ressources sont de deux à trois fois supérieures à celles de l'uranium.

De plus, il est possible d'améliorer le facteur de conversion jusqu'à des valeurs de 0,95 en jouant sur les quantités de matériaux fissiles et fertiles par rapport à la masse de carbone que constitue l'empilement. Certaines stratégies de cycle vont même jusqu'à faire vivre en symbiose deux types de cœur HTR : le premier, dit « DODU 1 », alimenté en thorium et uranium-235, fournirait l'uranium-233 nécessaire à la charge initiale et aux compléments de recharge de la deuxième génération, « DODU 2 », qui fonctionnerait ainsi sur un cycle $^{233}U/^{232}Th$.

Les accords CEA - General Atomic

Il est certain que les ressources en uranium sont limitées, ce qui rendra indispensable tôt ou tard la venue des surgénérateurs. Dans le cas où ceux-ci ne se développeraient pas au rythme des besoins énergétiques, les HTR à haut facteur de conversion permettraient de repousser l'échéance fatale. Dans l'autre cas, les réacteurs à haute température permettraient une utilisation du thorium avec une stratégie qui consisterait à alimenter plusieurs HTR à version électrogène ou calogène par l'uranium-233 provenant de la couverture thorium d'un réacteur à neutrons rapides. Ce sont ces motifs qui ont présidé dès la fin des années 1960 au lancement de programmes d'expérimentation de la filière HTR. Le premier, le projet Dragon, conçu à l'instigation de quelques pays membres de l'Organisation pour la coopération et le développement économique (OCDE), a vu le jour en 1959. A cette date, la seule expérience sur les réacteurs modérés au graphite refroidis par un gaz est celle de Marcoule en France et de Calder Hall en Grande-Bretagne. La tâche que se proposera de réaliser l'équipe européenne est la construction d'un réacteur expérimental de 20 MW thermiques qui démarrera à Winfrith (Grande-Bretagne) en 1965. Des efforts analogues aux États-Unis et en Allemagne aboutissent plus tard à la réalisation de Peach Bottom (1967) et à celle de Jülich-AVR (1968). Ces réacteurs expérimentaux permettent de mettre au point le combustible et de se familiariser avec l'utilisation de l'hélium.

La deuxième étape du développement de la filière s'est ouverte avec la construction du réacteur de démonstration de 330 MW électriques à Fort-Saint-Vrain (Colorado, États-Unis), dont la première divergence a eu lieu en 1974 et le couplage au réseau en décembre 1976. Les Allemands ont entrepris trois ans après, à Schmehausen, près de Dortmund, la construction d'un réacteur de même taille (300 MW électriques) qui devrait être achevé en 1979.

La dernière étape est la plus difficile : la percée industrielle, qui nécessite un effort important pour s'imposer dans un marché occupé par les réacteurs à eau légère, reste à faire. Il faut démontrer la fiabilité et la compétitivité d'un réacteur encore expérimental, face à des centrales construites en série. Le coût de la construction d'un HTR a fait l'objet d'évaluations aux États-Unis, en Allemagne et en France : suivant le site envisagé, le surprix par rapport aux réacteurs à eau légère est compris entre 0 et + 20 %. Le coût du cycle de combustible étant 15 % moins élevé à cause de la plus faible consommation d'uranium naturel, il en résulte pour les HTR un coût de kWh de l'ordre de 5 % plus cher pour les premières unités, ce qui reste cependant à l'intérieur de la marge d'incertitude.

La France, qui a acquis une longue expérience en matière de réacteurs refroidis par gaz lors du développement de la filière uranium naturel-graphite-gaz, n'est pas restée absente des travaux sur la filière HTR puisqu'elle a participé aux travaux du projet Dragon. Cependant, depuis 1968, les études sur cette filière étaient menées au CEA à un niveau modeste. En 1971, la société américaine General Atomic, qui construisait Fort-Saint-Vrain, avait l'espoir de commercialiser rapidement les HTR. Pour la mise au point du système, la possibilité qu'offrait le CEA par ses grandes installations — les réacteurs expérimentaux Pégase, Siloé et Osiris, la table vibrante Vésuve (à Saclay) pour tester la tenue des installations aux séismes, la boucle Carmen 2 (28 kg/s d'hélium à 80 bars) pour étudier le comportement mécanique et thermique des structures du réacteur — a conduit le CEA et General Atomic à conclure un accord de coopération (*fig. 2*) : en échange de la licence du système General Atomic, le CEA s'est engagé à mettre en œuvre un programme de recherche et de développement concernant les principaux composants, cœur, générateur de vapeur, calorifuges, caisson. Ces travaux devraient permettre aux équipes françaises de se familiariser avec les aspects industriels d'une filière théoriquement économique pour la production d'électricité, mais dont les autres applications peuvent être, à terme, plus intéressantes encore.

Pour le moment, en effet, les seuls réacteurs construits ou en construction sont destinés à la fourniture d'électricité. Des offres commerciales ont été présentées pour des réacteurs de 1 160 MW électriques dans lesquels la vapeur chauffée par l'hélium a les caractéristiques des centrales thermiques classiques. Il est tentant cependant, pour améliorer les rendements, d'augmenter les températures de l'hélium et de le détendre dans une turbine à gaz, qui fait alors partie du circuit primaire, comme dans un réacteur à eau bouillante (mais avec un rendement supérieur à 40 %). A la sortie de la turbine, une partie de la chaleur est récupérée pour réchauffer l'hélium sortant du compresseur ; mais on se trouve encore à plus de 150 °C à la sortie de ce récupérateur. Ce niveau de température est très favorable à l'utilisation de tours à refroidissement sec dont les dimensions peuvent être très sensiblement inférieures à celles des tours érigées pour une centrale à cycle vapeur, surtout s'il s'agit d'un réacteur à eau pressurisée. Il ne serait plus nécessaire d'exploiter les centrales à proximité d'une rivière ou de la mer !

Un champ d'application sans limites

Plutôt que de rejeter ces calories, rien n'empêcherait de les utiliser, sans détériorer le rendement électrique comme on songe à le faire sur les centrales à construire, pour fournir de la vapeur à basse pression aux industries locales, ou de l'eau chaude destinée au chauffage urbain. Le rendement global d'une telle installation pourrait voisiner 90 %. A Oberhausen, en Allemagne, a été démarrée, fin 1974, une telle installation à turbine à hélium devant fournir 50 MW électriques au réseau électrique et 53 MW thermiques au réseau de chauffage urbain. Pour cette installation à caractère expérimental, la chaudière nucléaire a été remplacée par une chaudière à gaz qui élève la température de l'hélium de 420 à 750 °C. Certains ont aussi pensé utiliser ces calories en adjoignant à la turbine à hélium une turbine à vapeur d'ammoniac qui fonctionnerait en bas de cycle. Ce cycle binaire permettrait de gagner environ cinq points sur le rendement électrique.

Mais ce sont là des perspectives à long terme, alors qu'une grande partie des besoins industriels en chaleur pourrait être satisfaite avec des caractéristiques du cycle de l'hélium découlant de la technologie actuelle. C'est ce qui a conduit le CEA et sa filiale Technicatome, avec l'aide des constructeurs, à étudier pour l'industrie chimique un HTR de puissance limitée à 1 000 MW thermiques dénommé Hector. Dans le projet Hector, des échangeurs hélium/hélium remplacent des générateurs de vapeur, et des motosoufflantes remplacent les turbosoufflantes. Deux versions ont été proposées : l'une faisant appel à l'Incoloy 800 H pour les échangeurs intermédiaires et délivrant l'hélium secondaire à 750 °C, et l'autre, à un niveau moins ambitieux de 650 °C, mais ne faisant appel qu'aux aciers inox pour cet échangeur. Ces performances paraissent modestes, mais il faut souligner qu'elles correspondent à une technologie connue et qu'elles sont suffisantes pour bien des applications industrielles. L'application du concept Hector à une raffinerie de pétrole traitant 10 à 15 mil-

Fig. 2. Boucle Carmen. La société américaine General Atomic, qui avait en 1971 l'espoir de commercialiser rapidement les HTR, a fait appel au CEA pour divers essais en échange de la licence d'exploitation. Le CEA, en effet, dispose d'une expérience et d'installations d'essais disponibles depuis l'abandon de la filière à française graphite-gaz. La boucle Carmen 2, en particulier, située à Saclay, comprend quatre soufflantes à l'hélium d'une puissance unitaire de 750 MW permettant de tester le comportement mécanique des structures d'un réacteur dans un débit d'hélium de 28 kg/s à haute pression. (Cliché CEA.)

lions de tonnes de brut par an conduit à retenir la solution à 650 °C. L'hélium secondaire alimenterait deux circuits en parallèle : un circuit vapeur avec une turbine en contre-pression produisant l'électricité nécessaire au réacteur et à la raffinerie et les besoins de vapeur des procédés d'une part, et un circuit produisant la chaleur nécessaire aux procédés d'autre part. Cette disposition apporte plus de souplesse à l'exploitation de l'usine. Le transfert de l'hélium chaud a été envisagé jusqu'à environ 1 kilomètre ; il demeure économique, mais il est plus intéressant de grouper les unités de traitement chimique autour du réacteur.

L'hydrogène, clé de l'énergie future

Les installations de reformage nécessitent, comme on le sait, des températures relativement élevées. Et le reformage du méthane, qui conduit à la production d'hydrogène, est certainement celle des utilisations de la chaleur nucléaire à « haute température » qui pourrait avec un minimum d'effort être introduite industriellement à moyen terme, en pensant à plus long terme à la gazéification du charbon. Le réacteur nucléaire fournirait la chaleur de la réaction endothermique $CH_4 + H_2O \rightarrow 3\,H_2 + CO$ et la vapeur du procédé ; il permettrait une économie de 30 % de méthane par rapport à une installation chauffée au gaz naturel.

Le rendement de cette réaction est très sensible à la température et croît avec celle-ci. Dans une installation industrielle, les gaz de procédé seraient portés à 850 °C, ce qui nécessiterait un chauffage par hélium à 950 °C. Pour atteindre ces valeurs élevées, un effort de recherche et de développement ne pouvant déboucher qu'à long terme serait à entreprendre. Aussi les études actuelles sont-elles orientées vers un niveau plus rapidement accessible — de l'ordre de 700 à 750 °C. A la sortie du reformeur, le mélange de gaz qui contient H_2, CO, CO_2, CH_4 et H_2O est refroidi puis envoyé sur le convertisseur dans lequel se produit la réaction exothermique.

$$CO + H_2O \rightarrow CO_2 + H_2.$$

Après purification, l'hydrogène est envoyé au stockage pour être distribué au réseau ou alimenter un gros utilisateur comme une installation de gazéification du charbon. Un réacteur de 1 000 MWth produit environ 750 000 m^3/h d'hydrogène. Les principaux problèmes que pose une telle installation sont le remplacement du catalyseur et les problèmes de sûreté liés au voisinage de l'hydrogène et du réacteur. Les premières études laissent prévoir des solutions, qui demanderont cependant un effort pour prouver leur fiabilité.

La gazéification du charbon par hydrogénation, par contre, fait appel à des réactions *exothermiques* et permet donc de découpler le réacteur producteur d'hydrogène de l'usine principale ; il pourra être situé, comme les réservoirs de stockage des gaz, loin du réacteur nucléaire.

Enfin, pour être complet, il faudrait mentionner les études sur la décomposition thermochimique de l'eau, qui permettrait, en cas d'épuisement des combustibles fossiles, la production d'hydrogène à partir de la chaleur nucléaire. Point n'est besoin de recourir à des réactions endothermiques à très haute température (supérieure à 1 000 °C) pour atteindre des rendements intéressants, mais il faut éviter des cycles qui entraînent des travaux de séparation énergétiquement trop coûteux. Le cycle thermochimique le plus prometteur à l'heure actuelle est un cycle basé sur la décomposition de l'acide sulfurique à 800 °C suivant les trois réactions suivantes :

$$2\,H_2O + SO_2 + x\,I_2 \rightarrow H_2SO_4 + 2\,HI_x.$$

Les produits de cette réaction se séparent par décantation :

$$H_2SO_4 \rightarrow H_2O + SO_2 + 1/2\,O_2 \text{ à } 800\,°C,$$
$$2\,HI_x \rightarrow x\,I_2 + H_2 \text{ à } 300\,°C.$$

On peut faire appel partiellement à l'électrolyse dans la réaction

$$SO_2 + 2\,H_2O \rightarrow H_2SO_4 + H_2.$$

La réaction de décomposition du H_2SO_4 se fait alors comme précédemment.

Une fois mis au point le ou les cycles les plus intéressants, le point important restera le couplage au réacteur nucléaire, qui dépendra essentiellement des réactifs introduits dans la chaîne. Les évaluations effectuées par le centre communautaire d'Ispra (Italie) permettent de situer le coût de l'hydrogène par thermochimie nucléaire au niveau de celui de l'électrolyse en fonctionnement de base. Mais plusieurs années d'études sont encore nécessaires pour savoir dans quelle mesure ces coûts peuvent être abaissés. L'enjeu néanmoins est suffisamment important pour justifier un programme de recherche à long terme d'une certaine envergure.

L'industrie sidérurgique commence aussi à étudier l'application des HTR à la préréduction des minerais de fer. Les réacteurs seraient utilisés pour la production du gaz réducteur, la chaleur et la force. Un réacteur de 2 000 MW thermiques pourrait alimenter une usine de 3 millions de tonnes de fer par an. Mais pour le présent, les études HTR, en dehors des réacteurs électrogènes, convergent tant aux États-Unis qu'en Europe vers le reformage du méthane et la gazéification du charbon, qui doivent conduire dans les années quatre-vingt-dix à l'élaboration d'un combustible à un prix compétitif.

Un problème demeure : la fermeture du cycle du combustible

Mais revenons au court terme. Il faut noter tout d'abord que les essais de commercialisation tentés par General Atomic ont été anéantis par la récession provoquée par la crise pétrolière de 1973, qui a entraîné une chute brutale des commandes nucléaires aux États-Unis. Toutefois, les HTR y conservent la faveur de beaucoup de compagnies d'électricité. L'ERDA (Energy Research and Development Administration) soutient le programme HTR car il prépare la voie aux surgénérateurs refroidis par hélium en concurrence avec ceux refroidis au sodium (comme Super-Phénix en France) et aux HTR calogènes pour la gazéification du charbon.

Durant cette pause forcée, General Atomic consacre ses efforts à la recherche d'une diminution du coût de la chaudière. Mais la bonne marche de Fort-Saint-Vrain sera un facteur psychologique important qui aidera grandement à susciter les commandes dès que la conjoncture économique redeviendra favorable. En Europe, la situation se présente différemment : en Allemagne, la construction du THTR (300 MW électriques) se poursuit à Schmehausen, mais il n'est pas évident que le réacteur à boulets puisse être extrapolé à des puissances de 1 200 MWe ; une étude en cours a été commandée par le gouvernement fédéral pour éclaircir ce point. La France, quant à elle, ne poursuit pas seule les études. En plus de l'accord de collaboration déjà signé avec General Atomic, elle a passé avec les Allemands un accord sur les HTR en parallèle avec celui des surgénérateurs. La construction des futurs HTR européens apparaît donc comme le fruit d'une participation de plusieurs pays, ce qui requiert toujours beaucoup de patience.

Le problème principal qui freine le lancement de cette filière n'est pas en réalité celui des investissements (ils sont comparables à ceux d'une chaudière à eau pressurisée), mais celui de la fermeture du cycle de combustible. Les usines de retraitement existantes ne sont pas adaptées à ce type de combustible, et seul un programme important de construction des HTR pourrait justifier le projet d'une telle usine.

Or, à court terme, le développement des HTR ne peut être basé que sur la production d'électricité, les applications avancées, aussi prometteuses soient-elles, étant forcément à moyen ou long terme. Quelles pourraient être, dans ces conditions, les motivations françaises de s'engager dans cette voie, compte tenu de l'existence du programme de construction des réacteurs à eau légère et de la nécessité des réacteurs surgénérateurs ? Si, comme on l'a vu, ce type de réacteur possède des avantages qualitatifs sur le plan de la sûreté de l'environnement, le coût d'investissement, du même ordre de grandeur que celui des réacteurs à eau légère ne permet pas d'envisager une réduction significative du coût du kWh produit, sauf si la fiabilité du concept conduisait à une augmentation de la disponibilité, ce qui reste à démontrer.

Le lancement en parallèle des HTR, fondés sur une autre

technologie (celle du refroidissement par gaz), un autre cycle de combustible (le cycle au thorium) pourrait constituer une solution alternative attrayante. Cette solution réduirait les conséquences possibles d'un choix fondé sur un seul système nucléaire constitué par les réacteurs à eau couplés aux réacteurs surgénérateurs sans introduire de pénalité ni sur le plan économique ni sur le plan de la consommation en uranium naturel. En effet, pendant plusieurs décennies, la consommation cumulée d'uranium naturel d'un système HTR reste inférieure à celle du système PWR-surgénérateur. Une telle stratégie, si elle était adoptée, permettrait alors de développer les réacteurs de deuxième génération capables de produire l'hydrogène par reformage du méthane en vue de la production de gaz de synthèse à partir du charbon et, à plus long terme, capables de produire l'hydrogène par décomposition thermochimique de l'eau.

POUR EN SAVOIR PLUS

International conference on « The high temperature reactor and process applications », 26-28 novembre 1974, Londres, Grande-Bretagne.

International symposium on « Gas-cooled reactors with emphasis on advanced systems », 13-17 octobre 1975, Jülich, Allemagne fédérale.

The hydrogen economy, Miami energy conference (THEME), 18-20 mars 1974, Miami Beach, Floride, États-Unis.

Journées internationales d'étude sur l'hydrogène et ses perspectives, 15-18 novembre 1976, Liège, Belgique.

Luigi Massimo, *Physics of High Temperature Reactors*, Pergamon Press, 1976.

La Recherche, juillet-août 1977

4. La fusion nucléaire

Jean-Pierre Poffé

Les pays européens ont décidé de réaliser le plus grand projet communautaire de l'Europe scientifique : le JET (Joint European Torus). Il s'agit d'une grande machine, dont la construction coûtera près d'un milliard de francs, destinée à faire progresser nos connaissances dans le domaine de la fusion thermonucléaire contrôlée, domaine qui paraît à beaucoup de spécialistes être le seul susceptible de résoudre à terme les problèmes énergétiques de notre planète.

Le JET fait partie d'une famille de machines bien particulières que l'on appelle les tokamaks. Les résultats encourageants obtenus récemment par les physiciens, et en particulier ceux du CEA sur le modeste tokamak français, donnent à penser que la configuration torique des tokamaks est la mieux adaptée au contrôle de la fusion thermonucléaire.

C'est pourquoi les spécialistes européens attendent impatiemment la construction du JET, qui devra donner une réponse aux interrogations actuelles sur les possibilités réelles de contrôler la fusion thermonucléaire.

En 1919, Jean Perrin avait émis l'hypothèse que la synthèse de l'hélium à partir de l'hydrogène était à l'origine de la quantité considérable d'énergie rayonnée par le Soleil[1]. Il

1. Plusieurs pays réclament pour un de leurs nationaux la paternité de l'hypothèse Perrin. Cela indique que l'idée était dans l'air à cette époque. (Première publication qui mentionne le mécanisme de fusion comme origine de l'énergie des étoiles : H. Bethe, « Energy Production in Stars », *Physical Review*, *55*, mars 1939. p. 434-456.)

Projet du tokamak européen JET. Cette machine, dont la décision de construction est attendue dans la première moitié de 1976, pourrait devenir opérationnelle en 1980-81. En l'absence de nouvelles instabilités, et avec un pourcentage modéré d'impuretés, le plasma d'hydrogène du JET devrait s'approcher d'un plasma thermonucléaire. Si les résultats sont favorables, on remplacera l'hydrogène par le mélange deutérium-tritium. Ce sont des machines de cette taille qui doivent apporter des informations décisives pour l'avenir des réacteurs tokamaks. La forme en « D » des bobines toroïdales réduit les contraintes de flexion au minimum dans ces bobines (les contraintes de tension subsistent essentiellement) et fait bénéficier la machine d'une ellipticité modérée. Un plasma de section elliptique correspondante devrait selon la théorie admettre un courant I_p de 3,1 MA (4,8 MA ultérieurement avec les sources d'énergie supplémentaires).

fallut attendre le développement, à partir de 1930, des accélérateurs de particules pour provoquer et étudier en laboratoire les réactions de fusion, c'est-à-dire la formation d'un atome plus lourd à partir de deux atomes légers, accompagnée d'une production importante d'énergie (voir encadré 1). Il va sans dire que le bilan énergétique global de l'opération, dont ne se souciaient aucunement les physiciens, était déplorable. On dépensait incomparablement plus d'énergie pour accélérer des noyaux que l'on ne pouvait en récupérer par les réactions de fusion. La réalisation d'un mini-soleil sur notre planète ne passait décidément pas par cette voie. L'explosion de la première bombe thermonucléaire en 1951 a marqué à la fois l'entrée sur la scène internationale de cette nouvelle forme d'énergie et le véritable départ des recherches sur la domestication de l'énergie de fusion des noyaux légers, plus précisément de deux isotopes de l'hydrogène, le deutérium et le tritium, dont la probabilité de fusionner est la plus élevée. Jusqu'en 1958, les recherches poursuivies essentiellement aux États-Unis, en URSS et en Grande-Bretagne restèrent secrètes, probablement parce que la solution semblait proche et entraînait des applications militaires. Mais l'espoir fut déçu. A la conférence sur les utilisations pacifiques de l'énergie nucléaire tenue à Genève en 1958, le secret fut levé, et depuis cette date l'information circule librement.

Les chercheurs rencontraient en effet des difficultés majeures. Dans une réaction thermonucléaire, les éléments de fusion constituent un plasma porté à très haute température. Rappelons qu'un plasma est un gaz ionisé qui conserve en moyenne la neutralité électrique. Ce plasma est confiné dans l'espace par un champ magnétique à l'intérieur d'une enceinte à vide, afin d'éviter tout contact avec les parois qui le refroidirait aussitôt. Ce confinement doit durer suffisamment longtemps pour qu'une proportion importante du combustible subisse la fusion : c'est sur ce point que butaient toutes les expériences. Divers types de mouvements collectifs des particules, dits instabilités, peuvent se développer dans le plasma et le refroidir très rapidement. Les résultats expérimentaux des années soixante semblaient condamner tout espoir de confinement prolongé à cause de l'omniprésence des instabilités, dont la liste n'en finissait pas de s'allonger.

L'espoir revint en 1968 quand, après avoir maîtrisé un grand nombre d'entre elles, on prêta attention aux parois de

1. Les réactions

Une méthode très générale permet d'évaluer les performances des divers éléments comme « combustible nucléaire » : il suffit en effet de regarder la quantité d'énergie servant à maintenir la cohésion entre les constituants des différents noyaux atomiques. (Ces constituants, ou nucéons, sont les protons et les neutrons.) En vertu de l'équivalence masse-énergie donnée par la très célèbre relation d'Einstein, elle est mesurée simplement par la différence de masse entre un noyau donné et la somme des masses de ses constituants. La quantité d'énergie de liaison nucléaire par nucléon contenue dans les différents éléments est indiquée sur la figure A. On voit que les éléments correspondant au « creux » de la courbe sont plus efficacement construits que les éléments extrêmement lourds ou extrêmement légers. On peut donc extraire de l'énergie nucléaire en se déplaçant par transmutation depuis les extrémités de la courbe jusqu'à son centre. La fission nucléaire part des éléments lourds tels que l'uranium ^{235}U qui se scinde en deux atomes de masses moyennes (avec environ 95 et 140 nucléons) sous l'action d'un neutron. Ce phénomène de fission s'accompagne d'un dégagement d'énergie très important et de la production d'un ou de deux neutrons. Ceux-ci permettent à la réaction de se poursuivre sur d'autres noyaux d'uranium ^{235}U à un rythme accéléré (d'où le nom de « réaction en chaîne »). La figure A montre qu'il est énergétiquement plus rentable de partir d'éléments légers et de construire par fusion des éléments plus lourds. Les réactions de fusion les moins contraignantes intéressent les isotopes lourds de l'hydrogène, deutérium (D) et tritium (T). Elles produisent des neutrons n et des particules chargées, protons H et He, toutes animées de grandes énergies cinétiques, mais nécessitent des températures élevées, comme le montre la dépendance des sections

l'enceinte à vide, qui se révélaient une source inépuisable de plasma froid et d'impuretés si des précautions draconiennes n'étaient pas observées. Le temps de confinement

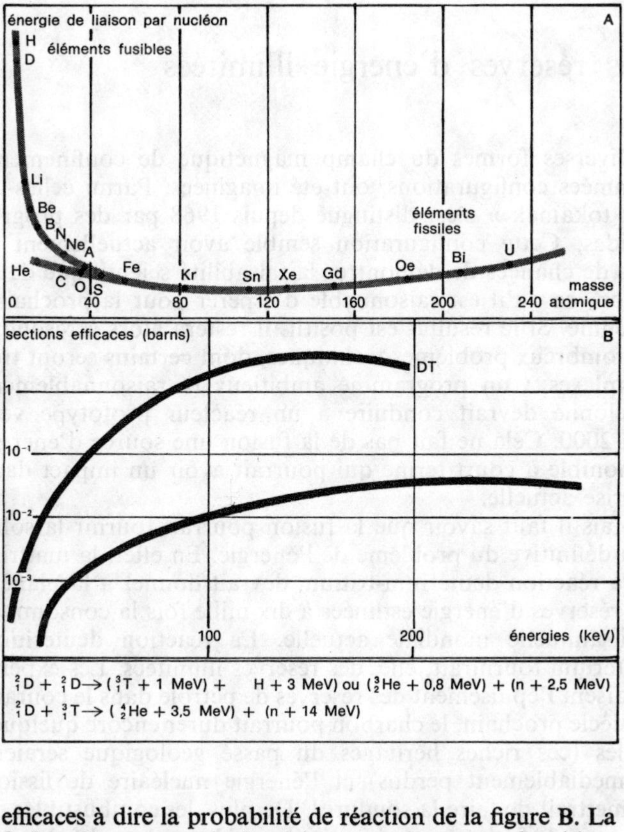

$^2_1D + ^2_1D \rightarrow (^3_1T + 1\ \text{MeV}) +$ $H + 3\ \text{MeV})$ ou $(^3_2He + 0{,}8\ \text{MeV}) + (n + 2{,}5\ \text{MeV})$

$^2_1D + ^3_1T \rightarrow (^4_2He + 3{,}5\ \text{MeV}) + (n + 14\ \text{MeV})$

efficaces à dire la probabilité de réaction de la figure B. La fusion d'un noyau de deutérium avec un noyau de tritium (réaction D-T) est beaucoup plus facile à réaliser que la fusion de deux noyaux de deutérium (réaction D-D).

s'améliora de plusieurs ordres de grandeur, la température grimpa, et l'idée s'imposa qu'il était possible de s'accommoder des instabilités.

Des réserves d'énergie illimitées

Diverses formes du champ magnétique de confinement, nommées configurations, ont été imaginées. Parmi celles-ci, le « tokamak » s'est distingué depuis 1968 par des progrès rapides. Cette configuration semble avoir actuellement le plus de chances de démontrer la faisabilité scientifique de la fusion, ce qu'il est raisonnable d'espérer pour la prochaine décennie. Si le résultat est positif, il restera alors à résoudre de nombreux problèmes techniques, dont certains seront très complexes : un programme ambitieux et raisonnablement échelonné devrait conduire à un réacteur prototype vers l'an 2000. Cela ne fait pas de la fusion une source d'énergie disponible à court terme qui pourrait avoir un impact dans la crise actuelle.

Mais il faut savoir que la fusion pourrait fournir la solution définitive du problème de l'énergie. En effet, la maîtrise de la réaction deutérium-tritium devrait donner à la planète des réserves d'énergie estimées à dix mille fois la consommation annuelle mondiale actuelle. La réaction deutérium-deutérium fournirait, elle, des réserves illimitées. Les experts prédisent l'épuisement des réserves de pétrole dans le courant du siècle prochain, le charbon pourrait durer encore quelques siècles (ces riches héritages du passé géologique seraient irrémédiablement perdus) et l'énergie nucléaire de fission permettrait de faire la soudure[1]. De plus, les combustibles de l'énergie de fusion sont répartis équitablement sur la planète, sont d'un coût négligeable (moins de 1 % du coût actuel du charbon) et peuvent s'obtenir sans porter préjudice à l'environnement naturel. (Une modeste unité de séparation pourrait fournir le deutérium nécessaire à alimenter la consomma-

1. Pour l'estimation des réserves mondiales d'énergie, voir : *World Energy Conference Survey of Energy Resources 1974*, US National Comittee of the World Energy Conference ; A. Parker, « World Energy resources : a survey », *Energy Policy*, mars 1975, p. 58.

tion électrique actuelle des États-Unis, qui nécessite, en équivalent charbon, 180 000 tonnes par heure.) L'énergie de fusion apparaît donc comme une perspective très séduisante.

Plus de 80 millions de degrés

La seule réaction actuellement envisagée pour un réacteur thermonucléaire est la fusion des noyaux de deutérium et de tritium (réaction D-T, voir encadré 1). Elle produit des noyaux d'hélium, dont on utilise l'énergie (3,5 MeV) pour entretenir la réaction, et des neutrons de 14 MeV, qui s'échappent et fournissent l'énergie qu'il faudra récupérer sous forme de chaleur. La récupération de cette énergie et sa conversion en chaleur constituent un problème important que nous décrivons plus loin. La production d'énergie par la fusion des combustibles dépend des conditions physiques du plasma : sa température doit être supérieure à une température minimale dite température d'ignition, environ 7 keV (soit plus de 80 millions de degrés Celsius) pour la réaction D-T, et le temps de confinement π doit être suffisamment long pour permettre un bilan d'énergie positif de l'opération. Le critère de Lawson exprime la condition à réaliser en termes quantitatifs : $n.\pi \geqslant 10^{14}\ cm^{-3}.s$, où n est la densité des ions dans le plasma.

Deux voies principales sont explorées pour atteindre la valeur critique de n. Dans la voie dite des « filières lentes », un plasma peu concentré réagit pendant un temps long. Par exemple dans la configuration magnétique tokamak, décrite dans l'encadré 2, le critère de Lawson impose de confiner pendant au moins une seconde un plasma d'une densité moyenne de $10^{14}\ cm^{-3}$. Dans la deuxième voie (fusion par laser), on cherche à chauffer et à comprimer extrêmement rapidement une petite cible de combustible à l'aide de faisceaux lasers ou d'électrons bien focalisés. Pour obtenir un bilan d'énergie positif compatible avec la technique prévisible des lasers de puissance (énergie 1 mégajoule, largeur de l'impulsion 10^{-9}s), les densités doivent atteindre mille fois la densité du solide, et le temps de réaction se réduit à 10^{-11}s.

2. *La configuration tokamak*

Cette configuration permet de confiner le plasma des éléments de fusion dans un volume de forme torique grâce à un champ magnétique adapté. Dans un plasma peu concentré et chaud comme c'est bien le cas ici, les collisions entre particules sont rares, et confiner le plasma revient à confiner individuellement la trajectoire de chaque particule. En première approximation, ces trajectoires sont des hélices axées sur les lignes de force magnétique. Le champ magnétique élevé qui permet ce confinement est obtenu par la superposition de trois composantes.

Le *champ magnétique* B_p est induit par le courant I_p très élevé qui circule dans l'anneau de plasma. Ce courant I_p est lui-même induit dans le gaz ionisé contenu dans l'enceinte à vide, par le circuit primaire extérieur d'un transformateur dont l'anneau de plasma constitue le secondaire. Le courant I_p joue un rôle fondamental dans la configuration. C'est en effet lui qui sert à la fois à la formation du plasma après la phase de préionisation du gaz, à son chauffage par effet Joule et à son confinement par le champ magnétique B_p qu'il engendre. B_p est très sensible aux mouvements du plasma.

Sous l'influence de B_p, le tore de plasma tend à augmenter son grand rayon. Pour empêcher ce mouvement, on utilise le *champ magnétique dit d'équilibre* B_{eq} créé par les courants qui circulent dans des bobinages placés au voisinage extérieur de la chambre à vide. La présence de B_{eq} est indispensable pour fixer la position d'équilibre de l'anneau de plasma ainsi que la forme de sa section. La valeur de B_{eq} est faible par rapport à celle de B_p. On montre que c'est le champ dit poloïdal $B_{pol} = B_p + B_{eq}$ qui définit seul les surfaces magnétiques et l'écart maximal des trajectoires des particules par rapport à ces surfaces.

La principale composante

Enfin, le *champ magnétique toroïdal* B_T est créé par une série de bobines extérieures disposées régulièrement le long de l'axe du tore et sert à « rigidifier » l'ensemble plasma-champ magnétique. La condition de stabilité qui lie B_{pol} et B_T s'écrit :

$$q(r) = \frac{r}{R} \frac{B_T}{B_{pol}(r)} \geqslant 1$$

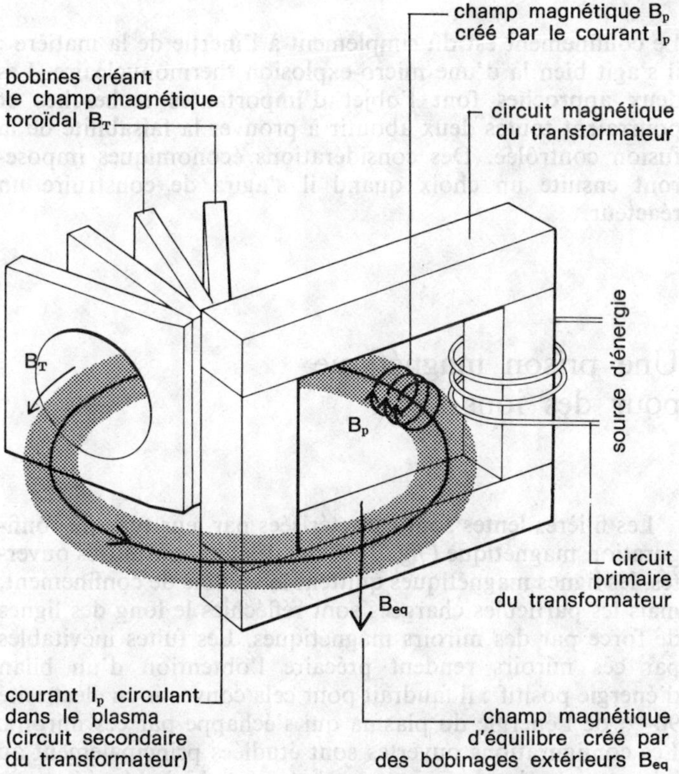

où r est la coordonnée radiale du petit rayon ($r \geqslant a$). B_{pol} (r) dépend en effet de la distribution radiale du courant I_p dans le plasma, qui est mal connue parce que très difficile à mesurer.

En faisant des hypothèses pessimistes sur cette distribution, on montre que la condition de stabilité au centre q (O) = 1 est respectée si la valeur de q (a) au bord du plasma est supérieure à une valeur qui est de l'ordre de 3.

q (a), appelé facteur de sécurité, est un paramètre important des tokamaks. Il indique la marge de sécurité que l'on prend pour assurer le respect d'une condition de stabilité essentielle. Les tokamaks travaillent généralement avec un facteur de sécurité au bord du plasma q (a) $\simeq$ 3.

Le confinement est dû simplement à l'inertie de la matière ; il s'agit bien là d'une micro-explosion thermonucléaire. Les deux approches font l'objet d'importantes recherches et pourraient toutes deux aboutir à prouver la faisabilité de la fusion contrôlée. Des considérations économiques imposeront ensuite un choix quand il s'agira de construire un réacteur.

Une prison magnétique pour des ions

Les filières lentes sont caractérisées par leur type de configuration magnétique (*fig. 1*). Dans les configurations ouvertes, les lignes magnétiques quittent le volume de confinement, mais les particules chargées sont réfléchies le long des lignes de force par des miroirs magnétiques. Les fuites inévitables par ces miroirs rendent précaire l'obtention d'un bilan d'énergie positif : il faudrait pour cela convertir en électricité 90 % de l'énergie du plasma qui s'échappe par ces miroirs. Les configurations ouvertes sont étudiées principalement au laboratoire de Livermore, aux États-Unis (expériences 2XIIB et Baseball II), et plus modestement en URSS à l'Institut Kurchatov. Quoiqu'elles ne puissent probablement jamais produire de l'énergie avec un bilan favorable, elles peuvent peut-être constituer une source considérable et peu coûteuse de neutrons de 14 MeV.

Dans les configurations fermées, les lignes de champ magnétique restent enfermées dans le volume de confinement. Les lignes de force ne sont pas fermées individuellement mais forment des surfaces magnétiques qui ont la topologie de tores emboîtés. Pour s'échapper de cette géométrie, les particules doivent diffuser à travers les lignes de force magnétique, et la théorie montre que le temps de diffusion est long. En pratique, dans un appareil de taille raisonnable, les exi-

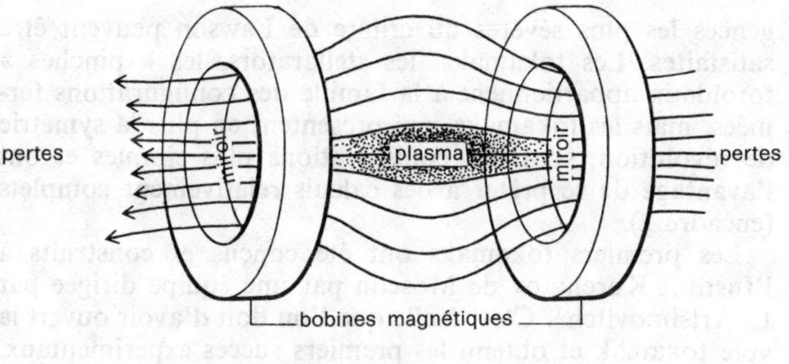

1 A. CONFIGURATION OUVERTE

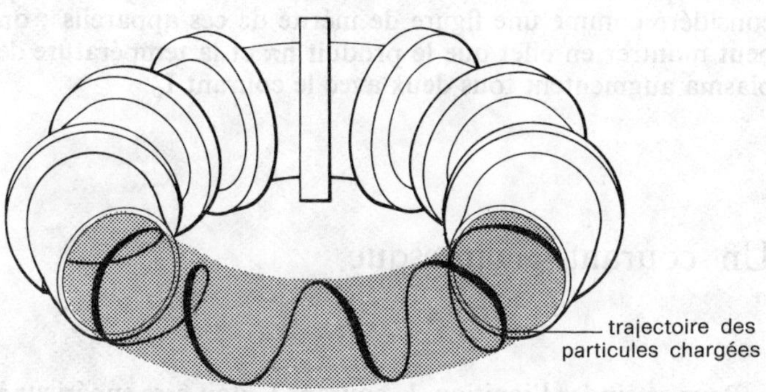

1 B. CONFIGURATION FERMEE

Fig. 1. Les trajectoires des particules individuelles sont en première approximation des hélices enroulées autour des lignes de forces magnétiques. Dans les configurations ouvertes (1A), ces lignes sortent du volume de confinement. Les particules sont réfléchies dans des régions où le champ magnétique est plus intense. Ces configurations sont généralement appelées configurations à miroirs magnétiques. Dans les configurations fermées (1B), les lignes de forces magnétiques ne quittent pas le volume de confinement. Ce sont des hélices enroulées sur des tores emboîtés les uns dans les autres. Pour s'échapper de cette configuration, les particules ne peuvent que diffuser perpendiculairement aux lignes de forces. En l'absence d'instabilités, cette diffusion est lente.

gences les plus sévères du critère de Lawson peuvent être satisfaites. Les tokamaks, les stellarators, les « pinches » toroïdaux appartiennent à la famille des configurations fermées, mais les tokamaks, qui présentent en plus la symétrie de révolution, sont des configurations plus simples et ont l'avantage de se prêter à des calculs relativement complets (encadré 2).

Les premiers tokamaks ont été conçus et construits à l'Institut Kurchatov de Moscou par une équipe dirigée par L. Artsimovitch[1]. C'est à elle que l'on doit d'avoir ouvert la voie tokamak et obtenu les premiers succès expérimentaux. Actuellement, on compte environ vingt tokamaks en fonctionnement ou en construction dans le monde. Le tableau p. 202 présente les caractéristiques de quelques tokamaks, classés par ordre d'importance du courant de plasma I_p, considéré comme une figure de mérite de ces appareils : on peut montrer en effet que le produit $n\tau$ et la température de plasma augmentent tous deux avec le courant I_p.

Un courant gigantesque

Pour atteindre l'ignition, le courant I_p doit être supérieur à une valeur critique I_{pc}. Dans l'hypothèse où les pertes par diffusion sont normales (voir encadré 3) dans un plasma non pollué, cette valeur est de 1,5 MA (1 MA = 10^6 A). En pratique, il est nécessaire de prévoir des courants plus importants pour tenir compte des anomalies de pertes par diffusion, et du taux d'impuretés, difficile à évaluer. Un réacteur thermonucléaire devrait ainsi attendre 10 à 15 MA suivant les évaluations actuelles. La manipulation de telles quantités d'énergie et de puissance électriques est en principe possible,

1. Première publication sur le tokamak (et sur les autres configurations) : *Comptes rendus de la 2e Conférence internationale sur les utilisations pacifiques de l'énergie atomique*, 31 et 32, Genève, 1958.

mais la récupération de l'énergie de fusion pose des problèmes technologiques difficiles, qui présentent beaucoup de points communs avec ceux des réacteurs de fission à neutrons rapides.

Le tokamak TFR, réalisé au Centre d'études nucléaires de Fontenay-aux-Roses dans le cadre de l'association Euratom-CEA sur la fusion (*fig. 2*), est bien dans le peloton de tête quant aux performances actuelles : le courant I_p atteint 0,4 MA, la température ionique 1,2 keV (en hydrogène) et la température électronique entre 2 et 3 keV, le temps de confinement de l'énergie de plasma pour des densités moyennes de 5.10^{13} cm^{-3} est compris entre 0,025 et 0,030 seconde, le courant circulant au total pendant environ 0,4 seconde à chaque « décharge[1] ». Dans cette plage de densités optimales comprises entre 10^{13} et 10^{14} cm^{-3}, le plasma reste macroscopiquement stable et ne présente pas de fortes instabilités microscopiques si le facteur de sécurité q reste supérieur à 5 (encadré 2). Pour des valeurs inférieures, comprises entre 3 et 5, le temps de confinement de l'énergie des électrons est anormalement bas. Des mesures aux rayons X nous ont montré la présence d'une turbulence à l'intérieur du plasma, mais la relation entre ces phénomènes n'est pas encore expliquée. Par ailleurs, le taux d'impuretés encore trop élevé n'augmente pas notablement au cours de la décharge. Cela semble indiquer que l'ensemble des impuretés est injecté dans le plasma durant la phase d'établissement du courant. C'est sur cette phase, au cours de laquelle la configuration magnétique n'est pas encore établie, que devront porter les efforts pour diminuer l'effet des impuretés.

1. Travaux récents sur TFR : équipe TFR, *Neutres atomiques et Impuretés dans TFR*, et *Décharges à fort courant dans TFR*, IAEA - CN 33/A 6-1 et A 6-2, conférence de Tokyo, novembre 1974 ; P. Launois, *7th European Conference on Controlled Fusion and Plasma Physics*, Lausanne, septembre 1975 (invited paper).

Comment chauffer sur le plasma...

Actuellement, dans les expériences tokamak, le chauffage du plasma est obtenu par l'effet Joule du courant Ip (chauffage ohmique), Malheureusement, la condition de stabilité $q > 2\text{-}3$ impose une valeur limite au courant, et l'efficacité du chauffage ohmique diminue quand la température augmente. De plus, l'énergie est fournie aux électrons, qui doivent ensuite en transférer une partie aux ions par collision. Si l'on compare ce chauffage ohmique aux pertes (encadré 3), on constate que la température électronique sera limitée aux environs de 3 keV et que la température ionique ne dépassera pas 2 keV.

Une fois la température d'ignition atteinte, les réactions de fusion produiront des particules α de 3,5 MeV en quantité suffisante pour devenir la composante dominante de chauffage, les neutrons s'échappant sans interaction avec le plasma. Cependant, pour atteindre l'ignition, il sera nécessaire d'utiliser des chauffages additionnels[1] (voir *fig. 3*).

Une méthode très prometteuse consiste à injecter dans le plasma des faisceaux d'atomes (H, D, T) ou d'amas d'atomes (les granions) de grande énergie ($\simeq$ 100 keV). Les atomes sont ionisés par le plasma, puis les ions ainsi créés sont capturés dans la configuration magnétique et cèdent leur énergie par collision aux ions moins énergiques du plasma. La méthode a été utilisée avec succès d'abord en Grande-Bretagne (expérience CLEO) et aux États-Unis (expériences ST, ATC, ORMAK) et ensuite en France, sur l'expérience TFR où l'on a augmenté en juillet 1975 la température ionique de 200 eV, en injectant une puissance de 150 kW dans le plasma. La puissance injectée est actuellement portée à 300 kW, et les expériences sont en cours.

1. Sur les chauffages additionnels, voir : *Symposium on Plasma Heating in Toroïdal Devices*, Varenna (Italie), 1974, publication IAEA, Vienne.

Fig. 2. L'association Euratom-CEA sur la fusion a regroupé l'essentiel de ses activités sur la voie tokamak. La photographie représente l'appareil TFR construit entre 1970 et 1973 au Centre d'études nucléaires de Fontenay-aux-Roses. C'est actuellement le tokamak le plus performant en fonctionnement dans le monde. (I_p = 0,4 méga-ampère.)

On assiste actuellement à la naissance d'un programme commun aux laboratoires de fusion des associations Euratom-CEA et Euratom-UKAEA visant à développer les injecteurs plus puissants requis par la nouvelle génération des tokamaks. Cette méthode se classe actuellement en tête des chauffages additionnels.

On peut également chauffer le plasma en lui appliquant des champs électriques oscillants qui fournissent de l'énergie aux particules par des effets de résonance à certaines fréquences caractéristiques : par exemple, fréquence hybride inférieure (0,75 GHz), fréquences cyclotroniques ioniques (40-100 MHz), fréquence du pompage magnétique par temps de transit (0,1-1 MHz). Le développement des télécommunications a permis l'apparition sur le marché de sources d'énergie importantes à plusieurs de ces fréquences, mais il faut améliorer le couplage de l'onde électromagnétique au plasma, sans introduire d'antennes polluantes. En France, l'étude de ces méthodes constitue l'essentiel du programme du laboratoire de Grenoble de l'association Euratom-CEA (expériences tokamak Petula et stellarator Wega). Le chauffage par champs HF aux fréquences cyclotrons ioniques et son premier harmonique est actuellement en cours d'installation sur TFR.

Enfin, dans une chambre torique de grandes dimensions, on peut créer initialement un tore de plasma dont le grand rayon est supérieur au grand rayon de la chambre et qui occupe donc la moitié extérieure de l'enceinte. En augmentant B_{eq}, l'une des composantes du champ magnétique (voir encadré 2), on comprime le grand rayon du plasma, qui vient alors occuper la moitié intérieure de la chambre. On réalise de la sorte une compression adiabatique qui permet un chauffage très rapide du plasma. Connue et utilisée depuis longtemps pour les configurations ouvertes, cette méthode a été expérimentée avec succès pour la première fois dans les configurations fermées sur le tokamak ATC de Princeton, aux États-Unis, en 1972.

... et maintenir sa température ?

Une fois résolu le problème du chauffage du plasma, il reste à *maintenir sa température* suffisamment longtemps : c'est là l'un des points les plus critiques pour l'avenir des réacteurs de fusion quasi stationnaires tels que les tokamaks. Le bombardement de la première paroi matérielle de l'enceinte à vide par le rayonnement et par les particules énergiques fuyant le plasma libère des atomes de la surface. Ceux-ci reviennent dans la décharge, où ils sont ionisés, et le rayonnement de raies qui s'ensuit refroidit considérablement le plasma (voir encadré 2).

Différentes techniques sont envisagées pour limiter le taux d'impuretés. La plus simple consiste à choisir une taille de machine suffisante pour « brûler » le combustible avant

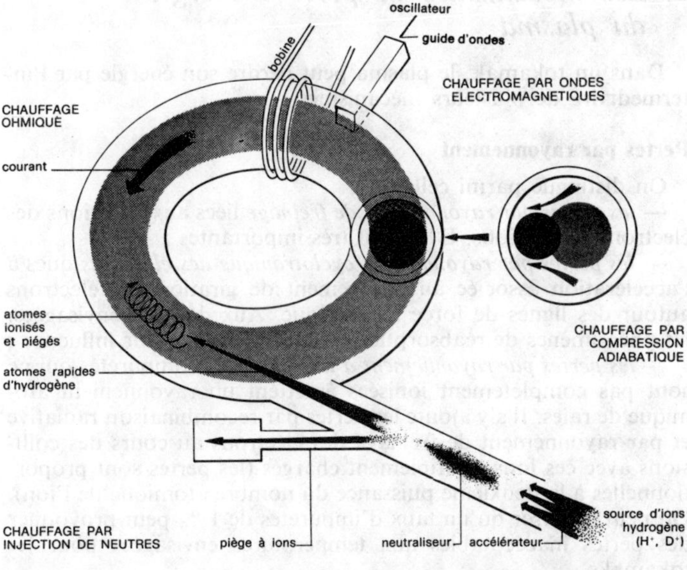

Fig. 3. Pour atteindre la température minimale à partir de laquelle le réacteur de fusion pourra fonctionner (température d'ignition), il faudra employer de puissants systèmes de chauffage du plasma. En dehors du chauffage par le courant lui-même (chauffage ohmique), on envisage d'utiliser essentiellement trois méthodes : l'injection d'atomes d'hydrogène très énergétiques qui seront ionisés et piégés dans le plasma, la compression adiabatique du plasma qui s'obtient en augmentant le champ magnétique d'équilibre, et enfin, l'absorption d'ondes électromagnétiques aux fréquences de résonance des ions du plasma.

d'atteindre une concentration rédhibitoire d'impuretés au cœur du plasma ; on recherche des matériaux de l'enceinte à faible nombre atomique (il faut se rappeler que les pertes par rayonnement de freinage des électrons sont proportionnelles à Z^2) et l'on interpose une couche de plasma tiède entre le plasma chaud et la paroi. Cette couche ralentit et pourrait même arrêter la diffusion des impuretés vers le cœur du plasma. La voie la plus élaborée consiste à éliminer au fur et à mesure la couche superficielle du plasma avant diffusion des impuretés vers le cœur. On élimine aussi de la sorte des

3. *Les mécanismes de perte d'énergie du plasma*

Dans un tokamak, le plasma peut perdre son énergie par l'intermédiaire de plusieurs mécanismes.

Pertes par rayonnement

On distingue parmi celles-ci :

— *les pertes par rayonnement de freinage* liées aux collisions des électrons sur les ions. Elles sont très importantes ;

— *les pertes par rayonnement cyclotronique des électrons* dues à l'accélération associée au mouvement de giration des électrons autour des lignes de force magnétique. Aux densités envisagées, les phénomènes de réabsorption devraient limiter leur influence ;

— *les pertes par rayonnement d'impuretés*. Les impuretés qui ne sont pas complètement ionisées émettent un rayonnement atomique de raies. Il s'y ajoute les pertes par recombinaison radiative et par rayonnement de freinage des électrons au cours des collisions avec ces ions multiplement chargés (les pertes sont proportionnelles à la deuxième puissance du nombre atomique de l'ion). On peut montrer qu'un taux d'impuretés de 1 % peut provoquer des pertes inacceptables aux températures envisagées pour les tokamaks.

Pertes par diffusion « normale »

Ces pertes sont liées aux collisions entre particules (particules d'une même espèce pour la conductibilité thermique et particules d'espèces différentes pour la diffusion du plasma). Dans des machines de grandes dimensions, ces pertes doivent jouer un rôle secondaire dans le bilan.

Pertes par diffusion « anormale »

Ces pertes traduisent la présence d'instabilités dont les échelles caractéristiques dans l'espace peuvent être beaucoup plus petites que les dimensions du plasma. Ces instabilités produisent une turbulence qui peut augmenter la diffusion dans des proportions considérables et par conséquent empêcher tout accroissement de la température du plasma et réduire son temps de confinement.

Pertes par échange de charge

Un ion « chaud » du plasma peut échanger sa charge avec un atome neutre « froid » provenant de la paroi et s'échapper de la

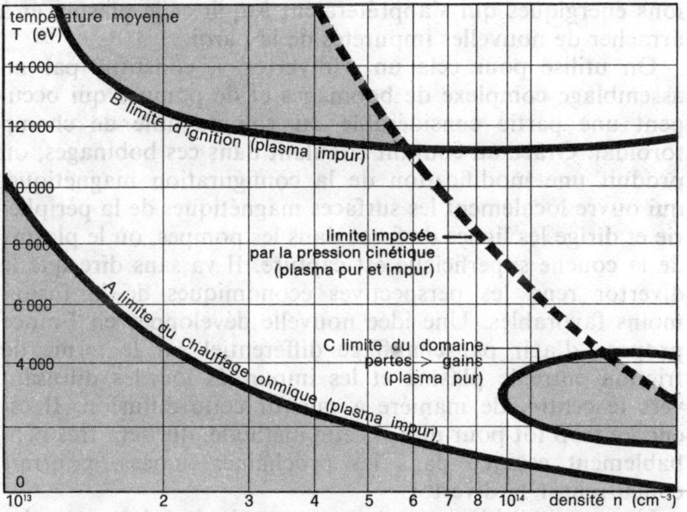

configuration. Dans les machines de grandes dimensions, ce phénomène reste localisé à la frontière du plasma, mais le neutre « chaud » peut arracher des atomes de la paroi qui viendront ensuite polluer le plasma.

Dans le plan (densité n × température moyenne T), on a représenté les courbes délimitant les domaines où le bilan global de puissance du plasma à l'état stationnaire est positif, en supposant une *diffusion normale* (cas idéal) avec une concentration *d'impuretés de fer de 0,3 %* groupées vers le centre du plasma. Le chauffage ohmique du plasma est limité (courbe A). L'ignition n'est possible qu'à haute température (12 keV) dans la région située au-dessus de la courbe B, où la puissance fournie par les particules α de fusion devient prépondérante. Le passage du domaine ohmique au domaine d'ignition ne peut se faire qu'à l'aide d'un chauffage additionnel d'une puissance estimée à une dizaine de mégawatts. Si le plasma était pur, le domaine où les pertes sont supérieures aux gains serait limité par la courbe C. Ce domaine, dont la surface est considérablement réduite, s'est déplacé vers les hautes densités. A l'aide du chauffage ohmique, on pourrait donc atteindre l'ignition (c'est-à-dire une température ionique d'env. 7 keV) dans une gamme de densité comprise entre 1 et $9.10^{13} cm^{-3}$, et cela sans recourir à un chauffage additionnel.

ions énergiques qui s'apprêteraient à quitter le plasma et à arracher de nouvelles impuretés de la paroi.

On utilise pour cela un « divertor », constitué par un assemblage complexe de bobinages et de pompes qui occupent une partie considérable du volume utile de champ toroïdal. Grâce au courant circulant dans ces bobinages, on produit une modification de la configuration magnétique, qui ouvre localement les surfaces magnétiques de la périphérie et dirige les lignes de force dans les pompes, où le plasma de la couche superficielle est capturé. Il va sans dire que le divertor rend les perspectives économiques de la fusion moins favorables. Une idée nouvelle développée en France propose d'agir par chauffage différentiel sur le terme de friction entre le plasma et les impuretés lourdes diffusant vers le centre, de manière à ralentir cette diffusion. Il est encore trop tôt pour dire si cette méthode, qui sera très probablement essayée dans les prochaines années, pourrait concurrencer le divertor.

Un autre problème important reste à résoudre : tous les tokamaks fonctionnent actuellement en régime « peu collisionnel », c'est-à-dire que la distance moyenne que parcourent les particules entre les collisions (le libre parcours moyen) est voisine des dimensions de l'enceinte. Les réacteurs thermonucléaires tokamaks seront en régime dit « sans collision », tel que le libre parcours moyen soit grand devant les dimensions de l'enceinte. On connaît mal les lois qui décrivent la transition entre les deux régimes, prévue théoriquement pour une température ionique voisine de 2 keV. Il est donc essentiel d'augmenter la taille des tokamaks et leur courant I_p pour mesurer directement les effets de cette augmentation sur la densité, la température et le temps de confinement du plasma.

Une large ceinture de lithium liquide

Lorsque l'ignition aura été atteinte en laboratoire, la fusion contrôlée sortira définitivement du domaine de la recherche pour entrer dans ce qu'on a coutume d'appeler le

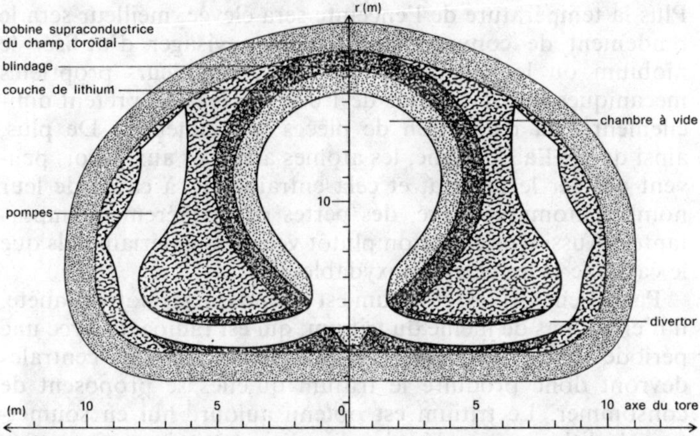

Fig. 4. Le laboratoire américain de Princeton a procédé à l'étude d'un éventuel réacteur à fusion de la filière tokamak (rapport MATT-1050). Le réacteur dont la coupe est esquissée ici devrait fournir 2 000 MW au réseau électrique (l'énergie nucléaire totale produite serait de 5 300 MW). La consommation journalière de lithium (nécessaire pour produire le tritium) s'élèverait à 1 kg, à prélever sur les 160 000 kg de la « couche ». Le refroidissement est assuré par une circulation d'hélium. Les parois de la chambre sont en acier inoxydable spécial. On remarquera le volume considérable occupé par le divertor, dispositif servant à éliminer la couche superficielle du plasma contenant les impuretés avant la diffusion de ces dernières vers le cœur du plasma.

développement. Placée devant un fait expérimental d'une telle importance, j'estime que la communauté technologique mondiale se devra d'augmenter le personnel et les crédits pour venir à bout des problèmes considérables auxquels il faudra apporter une solution avant d'accéder au domaine de la production fiable d'énergie électrique. Dans les divers projets de réacteurs actuellement à l'étude (un projet américain est schématisé sur la figure 4), un problème essentiel est celui du *choix des matériaux* de l'enceinte, qui doivent satisfaire de nombreuses conditions.

Les neutrons emportent 80 % de l'énergie libérée, qu'il faut convertir en chaleur pour actionner des turbogénérateurs classiques, qui produiront finalement de l'électricité.

Plus la température de l'enceinte sera élevée, meilleur sera le rendement de conversion. On peut envisager d'utiliser le niobium ou le vanadium, qui conservent leurs propriétés mécaniques bien au-dessus de 1 000 °C, mais se prêtent difficilement à la réalisation de pièces volumineuses. De plus, ainsi que je l'ai souligné, les atomes arrachés aux parois peuvent polluer le plasma, et cela entraînerait, à cause de leur nombre atomique élevé, des pertes particulièrement importantes. Aussi s'oriente-t-on plutôt vers des matériaux tels que le carbone et les aciers inoxydables.

Par ailleurs, si le deutérium est abondant sur notre planète, il n'en est pas de même du tritium, qui est radioactif avec une période de 12,6 années. Une fois démarrées, les centrales devront donc produire le tritium qu'elles se proposent de consommer. Le tritium est obtenu aujourd'hui en soumettant du lithium à un bombardement neutronique. On arrive donc naturellement à concevoir une circulation de lithium (ou d'un sel de lithium) entourant complètement l'enceinte du réacteur. Le rôle de cette couche serait d'une part de produire du tritium, et d'autre part de convertir l'énergie cinétique des neutrons en chaleur.

Pour fixer les idées, l'épaisseur de la couche de lithium pourrait atteindre le mètre. Si la production de tritium semble adéquate et s'il existe des procédés chimiques de séparation du tritium produit, la compatibilité du matériau de l'enceinte et du sel de lithium est plus délicate. Enfin, l'évacuation de la chaleur produite peut se faire par le lithium lui-même (mais la présence du champ magnétique impose des contraintes sévères aux mouvements de ce fluide), ou en utilisant un circuit réfrigérant parallèle.

Des compromis subtils...

Les matériaux du futur réacteur de fusion seront soumis à un flux important de neutrons plus énergiques que les matériaux des réacteurs de fission actuellement en fonctionnement. On peut donc prévoir d'une part une activation rapide et importante de ces matériaux de structure, et d'autre part une production d'hélium par réaction Ni (n, α) dans les aciers du réacteur, avec la fragilisation et les augmentations de volume qui en découlent. Là aussi, des compromis subtils devront être faits.

Une machine de cette taille doit être fiable. Comme elle sera soumise à des conditions d'utilisation sévères, il faut augmenter les marges normales de sécurité et réduire les contraintes dont on reste maître (par exemple, choisir des valeurs de champ magnétique faible et des tailles de machines importantes, plutôt que l'inverse).

Malgré tout, il est inévitable que des défauts apparaissent dans la première paroi et la couche de lithium, et une construction modulaire de ces parties exposées permettrait un remplacement télécommandé rapide du module défectueux (voir encadré 4 sur la sécurité).

Par ailleurs, une optimisation de la configuration magnétique sera nécessaire. Le champ poloïdal fixe les performances tandis que le champ toroïdal détermine le prix de la machine ; il est donc essentiel de connaître la valeur minimale du facteur de sécurité compatible avec la stabilité du plasma, ainsi que la valeur minimale du rapport entre le grand rayon et le petit rayon du tore, compatible avec les contraintes de construction et d'accessibilité. Seule l'expérience permettra de déterminer ces valeurs, qui sont critiques pour le fonctionnement éventuel d'un réacteur du type tokamak. De plus, pour une même valeur de B_{pol}, il semble préférable d'avoir des valeurs de B_T plus faibles (20-40 kg) et des rayons de plasma plus grands pour les raisons suivantes : rapport surface/volume du plasma plus favorable, efforts réduits dans les bobinages, densité d'énergie déposée sur les parois plus faible, et par conséquent flux d'impureté réduit.

Une fois le courant I_p établi dans l'anneau de plasma, le voltage nécessaire pour le maintenir est minime (quelques millivolts, parce que la résistance du plasma est très faible). Il est possible de maintenir ces voltages induits pendant des temps voisins d'une heure, temps après lequel il faudra de toute façon arrêter la décharge pour purger le plasma des « cendres » de la réaction (hélium de fusion et impuretés). Si

4. *Environnement et sécurité*

Les dangers principaux d'un réacteur de fusion basé sur la réaction deutérium-tritium sont liés à l'utilisation de quantités importantes de tritium d'une part et à la production de neutrons énergétiques d'autre part.

Le *tritium* présente un risque biologique dont il importe de poursuivre l'étude afin de pouvoir l'évaluer en pleine connaissance.

Toutes les techniques liées au cycle du tritium sont utilisées aujourd'hui dans les unités de production situées dans les centres militaires qui travaillent pour la bombe H. Il existe déjà par conséquent une grande expérience dont le secteur civil devrait pouvoir bénéficier dans l'avenir, mais peu d'informations sont disponibles actuellement. Ce radioélément est émetteur bêta (18 keV) de 12,4 ans de période qui, stocké, ne présente pas de danger. Sa manipulation contrôlée, sous forme d'élément gazeux, ne devrait pas poser de problèmes sérieux ; il faudra par contre éviter tout rejet sous la forme d'oxyde (HTO ou T_2O, l'eau tritiée). La contamination par l'eau tritiée affecte en effet le corps entier l'élimination naturelle se faisant avec une période de douze jours. Des résultats récents semblent cependant indiquer qu'une faible proportion du tritium absorbé dans le corps humain serait incorporée aux composants organiques et s'éliminerait alors avec une période pouvant atteindre et même dépasser 230 jours[1].

Les eaux qui risquent d'être contaminées par le tritium devront donc être contrôlées avant tout rejet vers le milieu extérieur. Cela aussi est déjà réalisé dans les centrales nucléaires à fission, qui peuvent produire jusqu'à quelques milliers de curies de tritium par an. Les locaux (dans lesquels aucun personnel ne serait autorisé à séjourner) devront être en légère dépression par rapport au monde extérieur ; ils seront équipés d'un système spécial de ventilation relié à une cheminée d'évacuation dont les caractéristiques dépendront du site et du climat. Le système devra pou-

1. Voir W. Seelentag, « Two cases of tritium fatality », présenté au symposium de Las Vegas, 1971.

voir fonctionner en circuit fermé dans le cas où il se produirait une émission accidentelle importante de tritium. Le tritium contenu dans l'atmosphère ambiante serait alors d'abord transformé en oxyde par combustion catalytique et ensuite extrait par dessication.

Les *neutrons énergiques*, qui produisent des éléments radioactifs lors de leur ralentissement dans les matériaux de structure du réacteur de fusion, feront de celui-ci un réacteur moins « sale » que son homologue de fission, mais dont la contamination radioactive est cependant comparable à moyen terme (dix années). Il est difficile d'évaluer quantitativement la différence, car si dans le réacteur de fission les déchets radioactifs sont associés principalement aux produits de fission sur lesquels on n'a aucune action, dans le réacteur de fusion il n'y a pas à proprement parler de déchets. Ce sont les matériaux de la structure, sur lesquels on conserve un choix limité, qui déterminent l'importance de la radioactivité induite. Si l'on choisit comme matériau d'enceinte le vanadium par exemple, le nombre de curies induits par watt d'énergie thermique produit est inférieur d'un ordre de grandeur à celui qui existe maintenant dans un réacteur de fission.

De plus, les matériaux activés du réacteur de fusion devront être stockés et protégés pendant des temps qui sont de l'ordre d'une centaine d'années, alors que les périodes longues des produits de fission et des actinides font du stockage quasi illimité (des milliers d'années) des déchets radioactifs des piles atomiques actuelles un problème beaucoup plus préoccupant.

Il importe également de remarquer que si les réacteurs de fission sont irrémédiablement sales, on peut espérer utiliser, dans un avenir plus lointain certes, la réaction de fusion
$D + {}^{3}He \rightarrow ({}^{4}He + 3{,}67\ MeV) + ({}^{1}H + 14{,}67\ MeV)$, qui ne fait pas intervenir le tritium et ne s'accompagne pas d'émission de neutrons aussi importante (il subsistera en effet en nombre bien réduit les neutrons de 2,45 MeV créés par la réaction de fusion D-D). Le rayonnement intense tombant sur les parois permettra dans ce cas la récupération de l'énergie de fusion.

Signalons enfin que la conversion en électricité de plusieurs gigawatts thermiques entraînera des rejets de chaleur importants, qui poseront les problèmes d'environnement déjà bien connus.

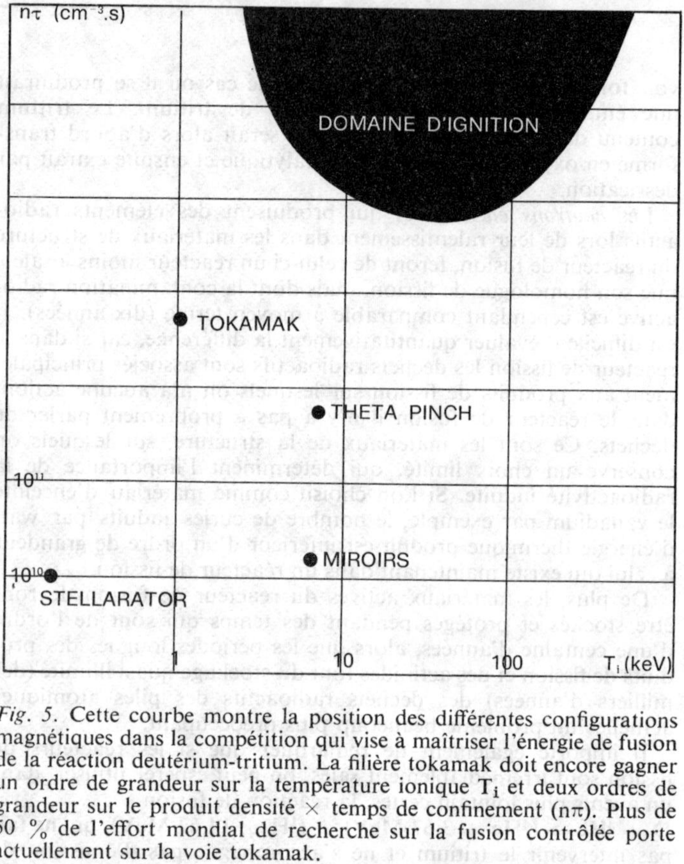

Fig. 5. Cette courbe montre la position des différentes configurations magnétiques dans la compétition qui vise à maîtriser l'énergie de fusion de la réaction deutérium-tritium. La filière tokamak doit encore gagner un ordre de grandeur sur la température ionique T_i et deux ordres de grandeur sur le produit densité × temps de confinement ($n\pi$). Plus de 50 % de l'effort mondial de recherche sur la fusion contrôlée porte actuellement sur la voie tokamak.

l'on veut maintenir une production d'énergie thermique constante, il importe que cet arrêt soit court (quelques minutes), afin de pouvoir l'amortir grâce à l'inertie thermique de la couche de lithium. Il est admis que seul l'emploi de bobinages supraconducteurs assurera la rentabilité du réacteur.

Il faut souligner que tout ce qui précède s'applique aux

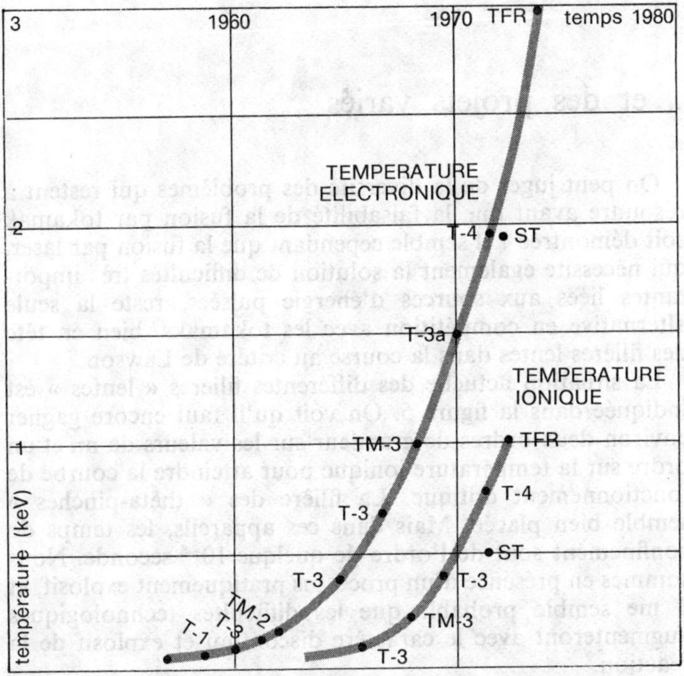

Fig. 6. La température électronique et la température ionique maximales atteintes dans un tokamak ont beaucoup augmenté depuis l'ouverture de cette voie par des physiciens russes en 1956. TFR est le tokamak français (voir *fig. 4*), ST le premier tokamak américain, et les autres points correspondent aux expériences soviétiques.

plasmas à section circulaire. Plusieurs tokamaks en construction (cités plus loin) auront une section elliptique pour laquelle la théorie prévoit des performances bien meilleures[1]. Le grand axe de l'ellipse serait alors parallèle à l'axe du tore pour des raisons économiques, mais il faudra optimiser la configuration pour éviter de compliquer l'équilibre du plasma et d'augmenter considérablement le champ B_{eq} qui assure cet équilibre.

... et des projets variés

On peut juger de la diversité des problèmes qui restent à résoudre avant que la faisabilité de la fusion par tokamak soit démontrée ! Il semble cependant que la fusion par laser, qui nécessite également la solution de difficultés très importantes liées aux sources d'énergie pulsées, reste la seule alternative en compétition avec les tokamaks, bien en tête des filières lentes dans la course au critère de Lawson.

La situation actuelle des différentes filières « lentes » est indiquée dans la figure 5. On voit qu'il faut encore gagner environ deux ordres de grandeur sur les valeurs de $n\pi$ et un ordre sur la température ionique pour atteindre la courbe de fonctionnement critique. La filière des « thêta-pinches » semble bien placée. Mais dans ces appareils, les temps de confinement sont de l'ordre de quelque 10^{-5} seconde. Nous sommes en présence d'un processus pratiquement explosif, et il me semble probable que les difficultés technologiques augmenteront avec le caractère discontinu et explosif de la réaction.

L'accroissement de la température atteinte (*fig. 6*) illustre de manière spectaculaire les progrès réalisés dans la voie tokamak au cours de ces dernières années. En dépit des problèmes qui restent à résoudre, il est raisonnable de penser que des progrès significatifs vers le réacteur thermonucléaire seront obtenus au cours des dix prochaines années : les prévisions budgétaires prévoient de consacrer aux tokamaks plus de 50 % des ressources disponibles en Europe, en Union soviétique et aux États-Unis.

Le tableau de la page 202 situe les résultats prévus pour les années quatre-vingts : on obtint en 1976 des résultats de PLT (États-Unis) et T-10 (URSS) sur le régime sans collisions et sur les chauffages additionnels; en 1979, les résultats de

1 J. Schluter, E. Hintz, *Comments on Plasma Physics and Controlled Fusion*, 1, 1972, p. 143.

PDX (États-Unis) et d'ASDEX (Allemagne fédérale) permirent d'établir le bilan global du concept « divertor ». Par ailleurs, pour étudier les avantages de l'ellipticité, les Américains ont construit une machine fortement elliptique de grande taille (Doublet III Ip : 2 500 kA) qui devait fonctionner en 1978. Des projets moins importants sont étudiés au Japon et en France pour confirmer les premiers résultats positifs obtenus sur Doublet II, de taille plus modeste.

Un réacteur expérimental en 1990 ?

Les recherches sur la fusion contrôlée par confinement magnétique sont actuellement menées dans la communauté européenne par les organismes nationaux en association avec Euratom. On compte au total neuf associations qui occupent 700 physiciens et ingénieurs et qui ont consacré environ 250 millions de francs annuellement à ces recherches entre 1970 et 1974. Par ordre d'importance décroissante, les principales associations sont situées en Allemagne (à Garching, près de Munich, avec la société Max Planck), en Grande-Bretagne (à Culham, près d'Oxford, avec l'Atomic Energy Authority) et en France (à Fontenay-aux-Roses et à Grenoble, avec le Commissariat à l'énergie atomique). Ces trois associations disposent de 75 % du budget total.

Une équipe internationale de cinquante personnes réunie en Grande-Bretagne depuis septembre 1973 a reçu mission de concevoir une grosse machine du type tokamak (figure en tête d'article). Ce projet baptisé JET *(Joint European Torus*[1]*)* est en cours de réalisation à Culham au Royaume-Uni, est caractérisé essentiellement par un courant de plasma important qui pourrait atteindre 4,8 MA, une géométrie de tore « trapu » optimale pour le rapport budget/performances, et une forme des bobines en D qui, en réduisant les contraintes de flexion, fait bénéficier la machine d'une

1. *The Jet Project*, rapport EUR-JET R-7, CCE, 1975 ; *The Jet Project Design Proposal*, rapport EUR-JET R-5 à paraître.

	I_p (kA) courant décharge	R (cm) grand rayon du tore	a (cm) rayon plasma a × b (section elliptique)	B_T (kG) champ magnétique toroïdal	Date prévue de fonctionnement
En fonctionnement					
TM3 (URSS)	80	40	8	40	
Pulsator (RFA)	80	70	12	28	
Cleo-Tok (GB)	150	90	18	20	
Alcator (USA)	160	54	10	60 (100)	
JFT 2 (Japon)	180	90	28	10	
Doublet II (USA)	320	59	12 × 15	10	
ORMAK (USA)	340	80	23	25	
T4 (URSS)	350	100	17	50	
TFR (France)	400	98	20	60	
En construction					
Dite (UK)	280	112	23	28	1975
T 10 (URSS)	800	150	35	50	1975
FT (Italie)	1 000	83	21	100	1975
PLT (USA)	1 400	130	45	45	1975
Doublet III (USA)	2 500 (5 000)	140	45 × 150	26 (42)	1979
En projet					
TFTR (USA)	2 500	248	85	52	1980
JET (projet européen)	2 600 (4 800)	296	125 × 210	28(34,5)	1980
T20 (URSS)	6 000	500	200	35	1983

Caractéristiques des principaux tokamaks en fonctionnement ou en projet. Les valeurs entre parenthèses correspondent aux performances maximales de la machine (obtenues par adjonction de sources d'énergie supplémentaires), compte tenu, pour la valeur du courant I_p, de l'effet bénéfique prévu par la théorie et dû à l'ellipticité de la section du plasma.

ellipticité modérée. Six sites ont été offerts pour sa construction. Le site de Culham en Angleterre a été retenu après de longues tractations. Bien que ce soit avant tout une expérience de physique, le projet JET englobe des problèmes que les physiciens du plasma, plongés depuis vingt ans dans la lutte contre les instabilités, avaient un peu perdus de vue. Il importe donc de favoriser dès maintenant une collaboration étroite entre les équipes « fusion » bien au courant de la physique du plasma chaud, les équipes « fission », coutumières de la technologie des réacteurs nucléaires, et les équipes de recherche de certaines industries spécialisées. En effet, il ne faut pas perdre de vue que la solution de ces problèmes technologiques par les seuls États-Unis ou l'URSS risque d'entraîner une circulation de plus en plus limitée de l'information. Libérée du secret militaire il y a vingt ans, la fusion contrôlée peut tomber dans le secret industriel au cours de l'actuelle décennie.

Par ailleurs, on doit constater que les contributions majeures au progrès des recherches sont principalement dues aux laboratoires qui ont concentré beaucoup d'efforts sur une filière. Les États-Unis ont d'ores et déjà réorganisé leur programme dans cette optique, et si jusqu'à présent leurs budgets étaient comparables aux nôtres dans le domaine du confinement magnétique, l'accélération des recherches aux États-Unis risque de bouleverser considérablement cet équilibre.

A mon avis, il n'est de réussite possible pour l'Europe que dans une mise en commun des ressources autour d'un programme centré sur quelques objectifs bien définis, et le projet JET en constitue indubitablement un exemple bien choisi. Sa mise en service en 1980 au même moment que le TFTR américain, suivie en 1983 par celle du T 20 soviétique, doit apporter des réponses décisives sur le futur du réacteur tokamak. Dans l'hypothèse où les résultats en seraient satisfaisants, on pourrait donc concevoir le premier réacteur expérimental vers 1990.

POUR EN SAVOIR PLUS

C. Etievant. *L'Énergie thermonucléaire*, Paris, PUF, coll. « Que sais-je? ». Une introduction intéressante aux problèmes. Pour tous.

J. Emmett, « Fusion power by laser implosion ». *Scientific American*, juin 1974. Le point sur la fusion rapide. Pour tous.

L. Artsimovich, *Les Configurations magnétiques fermées*, Paris, PUF, « Bibliothèque des sciences et techniques nucléaires », 1969. Cycle de conférences faites par le « père » des tokamaks. Pour spécialistes.

R.G. Mills (éd.), *A Fusion Power Plant* (une centrale nucléaire de fusion), rapport MATT-1050, Plasma Physics Laboratory, Princeton University, 1974. Une étude très complète des problèmes posés par les réacteurs éventuels de la filière tokamak. Pour spécialistes.

Glossaire de physique des plasmas, domaine de la fusion thermonucléaire contrôlée, CCE, Bruxelles. Contient la définition des principaux termes avec les figures correspondantes.

F.L. Ribe, « Fusion reactor systems », *Review of Modern Physics*, 47, 1, janvier 1975; H.P. Furth, « Tokamak review », *Nuclear Fusion*, 15, 3, 1975. Ces deux articles sont des revues complètes de tous les problèmes. On y trouvera une abondante bibliographie.

La Recherche, mars 1976

3

Les énergies nouvelles

Parmi les énergies nouvelles, ou plutôt les énergies non conventionnelles, l'énergie solaire tient la place centrale. Deux raisons à cela : la première est que, si l'on met à part l'énergie géothermique, toutes les énergies renouvelables ont pour source initiale l'énergie que le Soleil rayonne sur la Terre.

Le Soleil chauffe la Terre et les océans et l'atmosphère qui, soumis à des variations de température, sont le siège des vents et des pluies. On tentera de récupérer l'énergie éolienne, celle des vagues, l'énergie hydro-électrique.

Le rayonnement électromagnétique du Soleil nourrit la photosynthèse des plantes qui forment une biomasse sans cesse renouvelée dont on récupère l'énergie depuis toujours en brûlant du bois, ou depuis peu en transformant les plantes en alcool.

L'énergie marémotrice même, engendrée par le mouvement relatif de la Lune, de la Terre et du Soleil, n'existe que grâce à l'acteur primordial du système solaire.

De nombreux auteurs classent donc sous la rubrique « solaire » l'ensemble très divers de ces formes d'énergie. L'Administration française en a fait autant en chargeant le Commissariat à l'énergie solaire d'animer les recherches dans tous ces domaines. C'est un mode de présentation pratique que nous adoptons ici.

La seconde raison de la vogue du solaire est que sa récupération directe — qu'elle soit thermique ou photovoltaïque — pour la production d'électricité — véhicule désormais indispensable de l'énergie — apparaît comme l'une des meilleures solutions de substitution au nucléaire. Dans tous les pays industrialisés les chercheurs tentent de relever ce défi.

C'est aux travaux sur la conversion thermique et photovol-

taïque que nous donnerons la plus grande place ici. Bien que l'utilisation de la biomasse soit à l'horizon de l'an 2000 la source d'énergie solaire qui probablement se développera le plus vite, un seul exemple est donné, celui de la transformation de la paille, par combustion ou par distillation en alcool. Les recherches françaises dans ce domaine ont pris quelque retard par rapport aux pays mieux dotés en couvertures végétales comme le Brésil, dont le programme de production d'alcool d'origine végétale est très avancé.

Nous ne ferons qu'évoquer la fabrication de gaz pauvre (gaz de fumier dont les cuves de fermentation équipent déjà des milliers de villages indiens ; gazogènes brûlant des déchets de bois tropicaux).

Nous ne traiterons pas non plus de l'énergie marémotrice dont la technique est bien connue depuis la réalisation du barrage de la Rance. En France un seul site nouveau peut être équipé pour produire de la « houille verte » : c'est le barrage de la baie du Mont-Saint-Michel jusqu'aux îles Chausey : il pourrait produire 25 GWh en créant un bassin de 700 km² par une digue de 40 km de long. Mais son gigantisme fait hésiter les pouvoirs publics depuis que le projet a été formalisé... en 1945. Le projet britannique de la Severn, le projet canadien de la baie de Fundy, ou les projets argentins soulèvent les mêmes interrogations sur leur rentabilité.

Quant à l'énergie thermique des mers, malgré les échecs de Claude en 1930, elle soulève à nouveau l'intérêt des chercheurs.

Les Américains ont lancé le programme futuriste OTEC (Ocean Thermal Energy Conversion) qui bénéficie d'un financement égal au quart de l'effort des États-Unis dans le solaire « direct ». La France tentera en 1983 une expérience plus modeste dans les eaux polynésiennes.

Examinons tout d'abord ce qui, au milieu de 1980, était fait en France, pour promouvoir l'énergie solaire.

L'énergie du Soleil

1. L'énergie solaire en France à l'horizon 2000

Paul J. Antony

L'énergie solaire est à la mode, mais que fait-on pour la développer? Cette nouvelle énergie restera sans doute assez marginale dans le bilan énergétique français, puisque le conseil interministériel du 14 février 1979 a prévu qu'elle ne couvrirait que 5 % des besoins énergétiques de la France en l'an 2000. Elle peut par contre devenir rapidement une manne pour les pays qui auront accès les premiers aux marchés des nations en voie de développement, situées pour la plupart dans des régions à fort ensoleillement. Les industriels l'ont bien compris et une véritable course est engagée pour mettre au point des technologies ou des équipements adaptés à l'exportation. De leur côté, les grands organismes de recherches participent au développement de quatre filières privilégiées par la politique française d'énergie solaire.

Le 23 juin, jour le plus long de l'année, solstice d'été et nuit de la Saint-Jean, a été proclamé en France « jour du Soleil » par un Comité national réunissant des personnalités, et organismes officiels, des collectivités locales, des industriels, des économistes et des associations écologiques, à l'initiative de l'Association Espaces pour demain [1].

Cette action, qui s'inspire d'une manifestation analogue (Sun Day), organisée le 1er mai 1978 aux États-Unis avec le patronage du président Jimmy Carter, a pour objectif de « réunir les bonnes volontés » afin de « faire connaître l'énergie solaire et favoriser sa mise en œuvre » dans l'espoir

1. Association Espaces pour demain, 7, rue du Laos, 75015 Paris.

Les 63 miroirs solaires d'Odeillo réfléchissent le rayonnement solaire sur un miroir parabolique qui à son tour concentre le faisceau lumineux sur le four solaire. C'est en 1949 que les recherches sur l'énergie solaire ont commencé dans la citadelle de Mont-Louis, en 1952 que fut créé le laboratoire propre du CNRS, en 1970 enfin que le four solaire de 1 000 KW devint opérationnel. Il permet d'effectuer toutes les études de matériaux à très hautes températures, mais aussi toutes les recherches pilotes conduisant au développement de fours solaires simplifiés, de centrales thermo-solaires... (Cliché CNRS.)

d'une « vigoureuse relance de la recherche, des investissements industriels et de l'intérêt public ».

Une vingtaine de grandes entreprises et de ministères financent les concours, colloques, séminaires et expositions organisés dans une quinzaine de villes de France, ainsi que les visites des plus spectaculaires réalisations solaires dans l'habitat[1].

Les promoteurs du « jour du Soleil » veulent ainsi « prendre un pari conscient sur l'horizon 2000 » !

Le Soleil à portée de la main

Le gouvernement aussi a fait le pari de limiter la dépendance énergétique de la nation envers l'étranger ; la production énergétique dépend en effet, aux trois quarts, des approvisionnements étrangers. Sur 178,4 millions de tonnes équivalent pétrole (TEP) consommées en 1977, la France n'a produit que 46,7 millions TEP[2].

« Si nous ne nous mobilisons pas rapidement, concluait André Demargne, ancien président de l'Union des chambres syndicales de l'industrie pétrolière, auteur d'un rapport au Conseil économique et social, la dépendance énergétique de notre pays sera encore supérieure à 60 % en 1990. »

Au début de l'année 1979, le gouvernement de Valéry Giscard d'Estaing a pris coup sur coup deux mesures importantes en matière d'énergie.

La principale est une accélération du programme électronucléaire français — décidée en Conseil restreint à l'Élysée le 6 février 1979 — avec pour objectif, ambitieux, de satisfaire environ 25 % des besoins d'électricité en 1985.

L'autre décision, approuvée en Conseil interministériel le 14 février 1979, est également une accélération du programme solaire ; elle est cependant beaucoup plus modeste puisqu'il

1. Crédit agricole, CGE, Pompes Guinard, Bertin, Saint-Gobain Pont-à-Mousson, EDF Solaire, Leroy-Somer, SEP / Solefil, Lemercier CFP, Pechiney - Ugine Kuhlmann, Communautés européennes, DATAR, COMES, et les ministères de l'Industrie, de l'Environnement et du Cadre de vie, de l'Économie, de l'Éducation, de la Jeunesse et des Sports, de la Culture et de la Communication.

2. Dont : charbon (17,4 millions TEP), énergie hydro-électrique (16,7 M.TEP), gaz (7 M.TEP), nucléaire (3,8 M.TEP) et pétrole (1,8 M.TEP).

ne s'agit de couvrir que 1 % des besoins énergétiques nationaux en 1985[1] et 5 % des besoins en l'an 2000.

Dans vingt ans, le bilan énergétique français devrait alors officiellement avoisiner les 350 millions TEP. D'après les prévisions du Commissariat à l'énergie solaire (COMES) pour l'an 2000, la géothermie pourrait assurer 1,4 million TEP, mais c'est l'énergie solaire qui apportera la contribution majeure avec 15,6 à 17,6 millions TEP. L'essentiel de cette manne, 10 à 12 M.TEP, sera fourni par l'exploitation de la biomasse (3 à 5 M.TEP par les déchets agricoles et 7 M.TEP par la valorisation du bois combustible) ; l'habitat solaire (eau chaude et chauffage) intervenant pour 5,3 M.TEP, le reste se partageant entre l'électricité solaire (0,25 M.TEP) et l'énergie éolienne (0,05 M.TEP) dont on fait encore très peu de cas, alors qu'il n'y a plus qu'à industrialiser la technique.

A condition d'entreprendre un ambitieux programme de « solarisation » de l'habitat et d'exploitation systématique de la biomasse, très délaissée jusqu'à présent, on pourrait atteindre déjà 7 millions TEP/an dans dix ans. Ce qui représenterait une économie de l'ordre de 3 milliards F sur les importations d'énergie ! Mais la priorité, en cette fin de siècle, reste l'énergie nucléaire. Tout au moins pour les besoins intérieurs. Car les centrales nucléaires s'avèrent difficiles à exporter, notamment par les implications de la politique internationale de non-prolifération des armements nucléaires.

L'énergie solaire, considérée au contraire comme marginale pour les besoins domestiques français (ne serait-ce qu'en raison des énormes investissements consentis à l'électronucléaire), permet par contre d'exporter plus facilement des équipements, et certaines technologies simples, dans les pays dépourvus d'autres sources d'énergie.

C'est ainsi que Maurice Lévy, professeur de physique théorique et des hautes énergies à l'université de Paris, consul-

1. La prévision de consommation nationale d'énergie pour 1985 a été récemment révisée en baisse : de 265 millions TEP (prévisions du VIIe Plan) à 230 M. TEP, ce qui a réduit les économies d'énergie à réaliser de 45 millions TEP à seulement 35 M. TEP, objectif qui malgré tout ne semble pas devoir être atteint.

tant principal du programme de l'université des Nations unies sur l'utilisation et la gestion des ressources naturelles, estime qu'il est « peu probable que l'énergie solaire puisse couvrir plus de 5 % de la demande totale en énergie des pays industrialisés », et cela dans « quinze ou vingt ans seulement ». Mais, « le problème est tout différent dans les pays en voie de développement où l'énergie solaire peut aider très vite à élever le niveau de vie des milliers de petits villages qui n'ont pratiquement aucun accès à des sources d'énergie, sauf les résidus animaux et le bois ». Conjuguée à d'autres sources d'énergie comme la fermentation de certaines récoltes, le gaz de fermentation et l'hydro-électricité, l'énergie solaire pourrait être utilisée pour le chauffage, la cuisine, l'irrigation, le dessalement de l'eau, l'éclairage domestique ou le fonctionnement de petites industries. L'université des Nations unies prépare d'ailleurs des opérations de ce type en Iran et en Algérie.

Pour mettre en œuvre la nouvelle politique d'énergie solaire, la France mise sur quatre « filières » dont chacune sera « développée selon des méthodes spécifiques », a précisé le ministre français de l'Industrie, André Giraud, pour « atteindre rapidement le seuil de rentabilité [1] ». Les filières françaises seront :

— le *biomasse* ou valorisation énergétique des produits agricoles et forestiers ;

— les *techniques photovoltaïques* et le *chauffage solaire de l'habitat* ;

— les *centrales thermodynamiques.*

Ces voies « privilégiées » sont inégalement créditées dans le budget solaire national qui se monte à 276 millions F dont 100 millions F pour le Commissariat à l'énergie solaire (COMES). La thermodynamique vient en tête pour financer la construction des deux premières centrales françaises à Targasonne et en Corse, suivie de près par le photovoltaïque et l'habitat solaire qui sont les deux marchés « les plus prometteurs en France, mais surtout au plan international », selon le ministre de l'Industrie. En ce domaine, a-t-il déclaré,

1. Voir *La Recherche*, n° 62, décembre 1975, p. 1076 et n° 84, décembre 1977, p. 1038.

Le budget solaire français

L'ensemble des crédits affectés pour 1979 en France à l'énergie solaire est de 276 millions F, soit un accroissement de 25 % sur 1978 (220 MF). Mais la subvention d'État s'élève seulement à 195,4 millions F, soit une augmentation de 14 % sur 1978 (171,7 MF) qui couvre à peine l'inflation (environ 10 %). Le budget solaire français serait donc pratiquement en stagnation s'il n'y avait les « ressources externes » provenant des Communautés européennes (15,8 MF), des Collectivités locales (30 MF) et de l'industrie (35 MF). Mais il faut noter que les crédits de la CEE représentent une « moyenne » du plan quadriennal en cours et que ceux des Collectivités locales et de l'industrie, le quart du budget national, sont en fait une « estimation » difficile à vérifier !

Par comparaison, sur la base des crédits publics (195,4 MF), on peut dire que la France consacre deux fois moins au solaire que le seul État de Californie (80 millions de dollars en 1979).

Le budget solaire total des États-Unis en 1979 est d'environ 750 millions de dollars (environ 3,5 milliards F) dont 547 millions de dollars fournis par le gouvernement fédéral (contre 402 millions de dollars en 1978), soit un accroissement de 36 % des crédits publics.

Si l'on rapporte la totalité de « l'effort solaire » des deux

« l'industrie française occupe une place de premier rang qu'elle doit conserver », et cela, malgré la concurrence très vive des autres pays industrialisés. La recherche et développement, qui absorbe environ 60 % de ces crédits, confirme les priorités précédentes.

La biomasse : source numéro un

« L'utilisation énergétique des produits agricoles et forestiers devrait jouer un rôle prépondérant parmi les applicapays à la population, directement intéressée par cette énergie « décentralisée », on constate que les États-Unis investissent proportionnellement trois fois plus que la France dans l'exploitation de cette nouvelle source d'énergie, malgré leur programme électronucléaire.

Notre voisin, l'Allemagne, qui bénéficie pourtant d'un ensoleillement légèrement moins favorable (1 000 kWh/m² contre 1 400 kWh/m² en France), consacre autant de crédits que la France à la Recherche et Développement cette année (76 millions DM), mais au moins deux fois plus en investissements (100 à 150 millions DM).

	Budget solaire national (1979)	*Recherche et développement (millions de F)*
Thermodynamique	85	72
Photovoltaïque	82	45
Habitat solaire	69	28
Biomasse	15	15
Fonctionnement COMES	15	
divers	10	5
	276	165

tions possibles de l'énergie solaire », déclare le ministre de l'Industrie : « La contribution de la biomasse dans nos bilans énergétiques à la fin du siècle pourrait atteindre 3 à 5 millions de TEP par l'apport des cultures spécifiques et la récupération des déchets végétaux (programme VEDA), à quoi s'ajouteraient 7 millions TEP provenant d'une utilisation systématique du bois comme combustible, soit au total 10 à 12 millions TEP sur les 17 à 19 millions TEP prévus à l'horizon 2000 ! »

Un « programme d'action à moyen terme » devait être établi dans ce domaine avant 1980 par le COMES, en liaison avec les administrations concernées, notamment le ministère de l'Agriculture, a également annoncé André Giraud qui estime que « l'aboutissement des recherches fondamentales entreprises depuis quelques années dans l'utilisation des capteurs solaires naturels, végétaux et micro-organismes, pourrait représenter une " nouvelle révolution biologique " aussi importante que la fusion thermonucléaire pour relayer les sources d'énergie fossiles et fissiles » !

La possibilité de mettre en œuvre de nouveaux processus physiques et biologiques dérivant de la photosynthèse est déjà démontrée dans deux domaines, précise-t-on : on a découvert que certaines bactéries possèdent des enzymes capables d'élaborer de l'hydrogène et il paraît possible d'exploiter la séparation des charges électriques induites par la lumière pour obtenir des « photopiles biologiques ».

Des recherches appliquées sont également menées concernant les cultures spécifiques énergétiques. Il s'agit de sélection génétique et d'études d'ingénierie liées aux travaux de recherche fondamentale sur les algues ayant des fonctions hydrogénase ou nitrogénase et sur les plantes pouvant être cultivées pour fournir des composés chimiques très énergétiques. Sont aussi en cours des études technologiques de procédés de collecte, d'extraction et de conversion de matériaux énergétiques, en particulier par pyrolyse (production de gaz combustible, méthanol ou charbon) et hydrolyse enzymatique (obtention d'hydrogène et d'éthanol).

Les travaux entrepris dans le cadre de l'action concertée sur la « valorisation énergétique des déchets agricoles » (VEDA) lancée par la DGRST en 1976 seront poursuivis et coordonnés par un « Comité de la bioénergétique » qui va être créé au sein du COMES en associant les grands organismes de recherche (notamment l'INRA) et les départements ministériels concernés (Agriculture, Industrie et Recherche), a annoncé André Giraud.

Le programme VEDA, orienté initialement vers la collecte des matières de base, la combustion et la transformation par distillation et fermentation méthanique et alcoolique, a été étendu à la récupération partielle des déchets du bois (branches, écorces, sciures) provenant des exploitations forestières et des scieries. Les travaux seront financés par un fonds d'incitation qui prendra la suite de l'action VEDA (10 millions F).

L'exploitation plus rationnelle de la forêt et la récupération intensive des déchets permettraient d'économiser des millions de TEP, sans compter les effets d'actions à plus long terme (plantation de zones non cultivées, recherche d'essences à pousse rapide, etc).

La forêt française couvre 14 millions d'ha et produit environ 50 millions de m^3 de bois, toutes essences confondues. Mais on récolte seulement 30 millions de m^3 (60 % de la production), le reste pourrit sur place ! Alors que l'Allemagne récolte 80 % de sa production et les pays nordiques 90 %.

Sans diminuer les utilisations nobles du bois, on pourrait valoriser 5 millions de m^3 de déchets de fabrique et 10 millions de m^3 de taillis qui fourniraient ensemble 3 à 5 millions TEP/an (à raison de 0,2 à 0,3 TEP/m^3). L'exploitation des déchets devrait évidemment s'effectuer près des lieux de production (difficultés de transport des produits), soit pour le chauffage par combustion dans des chaudières individuelles ou collectives (convenant bien à des agglomérations d'environ 5 000 logements ou à des industries équivalentes), soit pour la production de chaleur et de force motrice dans des installations raccordées au réseau EDF ou alimentant également des agglomérations. Les déchets pourraient aussi être distillés pour produire des matières premières comme le méthanol, l'acide acétique et l'acide formique, produits de base de la chimie de synthèse, ainsi que du charbon de bois.

Promouvoir l'énergie solaire dans l'habitat et la société est la « clé du succès », selon le gouvernement qui donnera donc la priorité « au soutien des initiatives locales émanant des collectivités publiques, communes, départements ou régions ». Dès cette année, le COMES développera des « actions solaires concertées » avec les collectivités locales, notamment en Corse, et des « programmes solaires » avec les DOM-TOM.

Le solaire dans l'habitat : loin du compte

Les chauffe-eau solaires représentent l'application la plus simple, la plus immédiate et la plus facilement généralisable de l'énergie solaire. Pourtant le ministre de l'Industrie reconnaît que le « développement des chauffe-eau solaires est encore insuffisant en France », bien qu'on puisse parvenir à « un seuil de rentabilité acceptable », en habitat individuel ou collectif, neuf ou ancien. Là aussi, « il faut baisser les prix : celui des fournitures par des fabrications de grande série et celui de la pose par une meilleure information des installateurs (sic), tout en garantissant de bonnes performances », a déclaré André Giraud.

La France pourrait ainsi compter 200 000 chauffe-eau solaires d'ici cinq à dix ans, estime le président du COMES ; tandis que Jean-Claude Colli, délégué à la Qualité de la vie, considère que 4 millions de logements, le sixième du parc national, seront équipés de chauffe-eau solaires en l'an 2 000 !

Nous en sommes encore très loin. Seulement 5 000 chauffe-eau solaires ont été installés en France depuis 1976, alors qu'on en compte des centaines de milliers en Israël et en Australie et 2 millions au Japon !

Les Français boudent l'énergie solaire. Cela pour plusieurs raisons.

La prime d'installation de 1 000 F par chauffe-eau solaire, décidée en avril 1978, n'a été appliquée qu'en novembre 1978 par suite des lenteurs administratives. Le gouvernement l'a reconduite pendant le premier semestre 1979, mais cela reste insuffisant.

De toute façon, le montant de cette prime ne saurait inciter les particuliers à prendre en charge le surcoût de l'équipement solaire, qui revient à 7 000 ou 8 000 F installé, et dont l'amortissement s'étendra sur presque dix ans (durée de garantie des appareils).

En outre, comme le reconnaissent d'ailleurs les pouvoirs publics (*JO* du 24 février 1979), « les travaux pour équiper une maison d'habitation individuelle d'un système de chauffage solaire s'accompagnent presque toujours d'une modification de l'aspect extérieur de la construction, qui est alors assujettie à l'obtention préalable d'un permis de construire ». Permis dont le délai de délivrance varie de 2 à 5 mois, selon les cas.

Quant au chauffage par capteurs solaires, qui est « l'application la plus spectaculaire dans l'habitat », le ministre de l'Industrie reconnaît là-aussi que « les coûts d'investissements sont encore trop élevés (de 30 000 à 80 000 F par logement selon les installations), comparés à l'économie d'exploitation réalisée (1 000 F/an en tenant compte de l'entretien). Ainsi, sur les 473 000 logements neufs (dont 270 000 pavillons) construits en France l'an dernier, 1 500 seulement ont été équipés pour le chauffage solaire : à peine 3 ‰. Il y en a dix fois plus en Allemagne.

Pour réaliser 5 millions TEP d'économies avec le chauffage solaire en l'an 2000, il faudra installer en France 25 millions de m² de capteurs en vingt ans !

Partant des 25 000 m² existant en 1978, cela exige un développement spectaculaire de la production et de l'installation de capteurs qui devra atteindre le rythme de 1 million m²/an en 1985 et tendre vers 2 millions m²/an à l'horizon 2000. Autrement dit, cela signifie qu'il faudra équiper 5 millions de logements de chauffe-eau solaires et 2,3 millions de logements de capteurs. On peut rêver...

Pour ouvrir le marché et faire baisser les prix des équipements solaires, il faudrait une incitation beaucoup plus puissante que les 20 millions F consacrés actuellement à la « solarisation » de l'habitat.

Pour stimuler la solarisation des bâtiments publics, les États-Unis vont dépenser 100 millions de dollars en cinq ans, l'Allemagne consacre 10 millions de DM par an et l'Italie a prévu 44 milliards de lires (225 millions F) sur cinq ans pour l'électrification rurale. En France, on a simplement prévu l'obligation de présenter une « version solaire » dans les concours d'architecture concernant les bâtiments publics. Dans l'immédiat, les pouvoirs publics relancent un appel d'offres industriel sur le thème des « technologies solaires pour l'habitat » et un colloque doit se tenir fin 1979 pour faire le bilan de ces opérations...

L'architecture « bioclimatique » est l'utilisation la moins connue et pourtant la plus rentable de l'énergie solaire. Une maison bioclimatique peut procurer jusqu'à 50 % d'économies d'énergie par rapport à une construction classique pour un surcoût modéré (10 000 à 20 000 F), déclare le ministre de l'Industrie.

En fait, il s'agit tout simplement de « réinventer », avec les moyens scientifiques et techniques d'aujourd'hui, les bonnes vieilles recettes de l'habitat rural traditionnel qui, intuitivement, savait utiliser au mieux les données climatiques (protection au vent, ouvertures au sud, atténuation du gradient thermique par l'inertie des matériaux, etc.).

Les diverses réalisations expérimentales mises en œuvre en 1979 dans ce domaine avec l'aide du Plan construction, seront pour la plupart issue du concours « habitat original par la thermique » (HOT) qui comprend 80 dossiers à l'examen, mais aussi d'initiatives privées, comme le concours « SOLPAC » organisé par la CGE et l'Union des HLM pour construire des maisons associant les capteurs solaires et les pompes à chaleur.

Investir 500 millions F dans les photopiles

« Les techniques photovoltaïques offrent des perspectives particulièrement intéressantes », a déclaré le ministre de l'Industrie. « Il existe en France et dans les DOM-TOM un marché certain pour les générateurs photovoltaïques : les armées ont besoin de moyens de communication autonomes et fiables ; Télédiffusion de France installe quantité de réémetteurs de faible puissance susceptibles d'être alimentés en électricité solaire, et le développement de certains territoires d'Outre-Mer passe par un minimum d'électrification des sites isolés. »

Mais le principal obstacle à l'utilisation généralisée des systèmes photovoltaïques est le prix encore trop élevé des photopiles, issues de la recherche spatiale.

L'objectif des pouvoirs publics est donc « d'accélérer la baisse de prix amorcée depuis quatre ans, en visant une réduction d'un facteur supérieur à dix avant 1985, pour atteindre 7 F/watt au niveau du panneau de photopiles au lieu de 100 F/watt actuellement, par la mise au point de nouveaux matériaux semi-conducteurs et de meilleurs procédés de fabrication en série ».

Le gouvernement a prévu un plan d'action en trois points :

— préparation d'un programme quinquennal, 1980-1985, de développement industriel des photopiles, pour lequel l'industrie française devra engager près de 500 millions F, moitié en recherche et développement et moitié en investissements, a déclaré André Giraud ;

— soutien immédiat aux industriels par une politique d'achats groupés, garantis sur intervention du COMES, et par un programme de développement étudié conjointement par le COMES et la DIELI. Une procédure de garantie minimale de commandes s'élevant à 5 millions F (soit 55 kW) est déjà engagée par le COMES auprès des industriels, dont RTC (groupe Philips) qui placera ainsi 30 % de sa production 1979. Les territoires du Pacifique, le ministère de la Coopération, le CEA, et TDF seront les premiers bénéficiaires de l'application de cette procédure ;

— promotion des applications photovoltaïques dans les administrations — par la création d'un groupe interministériel chargé d'étudier les possibilités d'implantation — et mise en place de programmes d'aide à l'équipement des pays du Tiers Monde, notamment ceux bénéficiant du Fonds d'aide et de coopération (FAC), comme le Mali où un hôpital sera prochainement équipé d'un générateur de 10 kW. Ce plan prévoit également des démonstrations dans les ambassades, consulats et centres culturels à l'étranger (téléviseurs à photopiles, pompes à eau, etc.) pour prolonger l'action du ministère de la Coopération qui avait consacré environ 3 millions F/an en 1976 et 1977 aux démonstrations photovoltaïques du programme « SAHEL ».

Les centrales thermodynamiques pour l'exportation

Le programme de centrales thermodynamiques absorbe, comme nous l'avons vu, la part la plus importante des crédits solaires. Cet investissement paraît d'autant plus important que ces grandes centrales ne pourront pas être multipliées sur le territoire français et que les perspectives d'exportation d'ensembles aussi coûteux ne sont pas évidentes. Les pays en voie de développement ont surtout besoin actuellement de petites unités spécialisées et décentralisées, mais nombreuses, comme les centrales à capteurs plans ou à générateurs photovoltaïques.

L'objectif du gouvernement français est pourtant de continuer à développer simultanément les trois filières thermodynamiques à basse, moyenne et haute températures. L'industrie française occupe en effet une position de leader mondial, depuis 1978, dans le domaine des centrales à basse température (moins de 100 °C) à capteurs plans. Les réalisations françaises sont essentiellement tournées vers l'exportation : à ce jour, 75 stations Sofretes sont en service dans 15 pays du Sahel (Afrique) et au Mexique, principalement pour le pompage de l'eau. La puissance installée, passée de 1 kW il y a seulement quelques années à 30 kW aujourd'hui, doit atteindre la gamme des 100 kW dès 1980.

La première réalisation dans le domaine des centrales à moyenne température (200 à 300 °C) à collecteurs à concentration va voir le jour cette année. Bertin doit en effet mettre en service avant la fin de l'année en Corse une centrale de 100 kWe (50 kWe pour la première tranche) commandée par la DGRST. Le site précis n'est pas encore choisi : un sénateur, Bernard Parmentier, a proposé au gouvernement qu'elle soit édifiée à Corte où une université doit être créée prochainement, afin d'attirer de nouveaux chercheurs (JO du 22 février 1979).

Enfin, la première grande centrale solaire française à haute température (400 à 1 000 °C) « Themis », d'une puissance de 2 à 2,5 MWe, doit être installée à Targasonne (Pyrénées-Orientales) en mars 1981, à la même époque que les premières grandes centrales thermodynamiques des États-Unis, du Japon et de la CEE. La centrale « Themis » comprendra 350 héliostats de 50 m² concentrant le rayonnement solaire sur une chaudière à sels fondus (nitrates et nitrites de sodium et de potassium) placée au sommet d'une tour de 80 m de hauteur. L'ensemble s'étendra sur 5 ha et coûtera environ 95 millions F (prix 1978) dont 80 millions F financés par le COMES pour la construction et 15 millions F d'achat et de viabilisation du terrain assurés par la région Languedoc-Roussillon et le département des Pyrénées-Orientales. La construction de « Themis » a été confiée au groupement d'intérêt économique CETHEL (Saint-Gobain - Pont-à-Mousson, SERI-Renault, Heurtey, Five-Cail-Babcock), sous la maîtrise du GIE formé en 1978 par le CNRS et EDF pour cette opération[1].

L'industrie française participe aussi à la construction de la première centrale thermodynamique des Communautés européennes en Sicile (Italie) par la fourniture de la majorité du champ d'héliostats et d'une partie de l'ensemble de production d'énergie. Cette centrale à tour de 1 MWe doit entrer en service fin 1980. Elle coûtera plus de 50 millions F, financés par moitié par la CEE et par les États participants : France, Allemagne et Italie.

La Recherche, juin 1979

1. Il semblerait, cependant, que le projet puisse être remis en question : le devis présenté par les industriels serait trop élevé (+ 50 %) et ces derniers, à la demande du gouvernement, devraient présenter une nouvelle proposition.

2. Les centrales solaires

Michel Rodot, Jean Deflandre, Jean-Claude Etievant et Jean-Laurent Peube

Si les recherches tendant à maîtriser l'énergie solaire se développent actuellement à un rythme très rapide c'est parce qu'aujourd'hui le progrès des techniques laisse entrevoir des réalisations économiquement réalistes. C'est aussi parce que de nombreux pays pauvres en énergies « classiques » souhaitent accroître leur indépendance financière et politique en diversifiant leurs ressources. En outre, une énergie exempte d'inconvénients écologiques attire, à juste titre, la convoitise des populations inquiètes des retombées de leur boulimie énergétique.

Les premières centrales solaires utilisant une concentration moyenne de rayonnement délivreront une puissance crête de 100 kW à 100 MW, mais avec un rendement inférieur à 20 %. Des rendements globaux de 40 % sont théoriquement possibles et seront peut-être atteints dans l'avenir.

Les recherches entreprises il y a une vingtaine d'années sur la conversion de l'énergie solaire : la thermodynamique, photovoltaïque ou autre, ont démontré que la production d'électricité est possible avec un rendement élevé. Par ailleurs, sur le plan écologique, l'utilisation de l'énergie solaire modifie peu le bilan radiatif global du système terre-atmosphère, moins en tout cas que l'implantation de centrales nucléaires, qui libèrent l'énergie potentielle des liaisons nucléaires en produisant deux fois plus de chaleur que d'électricité, et surtout que l'utilisation de combustibles fossiles, qui libèrent aussi de la chaleur, mais surtout du CO_2, modifiant la réflectivité de l'atmosphère dans l'infrarouge (l'échauffement moyen de la terre pourrait atteindre 10 °C en 2 100 si la population atteignait 30 milliards d'hommes consommant six fois plus qu'aujourd'hui et si l'énergie solaire n'était pas utilisée !).

Ajoutons que la plus forte élévation de consommation attendue dans les prochaines décennies concerne les pays des zones subtropicales et tropicales, bien dotées en énergie solaire ; que les centrales thermiques solaires sont déjà compétitives dans certains de ces pays ; et qu'elles ne présentent aucun danger potentiel, comme ceux liés aux traitements massifs de déchets radioactifs ou aux possibilités de détournement des combustibles nucléaires à des fins non civiles.

Une objection est parfois faite à propos de la surface nécessaire pour la collection de rayonnement solaire. Dans l'hypothèse (réaliste) d'un rendement de conversion égal à 20 %, il suffit de mobiliser 10 m² par habitant pour produire 10 % de l'énergie nécessaire à la France en l'an 2020. Une telle réalisation n'a vraiment rien de déraisonnable puisqu'il suffirait de couvrir de miroirs et photopiles 1 % des terres arides des trois régions Languedoc, Provence et Corse pour la concrétiser. N'oublions pas qu'il est reconnu tout naturel de mobiliser 1 000 m² par habitant (au moins) pour les cultures vivrières, et que les surfaces exploitées par d'autres techniques (mines, retenues de barrages) ne sont nullement négligeables. Ainsi, la dispersion de l'énergie solaire n'est pas un inconvénient réel pour son utilisation. Elle s'accorde même bien à la dispersion des besoins, comme dans le cas des 600 000 villages indiens par exemple.

Par contre, la variabilité du rayonnement solaire est une difficulté sérieuse. Les centrales solaires posent nécessairement des problèmes de stockage qui ne sont pas simples. La facilité relative du stockage thermique est un des arguments en faveur du procédé de conversion thermodynamique, qui passe par le stade chaleur. Il existe également une voie de stockage chimique.

Les problèmes majeurs rencontrés dans la concentration artificielle du rayonnement solaire proviennent de sa densité énergétique relativement faible, de l'orientation variable de la source, ainsi que des fluctuations diverses et saisonnières du flux.

Parmi les procédés existants, la conversion thermodynamique soulève un intérêt très actuel, mais les autres techniques de conversion ouvrent également de bonnes perspectives.

Le rendement de conversion : une contrainte technologique

Le système thermique d'une centrale solaire (*fig. 1*) comprend nécessairement un ou plusieurs récepteurs de rayonnement d'une part, une machine thermodynamique d'autre part. Dans le récepteur, un fluide thermique approprié est échauffé par le rayonnement solaire à une température T_r qui doit être un peu supérieure à la température T_c de la source chaude ; car divers systèmes de stockage, d'échange et de transport de fluide sont insérés entre le récepteur et la machine. On essaie donc d'élever la température du récepteur en concentrant au maximum l'énergie solaire ; mais, à température élevée, le rendement du récepteur décroît à cause des pertes par émission infrarouge et par convection. Un compromis est donc nécessaire. La machine, à son tour, assure la conversion de l'énergie emmagasinée dans le fluide en le faisant travailler. Son rendement réel est inférieur au rendement de Carnot qui, lui, croît avec T_c. La théorie prévoit que le rendement global de la centrale passe par un maximum pour une température de récepteur optimale, et la valeur de ce maximum croît avec le facteur de concentration (*fig. 2*).

Les premières centrales thermo-hélioélectriques n'excèderont pas 5 à 20 % de rendement, et déjà cela suppose un rapport de concentration de 20 à 1 000. Deux voies de concentration sont possibles et donnent lieu à deux types de centrales selon que l'on utilise un ou plusieurs récepteurs. La théorie nous dit qu'un rapport de concentration de l'ordre de 1 000 est accessible au foyer d'un miroir parabolique unique suivant le soleil dans sa course diurne. Le coût d'un tel miroir serait considérable, étant donné la taille et les propriétés requises. C'est pourquoi l'on préfère une batterie de miroirs de quelques dizaines de mètres carrés chacun. Chaque récepteur échauffe une fraction du fluide, l'ensemble est collecté, puis envoyé dans l'installation thermique. Cependant, les pertes sur le réseau de canalisations limitent la taille de la centrale à des puissances thermiques collectées inférieures à 10 MW. Cette solution porte le nom de « centrale à récepteurs distribués ». Dans le même esprit, on peut utiliser d'autres configurations géométriques comme la collection sphérique fixe de la figure 3. L'autre voie consiste tout naturellement à superposer sur un récepteur unique les images du soleil fournies par n héliostats presque plans, mais légèrement focalisants (n = quelques centaines au moins). Il ne faut pas croire qu'en accroissant n, le rendement sera amélioré, bien au contraire, car l'ajustement des miroirs trop éloignés du récepteur devient imprécis. Il semble que le module optimal soit composé de quelques milliers d'héliostats et d'un récepteur (placé en haut d'une tour) recevant une puissance thermique de l'ordre de 50 mégawatts pour une illumination de 800 W/m^2. Ces centrales sont appelées « centrales à tour » (*fig. 4*). De tels dispositifs peuvent-ils satisfaire nos besoins?

Un module de 10 MW est bien adapté à la consommation d'une ville de 20 000 habitants, en zone subtropicale. Dans la zone méditerranéenne, il peut être interconnecté au réseau et économise alors une quantité de fuel de 6 000 tonnes par an. Mais nous n'en sommes qu'à 2 MW avec le projet THEM (CNRS-EDF).

Un module de 50 kW est bien adapté à constituer l'équipement central d'un village indien, alimentant une école, une clinique et un marché, plus peut-être une petite industrie.

Une question reste à résoudre : des deux voies, laquelle doit-on choisir? Le concept de centrale à tour (*fig. 4*) est celui qui se prête le mieux à la production de puissances électriques importantes. On remarquera cependant que chaque module optimal contribuera seulement à produire 10 MW électriques (en supposant un rendement de 20 %) ; même en mettant en parallèle les fluides thermiques d'une dizaine de modules, on n'arrive ainsi qu'à des centrales électriques de petite taille (100 MW, au lieu de 600 à 1 500 pour les centrales classiques). *A fortiori*, les « centrales à récepteurs

1A

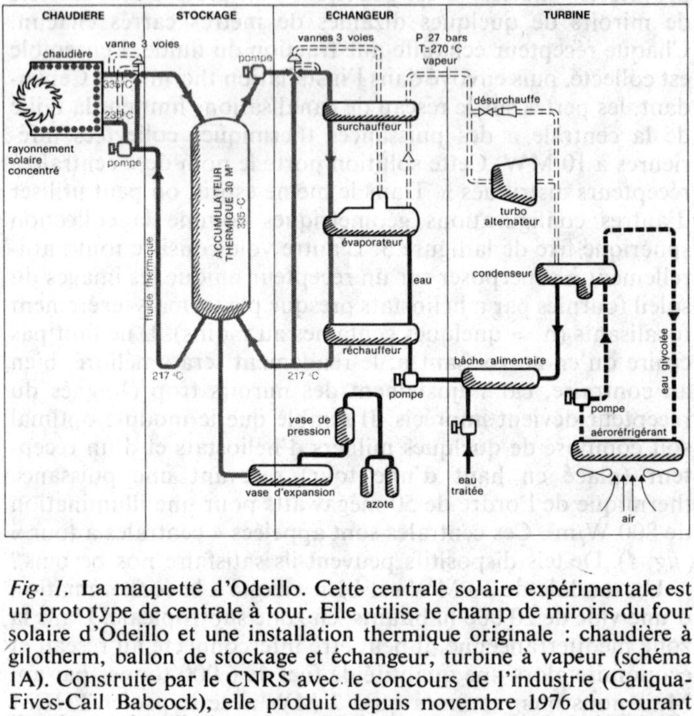

Fig. 1. La maquette d'Odeillo. Cette centrale solaire expérimentale est un prototype de centrale à tour. Elle utilise le champ de miroirs du four solaire d'Odeillo et une installation thermique originale : chaudière à gilotherm, ballon de stockage et échangeur, turbine à vapeur (schéma 1A). Construite par le CNRS avec le concours de l'industrie (Caliqua-Fives-Cail Babcock), elle produit depuis novembre 1976 du courant électrique qui est livré au réseau EDF. Sa puissance est de 64 kW et elle permet d'expérimenter une chaudière solaire à gilotherm et d'en apprendre la technique de gestion du stockage. Sa partie thermique constitue une maquette à échelle réduite de la centrale à tour « Inti 800 » (tableau p. 234). La photo 1B présente le ballon de stockage de 30 m³. La photo 1C illustre une partie des installations de conversion thermique (échangeurs). (Documents CNRS.)

distribués », dont nous avons donné un exemple avec les champs de miroirs paraboliques, sont des centrales de très petite puissance (1 MW électrique au maximum). On a envisagé et construit, dans ce domaine, des centrales fonctionnant avec une turbine à fluide organique au lieu d'une turbine à vapeur. Tel est le cas du projet de la société Bertin

1B

1C

(tableau p. 234) qui utilise des miroirs paraboliques, les récepteurs étant alors des tuyaux situés sur l'axe focal de chaque miroir. Les systèmes à capteurs plans, exploités commercialement par la Sofretes (tableau p. 234) font également partie des centrales thermo-hélioélectriques, comme cas limite. Ils ont déjà montré leur valeur en tant que systèmes autonomes de pompage d'eau potable et de production de petites quantités d'électricité (voir encadré).

Le problème majeur est celui des pertes, et si l'un des systèmes présentait la possibilité de les limiter à tous les stades du cycle, il serait alors choisi sans hésitation. On sait estimer et localiser ces pertes : 10 à 30 % sur le rendement du système optique, 20 % sur les récepteurs, 20 à 40 % sur les systèmes de transfert de fluide, de stockage et d'échange thermique, enfin 85 à 60 % sur la turbine. Mais on n'a pas encore de solution idéale à proposer.

Certes, des progrès sont possibles sur certains points. Par exemple, au niveau du récepteur, toute une série de recherches visent à diminuer l'émissivité dans l'infrarouge en maintenant élevé le coefficient d'absorption dans le visible (surfaces sélectives ; *fig. 5*). Par ailleurs, on peut penser élever les températures T_r et T_c (couramment de 300 à 500 °C) pour profiter de toutes les possibilités du rayonnement solaire à haute concentration. $C_r = 3\,000$ et $T = 1\,000$ °C sont possibles avec des centrales à tour : on remplacera alors les turbines à vapeur par des turbines à gaz (air, H_2, CO_2) ,et d'autres fluides devront être trouvés au niveau du récepteur et du stockage. Ces technologies posent encore de délicats problèmes.

La conception du système optique

La réalisation des futures centrales solaires ne sera possible que lorsqu'on aura mis au point leurs principaux composants. Il faut en particulier préparer et optimiser les éléments constitutifs du système optique (*fig. 6*) et du système thermique (chaudière, stockage, machine thermique, source froide).

Dans le cas des centrales à tour, le système optique est constitué par un champ de quelques centaines ou même de quelques milliers d'héliostats. La taille des héliostats (30 à 50 m²) est déterminée de façon à minimiser leur coût, à performances données. La surface réfléchissante doit avoir un bon coefficient de réflexion et le conserver au cours du temps.

Le verre argenté face arrière est actuellement le matériau le plus souvent choisi pour cet usage. Soumise à l'effet de son propre poids et à la pression du vent, la surface réfléchissante peut subir des déformations catastrophiques pour la qualité de la focalisation et du pointage (de l'ordre du millième de radian). Pour garantir ses performances, la surface réfléchissante est montée sur un panneau support fixe, qui, tout en restant bon marché, doit être extrêmement rigide, et l'orientation des héliostats est assurée par un mouvement de rotation autour de deux axes. Plusieurs choix d'axes sont possibles, mais c'est généralement la monture dite altazimutale qui est adoptée en raison de sa simplicité de mise en œuvre. Pour piloter les héliostats, plusieurs solutions. Au four solaire d'Odeillo (*fig. 1*) a été adoptée une « boucle fermée ». Dans ce cas, la commande des actionneurs est réalisée individuellement au moyen d'une lunette visant la chaudière et sur laquelle est asservi le rayon réfléchi. Le pilotage en « boucle ouverte » serait confié à un ordinateur central auquel on fournirait les coordonnées calculées (ou mesurées) du soleil.

Dans le cas des centrales à collecteurs distribués, plusieurs conceptions du système optique sont aussi possibles. Ainsi, pour le projet THEK, on prévoit de réaliser la concentration à l'aide de miroirs pseudo-paraboliques dont la structure orientable devrait supporter la chaudière en plus de la surface réfléchissante. En raison de leur courte distance focale, ces miroirs seront moins sensibles aux déformations et aux dépointages que ceux des systèmes à collecteur central.

Dans le cas du projet de focalisation linéaire préparé par la société Bertin, les surfaces réfléchissantes sont placées sous un vitrage fixe qui assure une protection contre les déformations dues au vent et contre la dégradation due au sable, poussières, agents chimiques divers... Il est alors possible d'utiliser des matériaux réflecteurs autres que le verre, l'aluminium par exemple, et de maintenir la surface réfléchissante par un support mécanique très léger, conduisant en principe à une solution plus économique. Par contre, le choix de la focalisation linéaire limitera le facteur de concentration à une valeur de l'ordre de 20 à 30, d'où une limitation sur le rendement de la chaudière et sur le rendement du cycle thermodynamique. Le projet Périclès, préparé par le CNRS, com-

	Nom, implantation, constructeur et pays	Puissance électrique (MW) et rendement	Décision et achèvement	Système de concentration et rapport de concentration	Fluide (temp.) et stockage (durée)	Moteur et coût total
centrales à tour	maquette d'Odeillo	0,08	déc. 1975	63 héliostats + parabolique	gilotherm (330 °C)	turbine vapeur
	CNRS (France)	8 %	nov. 1976	3 000	gilotherm (2 h)	
	Inti 800	0,8	1977 ?	200 héliostats focalisants	gilotherm (330 °C)	turbine vapeur
	Cethel (France)	...	1979 ?	300	gilotherm (2 h)	30 MF
	Barstow (Californie)	10	nov. 1976	1 720 héliostats focalisants	eau (510 °C)	turbine vapeur
	ERDA (États-Unis)	19 %	1980	500	cailloux + hitec	100 M $
	Shikoku	1	nov. 1976	héliostats focalisants	eau	turbine vapeur
	Mitsubishi (Japon)	...	1980 ?	...	eau	7 M $
	Themis (France)	2	sept. 1977	450 héliostats focalisants	hitec (2) 420 °C	turbine vapeur
	CNRS + EDF	18 %	1980	400	hitec (6 h)	70 MF
	Italie	1	oct. 1977	770 héliostats de 12,2 m²	eau 530 °C	turbine vapeur
	CEE	13 %	?	400	1° eau ; 2° hitec (1 h)	30 MF

collecteurs distribués	THEK 1, Marseille	0,005	1976	pseudo-paraboloïde	gilotherm (300°C)	moteur
	CNRS (France)	6 %	nov. 1977	300	gilotherm (2 h)	volumétrique 0,5 MF
	Bertin (France)	0,2	nov. 1976	cylindro-paraboliques	gilotherm (200°C)	turbine fluide
		20 % ?	1978	20	lit de pierres + gilotherm	organique lourd ...
	Shikoku	1	1977 ?	1 000 héliostats + 200 cyl. parab.	eau	turbine eau
	Hitachi (Japon)	...	?	1 000	eau + hitec	...
	pompes solaires	0,001 à 0,060	commercialisé	capteurs plans	eau (80 °C)	turbine fréon
	Sofretes (France)		depuis 1973	C = 1	=	0,1 à 0,2 MF/kW

Centrales thermo-hélioélectriques existantes, en construction ou en projet. Les rendements globaux qui figurent dans le tableau, doivent s'entendre pour l'intensité maximale du rayonnement solaire. Ils se situent à des valeurs encore plus basses si l'on se réfère au fonctionnement de la centrale intégré sur toute l'année.

2

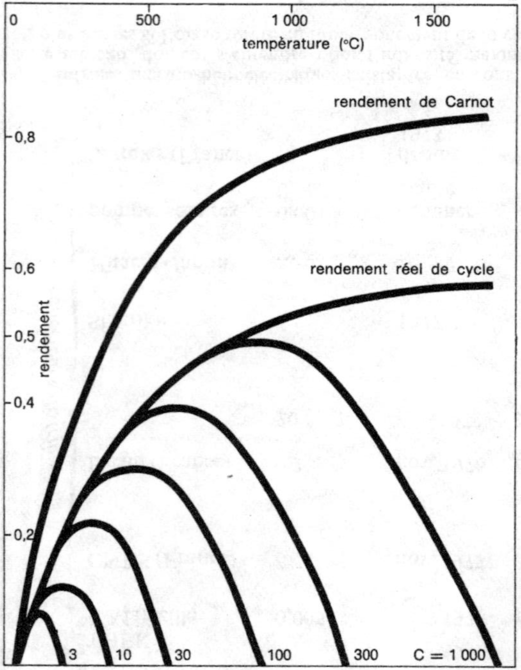

0
500
1 000
1 500
température (°C)
rendement de Carnot
rendement réel de cycle
rendement
0,8
0,6
0,5
0,4
0,2
3
10
30
100
300
C = 1 000

3

porte une calotte sphérique fixe enterrée. Une telle structure présente l'important avantage d'être réalisée dans le sol par terrassement et de nécessiter un investissement minimal. La surface réfléchissante peut être constituée de panneaux composites de verre argenté mince collés sur un support possédant un bon état de surface et une bonne rigidité mécanique. Cette géométrie permet aujourd'hui d'atteindre des rapports de concentration de 100 à 300, et l'on sait comment en optimiser l'efficacité.

L'optimisation du système thermique

Venons-en au système collecteur. Il reçoit le rayonnement éventuellement concentré par le système optique et le convertit en chaleur qui est emportée par un fluide caloporteur vers le stockage et vers la machine thermique. Le système peut être plan, c'est le cas des petites centrales Sofretes, mais il est limité en température (< 100 °C). Dans les systèmes utilisant la concentration optique, la conversion du rayonnement s'effectue au niveau de la chaudière, dont la conception géométrique est délicate, car elle doit intercepter la quasi-totalité du flux concentré par le système optique. On adopte

←

Fig. 2. Rendement thermique d'une centrale thermo-hélioélectrique en fonction de la température T du récepteur et du facteur de concentration C. Ces courbes montrent d'abord qu'il existe une température optimale de chaudière, ensuite que le rendement optimal croît avec la concentration. Pour atteindre une même température de fluide, on a intérêt à choisir une concentration élevée.

Fig. 3. Le projet Périclès : un prototype de centrale à collecteurs distribués (THEK). Pour des puissances inférieures à 1 MW, la solution des centrales à tour est trop coûteuse. Un facteur de concentration de 300 peut s'obtenir à partir d'un concentrateur sphérique ou parabolique. Le laboratoire d'astronomie spatiale de Marseille étudie un collecteur sphérique fixe et une chaudière mobile dans deux directions de la zone focale. Les parties mobiles sont minimisées, mais la surface réfléchissante n'est pas utilisée dans sa totalité à chaque instant. Ce projet semble bien adapté aux zones isolées de basse latitude. Pour une installation de 40 kW, le diamètre de la sphère serait de 40 mètres. (Document CNRS.)

Les centrales Sofretes

Les centrales Sofretes ont été développées en vue du pompage de l'eau dans les pays arides. Cette technique devrait se développer de façon à répondre aux besoins en énergie de collectivités de quelques milliers d'habitants centrés sur un équipement social (clinique par exemple) nécessitant une petite production d'électricité. Il n'est pas sûr, même si son coût décroît d'un facteur 5 par exemple, qu'elle rende possible la grande irrigation. Aujourd'hui, ce coût est de 100 000 à 200 000 F par kilowatt installé, et l'état actuel des choses ne permet pas d'envisager une baisse au-delà de 30 000 F/kW. Quarante stations de 1 kW sont actuellement en fonctionnement dans quatorze pays pour l'alimentation en eau potable de petites communautés. Une station plus importante a été construite, à la suite d'études communes Sofretes-CEA au Mexique : 30 kW électriques pour la distribution d'eau aux 15 000 habitants de San Luiz de la Paz et l'irrigation de 25 hectares de cultures expérimentales (photo A). Dans les stations Sofretes à exposition directe (facteur de concentration unité : C = 1), le système collecteur est constitué de capteurs plans fixes, utilisant l'effet de serre et dont les principaux avantages sont la rusticité, la capacité de collecter aussi bien le rayonnement diffus que direct, et aussi la facilité d'intégration dans la construction de bâtiments (éléments de murs ou de toitures ; photo B). Leur inconvénient est d'être limitées en température haute, pas au-delà de 80 °C, ce qui les rend incompatibles avec un système de conversion thermodynamique de rendement élevé.

en général une cavité afin de réduire les pertes thermiques par rayonnement et par convection. Quant au choix du fluide caloporteur, il est principalement déterminé par la densité du flux thermique à évacuer et par le niveau de température compatible avec le cycle thermodynamique adopté. Selon les cas, on peut être amené à la conception d'une chaudière à fluide monophasique (gaz, eau, terphényl, sels fondus, métaux liquides...) ou diphasique, par exemple avec change-

A. Installation solaire de pompage au Mexique. (Doc. Sofretes).

B. Complexe solaire de 90 kW de Dire, au Mali. (Doc. Sofretes).

ment de phase eau-vapeur. Dans ce dernier cas, le palier de vaporisation de l'eau permet de fixer le niveau de température du collecteur. C'est la solution qui a été adoptée par l'ERDA (Energy Research Development Administration) pour son premier projet, mais elle exige un surchauffeur très sensible aux fluctuations d'ensoleillement.

Il est nécessaire de disposer d'un fluide assurant le stockage de la chaleur. Sa nature, son conditionnement impliquent en partie le système de stockage et le système d'échange thermique. Les principales qualités qui lui sont demandées sont de posséder une chaleur spécifique ou une chaleur de fusion élevée (suivant le type de fonctionnement), une masse volumique importante, un prix minimal (compte tenu des importantes quantités de fluide à mettre en jeu), une stabilité chimique totale à la température de fonctionnement et une bonne compatibilité chimique avec les matériaux du récepteur et des échangeurs. Parmi les fluides qui peuvent convenir, citons le terphényl (à 330 °C) et certains sels fondus (à 300-500 °C). On peut aussi envisager d'autres matériaux, par exemple des briques réfractaires ou des lits de pierres ; cette solution serait particulièrement bien adaptée au chauffage d'un gaz à haute température dans la perspective de l'utilisation de turbines à gaz. La chaleur stockée est ensuite, à travers un échangeur, restituée au niveau de la machine thermique qui la transformera en énergie électrique. Selon la puissance fournie souhaitée (W) et la température (T_c) de la source chaude, on utilisera un type de machine plutôt qu'un autre. Par exemple, on utilisera les turbines à vapeur surchauffée (pour $W > 1\,000$ kW et $T_c < 500$ °C), ou encore le moteur Stirling dans le créneau 50-200 kW, au-dessus de 600 °C, mais dans ce cas la commercialisation n'en est qu'à ses débuts.

Reste à évoquer le problème de la source froide. Dans les petites installations de pompage, un condenseur refroidi par l'eau pompée suffit. Dans le cas des centrales plus puissantes, il n'est pas toujours possible de disposer d'un apport d'eau capable d'évacuer entre deux tiers et trois quarts de l'énergie captée par les miroirs. L'utilisation de réfrigérants secs s'impose dans la plupart des cas. Le principal inconvénient de cette solution est son coût plus élevé et la diminution de rendement due à la consommation d'énergie entraînée par la ventilation.

On peut concevoir des systèmes, dits « à énergie totale », qui apportent des solutions élégantes au problème de la source froide. Par exemple en couplant la centrale à une unité de dessalement, de réfrigération, de chauffage urbain ou, d'une façon générale, en assurant une production simultanée de chaleur et d'électricité.

Un processus de maturation technologique nécessaire

La production d'« électricité solaire » par conversion thermodynamique est possible, mais le chemin à parcourir entre les prototypes d'aujourd'hui et les centrales qui seront exploitées à la fin de notre siècle doit être optimisé. Aujourd'hui, nous possédons les premiers prototypes de centrales solaires. Le processus de maturation des technologies implique nécessairement des travaux de recherche d'une part, le développement d'une compétence industrielle et commerciale d'autre part. Ce processus sera facilité s'il est jalonné de projets de centrales solaires qui permettraient aux chercheurs de vérifier leurs idées, aux industriels de forger leurs outils de production, aux clients présomptifs d'exprimer leur opinion au cours de ce développement.

Parmi les recherches maintenant nécessaires, certaines concernent des composants, d'autres le système global constituant une centrale solaire. Les unes sont à long terme : par exemple l'étude de la chaudière à gaz à haute température (problèmes d'échanges thermiques, de mécanique des fluides, de matériaux) ; les autres sont à court terme : comme la mise au point de systèmes de commande centralisés pour de grands champs d'héliostats (problème d'asservissement et d'informatique). Parallèlement, des travaux de soutien dans divers domaines, météorologie, écologie, économie, sont menés. En effet, une connaissance approfondie du gisement solaire est nécessaire, l'impact sur l'environnement des modifications du bilan énergétique doit être étudié. Les premiers résultats sont plus que rassurants et les conditions écologiques ne risquent pas d'être perturbées.

Outre la poursuite de ces recherches de base doit avoir lieu une prise en main de la technologie par l'industrie. L'objectif sera la rentabilité. La centrale solaire doit pouvoir être construite à un coût suffisamment bas. Le coût de

4 A

4 B

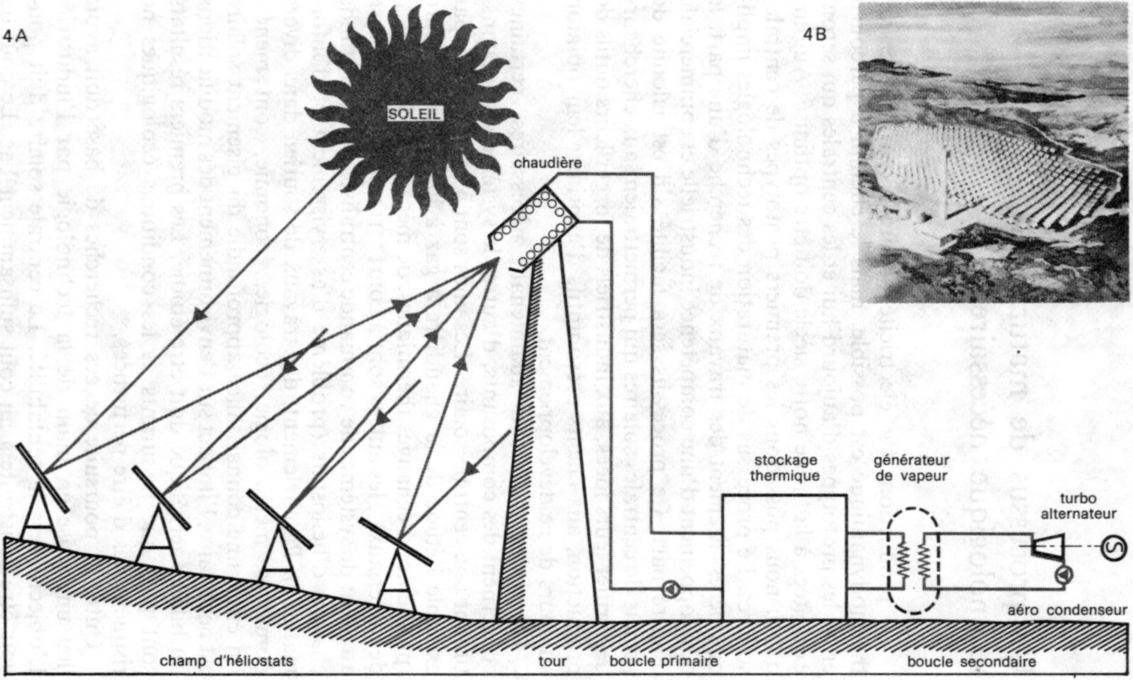
SOLEIL
chaudière
stockage
thermique
générateur
de vapeur
turbo
alternateur
aéro condenseur
champ d'héliostats
tour
boucle primaire
boucle secondaire

10 000 F/kW installé paraît accessible dans quelques années. Le coût du kWh qui en résulterait est difficile à préciser, car il dépend des conditions d'ensoleillement du site choisi, de la nature du service demandé (énergie de base, énergie « au fil du soleil », énergie de pointe), du taux d'actualisation des capitaux (10 % en France, peut-être moins dans les pays en voie de développement). On peut citer comme ordre de grandeur 0,50 F/kWh, ce qui assure une bonne compétitivité à ce type de centrale dans la zone tropicale, et en même temps constitue une étape intéressante en France même.

Ce coût de 10 000 F/kW impose une production de série très raffinée des composants, en particulier des héliostats, et là, seule l'industrie peut en décider.

Un autre aspect évident des recherches à mener est la nécessité de coopération avec les pays en voie de développement. Ceux-ci sont intéressés à la fois par l'utilisation dispersée de l'énergie solaire dans des zones rurales et par la production solaire d'électricité dans des zones plus peuplées ou industrialisées. On peut estimer entre 0,2 et 1 million de MW la puissance électrique à installer d'ici à l'an 2000 dans les seuls pays en voie de développement. Si les centrales solaires étaient appelées à en fournir 10 %, cela correspondrait *au minimum* à 1 000 centrales de 10 MW (à tour) *plus* 100 000 centrales de 100 kW (à collecteurs distribués). Deux facteurs limitatifs à cette expansion : le coût et les constructions sur place des différents éléments. Ces inconvénients seront minimisés si, dès maintenant, ces pays sont largement impliqués dans les recherches.

La meilleure stratégie pour réaliser ce projet consiste à

←

Fig. 4. Le projet Themis de centrale à tour. La recherche d'un facteur de concentration élevé, n'exigeant toutefois pas de recourir à des surfaces réfléchissantes complexes, conduit au concept de centrale à tour, universellement reconnu comme la seule solution pour les grandes puissances (supérieures à 5 MW). La chaudière, située au sommet d'une tour, reçoit les images superposées du soleil que lui renvoient un grand nombre d'héliostats. Il en faut 1 500 de 50 m² pour une production électrique de l'ordre de 10 MW. Le projet THEMIS (2 MW) est le plus petit module compatible avec cette technologie, extrapolable à plus grande échelle avec baisse consécutive du coût de l'énergie.

tenir compte de l'interdépendance des problèmes (concentration, stockage, etc.). Par exemple, vaut-il mieux vider ou laisser remplis, la nuit, le ou les récepteurs d'une centrale? L'expérience seule peut trancher. La construction d'une dizaine de prototypes de centrales solaires, au demeurant, coûterait moins cher que celle d'une seul réacteur nucléaire expérimental. Et il a fallu construire combien de réacteurs nucléaires avant d'arriver à des modèles « définitifs » !

Les autres techniques sont-elles compétitives ou complémentaires ?

La *conversion photovoltaïque* permet d'obtenir de l'« électricité solaire » avec un rendement de 10-12 % qui pourrait être porté à 15-20 % dans quelques années. Les termes « effet photovoltaïque » sont une expression générale employée pour désigner l'apparition d'une différence de potentiel dans un solide éclairé et plus particulièrement un semi-conducteur. Les photons (particules élémentaires) du flux lumineux interagissent avec la matière et conduisent à l'apparition d'électrons et de trous positifs. Le mouvement de ces porteurs de charge produit un courant électrique que l'on peut faire débiter dans une charge.

Les générateurs utilisant des photopiles au silicium commerciales peuvent être installés au prix global de 120 à 150 000 F/kW crête ; ce prix est du même ordre de grandeur que celui de la conversion thermodynamique sans concentration. On s'attend à un prix de 50 000 F/kW en 1980 et peut-être, plus tard, à l'émergence d'une nouvelle génération de photopiles moins chères. En effet, de nombreuses équipes cherchent à utiliser comme matière première des semi-conducteurs polycristallins (Si, GaAs, CdTe ou Cu_2S) ou amorphes, au lieu du Si monocristallin, à l'élaboration très coûteuse. Les photopiles peuvent également être utilisées sous concentration, soit avec Si, soit avec GaAs. Il est trop tôt pour citer les coûts de tels générateurs, mais ils pourraient bien être largement inférieurs aux chiffres ci-dessus. Nous pouvons citer le dernier résultat des équipes d'IBM, qui ont atteint 22 % de rendement avec une cellule constituée d'une pastille en GaAs recouverte de GaAIAs, alors que la théorie prévoit un rendement maximal de 27 %.

Les photopiles sont donc des concurrentes sérieuses de la conversion thermodynamique. Toutefois, elles ont un inconvénient grave : c'est la relative difficulté du stockage électrique par rapport au stockage thermique. Pour cette raison, on ne conçoit actuellement que des systèmes photovoltaïques de puissance modeste : quelques kilowatts au plus (générateurs pour télécommunications, télévision, pompes solaires, voiliers) ; pour vaincre la « barrière du mégawatt », il faudra renouveler nos concepts au sujet du stockage.

La production d'électricité n'est qu'une des applications futures de la conversion thermodynamique. La preuve en est qu'il existe différentes voies pour fabriquer des *carburants solaires* au lieu de l'électricité solaire. On peut d'abord s'intéresser au « biogaz » produit par fermentation anaérobie de déchets végétaux ou, de façon plus générale, de « biomasse ». La croissance des biomasses végétales utilise l'énergie solaire avec un rendement global de 1 %. Cependant, le traitement de cette biomasse aux fins de récupération de l'énergie stockée est intéressant étant donné l'abondance des matières premières disponibles comme sous-produits des cultures. Les essais actuels ont montré que la production de méthane est possible, mais encore assez mal contrôlée ; la production d'hydrogène serait également possible au moyen d'une bactérie possédant une enzyme, l'hydrogénase. Aucun bilan économique n'est encore disponible pour ces techniques. On a également songé à faire pousser des plantes qui produisent une sève combustible ; c'est le cas de certaines euphorbes. Peut-être dans l'avenir verra-t-on les plantations d'euphorbes remplacer celles d'hévéas...

Il faut mentionner enfin le vaste domaine de la *thermochimie solaire*. Les calories obtenues au récepteur d'une centrale solaire, au lieu d'être utilisées dans un cycle thermodynamique, peuvent l'être pour produire une réaction chimique endothermique. Cette idée peut déboucher sur trois types de « centrales thermo-héliochimiques », qui se distinguent par leur mode de fonctionnement.

5

6A. Projet Them Heliostats Prototypes

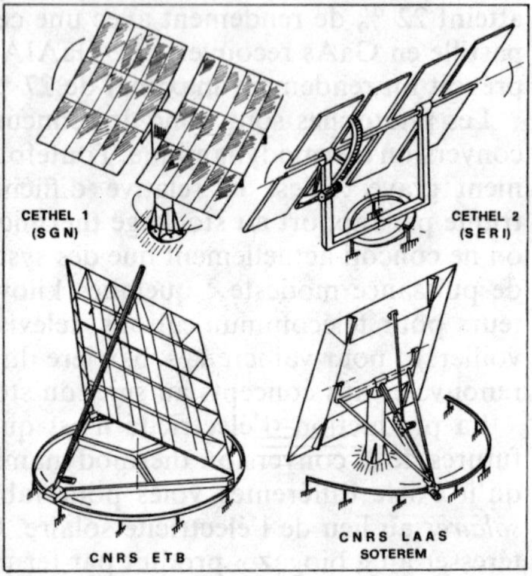

Fig. 5. Un matériau expérimental pour l'absorption de l'énergie solaire. En envoyant de l'hydrogène sur de l'hexafluorure de tungstène à haute température, on peut déposer une couche de tungstène. Sa structure microscopique révèle la présence de lances (dendrites). Alors que le tungstène normal est un absorbeur et un émetteur médiocre des radiations, cette structure capte les photons avec un rendement de 96 %. S'ils se présentent sous un angle presque nul par rapport aux axes verticaux des dendrites, ils pénètrent la couche par réflexions successives

Dans le premier cas, la réaction a lieu au récepteur même, et l'énergie de réaction ainsi emmagasinée est restituée à un générateur de vapeur alimentant une turbine : on retrouve alors le schéma complet d'une centrale thermo-hélioélectrique, mais avec un stockage chimique qui résout élégamment en même temps le problème du transport des calories du récepteur à la turbine (ce transport pouvant s'effectuer à basse température, les pertes sont diminuées). Dans le deuxième cas, la réaction chimique a lieu au récepteur même, et produit un combustible (hydrogène, méthane, etc.) qui sera utilisé comme tel après transport. Une réalisation australienne décompose ainsi de l'ammoniac : l'azote et l'hydro-

6B

et se trouvent piégés. L'énergie une fois emprisonnée est retenue et accumulée en vue d'un travail utile au lieu d'être éliminée sous forme de rayonnement infrarouge. (Document IBM.)

Fig. 6. De nombreuses versions des héliostats doivent être étudiées avant que soit sélectionné l'appareil optimal qui sera industrialisé. Cette figure schématise quatre modèles en cours d'étude en France (6A) et présente l'un d'entre eux monté sur le terrain d'essai du CNRS (LAAS) à Toulouse (6B).

gène obtenus sont alors dirigés sur une centrale où, par synthèse, on reconstitue l'ammoniac en récupérant de la chaleur. Un tel système possède un avantage sur une centrale nucléaire productrice d'hydrogène du fait de la plus haute température qu'il permet d'atteindre ; les réactions chimiques parasites sont alors moins nombreuses. Enfin, dernière possibilité, la réaction chimique a lieu en dehors du récepteur, mais utilise le fluide thermique chauffé au récepteur. Il existe par exemple des fours à plâtre au gilotherm qui peuvent être branchés directement sur le récepteur d'une centrale solaire. Quel que soit le type de centrale, la thermochimie pourra bénéficier des recherches sur les centrales thermo-hélioélectriques, car les systèmes de concentration (système à tour ou système à récepteurs distribués) et de conversion sont les mêmes. Une légère différence : le récepteur, qui doit aussi jouer le rôle de réacteur chimique.

Que nous réserve l'avenir ?

Mais où en sommes-nous aujourd'hui ? De tous les procédés envisageables, la conversion thermodynamique est le seul qui soit proche de sa maturité pour produire des quantités d'énergie importantes, à partir de l'énergie solaire. Les photopiles sont encore trop chères, et le problème du stockage n'est pas résolu, les réacteurs chimiques ne font que démarrer, et la biomasse doit faire la preuve de sa faisabilité. Pour le moment, aucun projet ne doit être écarté.

L'étude des divers systèmes de champs de miroirs-récepteurs conduit non seulement à la production d'électricité solaire par conversion thermodynamique, mais aussi à la production solaire de chaleur, qui peut être intéressante en elle-même. Le cas des centrales chimiques n'est qu'un exemple parmi d'autres, comme il a été dit plus haut. On peut penser développer la réfrigération solaire, qui exige actuellement des sources chaudes d'environ 120 °C au moins. On peut aussi penser à utiliser directement, au lieu de les rejeter au condenseur, les calories produites par une centrale thermo-hélioélectrique. Dans ce cas, cela est beaucoup plus justifié que pour une centrale nucléaire, à cause de la taille modeste de la centrale qui facilite les utilisations locales de la chaleur. L'étude de systèmes mixtes de ce genre est partie intégrante de l'étude générale des centrales thermo-hélioélectriques. Plus généralement, l'utilisation de l'énergie solaire peut être décentralisée et suivre plusieurs voies parallèles ou combinées. La conversion thermodynamique n'est qu'une de ces voies, mais aujourd'hui la principale à développer.

La véritable question qui se pose au sujet de l'énergie solaire est peut-être celle-ci : pourra-t-on s'en passer au

XXIe siècle ? Et la réponse pourrait bien être non. Il s'ensuit qu'elle doit faire, sous toutes ses formes, l'objet de recherches intensives. Cette recherche doit être menée en vue de son application et avec la coopération nécessaire de l'industrie. Mais elle amène à poser d'intéressants problèmes de recherche de base. Par exemple, à propos des centrales thermo-hélioélectriques : conception et commande automatique de grands champs d'héliostats ; équilibre et dynamique d'une chaudière de rayonnement ; problèmes de matériaux associés aux récepteurs ou à la question du stockage par chaleur latente ; gestion d'un stockage thermique solaire dans des conditions météorologiques déterminées ; étude des cycles à gaz à haute température ; recherches sur le stockage chimique de l'énergie ; conception de réacteurs chimiques sous rayonnement ; étude de l'insertion de centrales solaires dans différents contextes économiques ; problèmes de sécurité liés aux grands champs de miroirs et influence écologique des centrales solaires.

Le budget de recherche-développement consacré à l'énergie solaire est encore insuffisant, notamment en France. La mise au point de prototypes est coûteuse et requiert l'investissement d'un grand nombre d'heures de recherche. Pourquoi n'y aurait-il pas, à côté des 300 000 chercheurs travaillant sur le nucléaire et des 80 000 chercheurs travaillant sur le pétrole dans le monde, 10 000 chercheurs travaillant sur le solaire en 1980 ? Cet objectif signifierait par exemple 1 000 chercheurs et ingénieurs en France (dont 500 au CNRS), c'est-à-dire un quadruplement des moyens actuels : c'est beaucoup, mais c'est encore modeste par rapport à l'importance de l'enjeu.

Relever le défi de l'énergie solaire, c'est contribuer au bien-être des générations futures, et même, s'agissant des populations les plus démunies de la planète, au bien-être de la génération actuelle. N'est-ce pas pour les chercheurs un objectif aussi enthousiasmant que la recherche de base ? pour les industriels, un objectif aussi intéressant que la production de biens à consommer immédiatement ?

POUR EN SAVOIR PLUS

J.A. Duffie, W.A.Beckmann, *Solar Energy, Thermal Processes*, Wiley, 1975.

Electricité solaire, compte rendu du Colloque international tenu à Toulouse les 1-5 mars 1976, édité par le Centre national d'études spatiales, département des affaires universitaires, 18, av. Edouard-Belin, 31055 Toulouse Cedex.

R. Chabbal et al., « L'électricité solaire », *Courrier du CNRS*, n° 23, janvier 1977.

Karl W. Boer, *Sharing the Sun*, Pergamon Press. La technologie solaire des années soixante-dix.

Extended Abstracts, Congrès ISES, Los Angeles, 1975. L'utilisation du solaire comme ressource énergétique.

La Recherche, décembre 1977

3. L'énergie solaire photovoltaïque

Michel Laguës

L'effet photo-électrique qu'Einstein fut le premier à expliquer est à la base de la conversion photovoltaïque. Quand un quantum d'énergie lumineuse, un photon, pénètre dans un matériau, il a une certaine probabilité d'être absorbé par un électron : celui-ci subit alors une transition qui accroît son énergie potentielle. Si la durée de vie de l'électron dans cet état excité est suffisante, il peut alors être injecté dans un circuit, où il produit une force électromotrice et un courant électrique.

Dans un métal, un électron excité par un photon visible parcourt en moyenne une distance très courte, de l'ordre de 10 Å, avant de dissiper son énergie potentielle en chaleur, la rendant de ce fait inutilisable du point de vue électrique. Au contraire, dans les semi-conducteurs, l'existence d'une bande d'énergie interdite (le gap) permet aux électrons excités de parcourir de longues distances en conservant une énergie potentielle importante (*fig. 2*). Les photons incidents d'énergie inférieure au gap ont une faible probabilité d'exciter un électron : toute une partie du rayonnement solaire traverse le matériau avec une faible absorption et se trouve donc perdue. Les photons d'énergie supérieure au gap excitent des électrons de la bande de conduction, ceux-ci perdent rapidement une partie de leur énergie potentielle sous forme de phonons et aboutissent au bas de la bande de conduction : on dit qu'ils sont thermalisés. Ils peuvent ensuite parcourir des distances importantes dans le matériau en restant au bas de la bande de conduction. Le parcours moyen ainsi effectué (la longueur de diffusion) peut atteindre plusieurs microns, voire plusieurs dizaines de microns suivant la nature du semi-conducteur, sa

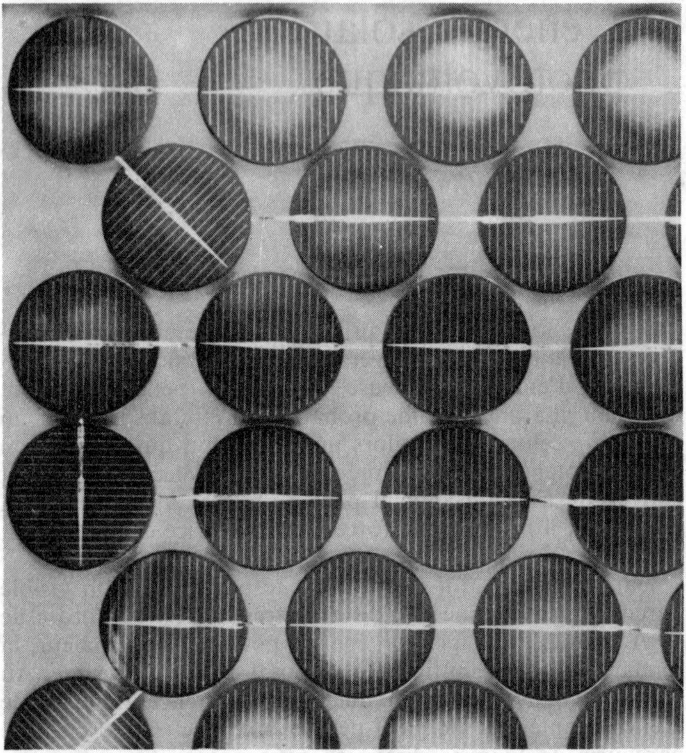

Fig. 1. Cellules solaires au silicium fabriquées par la firme française la Radiotechnique Compelec.

pureté chimique et sa qualité cristalline. Les électrons sont ensuite collectés, soit par l'intermédiaire d'une jonction PN, soit directement sur une électrode métallique (jonction Schottky). L'énergie perdue, non convertie en électricité, provient des photons non absorbés et de l'énergie dissipée durant la thermalisation des électrons. Il faut y ajouter également une partie due aux électrons désexcités avant la collection et divers facteurs électriques tels que la résistance série équivalente des cellules.

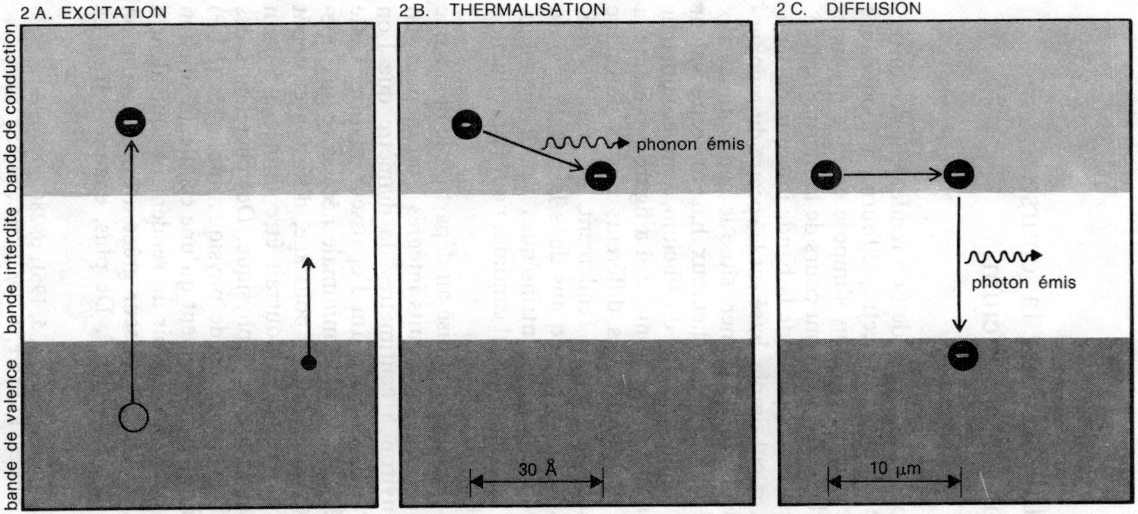

Fig. 2. Quand un photon (quantum d'énergie lumineuse) pénètre dans un semi-conducteur, il a une forte probabilité d'exciter un électron de la bande de valence dans la bande de conduction, si son énergie est supérieure à la valeur de la bande interdite (2A). L'électron excité perd rapidement (sur quelques dizaines d'angströms) une partie de son énergie potentielle sous la forme de phonons (vibrations élastiques du réseau cristallin) et aboutit ainsi au bas de la bande de conduction : il est thermalisé (2B). Il peut alors parcourir des distances de l'ordre de 10 microns par diffusion thermique avant de céder son énergie potentielle, par exemple en émettant un photon, ou bien dans un circuit électrique extérieur (2C). C'est ce principe de conversion photovoltaïque qui est utilisé dans les cellules solaires.

Un grand favori dans la course aux matériaux : le silicium

Si l'on cherche un matériau de bon rendement de conversion (rapport de la puissance électrique fournie à la puissance lumineuse reçue), un compromis s'impose entre le rayonnement non absorbé et les pertes au cours de la thermalisation, qui dépendent en sens opposés de la bande interdite du semi-conducteur. Un calcul simple, basé sur le spectre du rayonnement solaire au niveau de la mer, situe le gap optimal aux environs de 1,1 eV [1]. Par un heureux hasard, cette valeur correspond à la bande interdite du silicium, semi-conducteur de loin le plus utilisé en électronique. La figure 3 présente la répartition des pertes entre les différents postes pour une cellule au silicium de 14 % de rendement. La grande expérience acquise depuis vingt-cinq ans dans la métallurgie du silicium, alliée aux qualités intrinsèques de ce matériau, semble donc en faire le principal candidat pour la production de cellules solaires industrielles.

Actuellement, le silicium utilisé au départ est le même que pour les transistors ou les circuits intégrés : un monocristal cylindrique d'environ 5 centimètres de diamètre que l'on tronçonne en tranches de 300 μm d'épaisseur environ. Cette épaisseur est liée à la solidité minimale nécessaire aux opérations finales de préparation, polissage, diffusion et dépôt des électrodes, alors qu'elle pourrait être limitée à 50 μm pour un bon fonctionnement physique. Des chercheurs des laboratoires d'électronique et de physique appliquée (LEP) ont en effet vérifié très récemment qu'une cellule au silicium de 50 μm d'épaisseur peut avoir un rendement équivalent à une cellule de 300 μm d'épaisseur grâce à une préparation particulière de la face arrière [2]. De plus, chaque « trait de

1. F. Desvignes, *Acta Electronica*, 5, 1961, p. 286.
2. J. Michel, A. Mircea, E. Fabre, *J. Appl. Phys.*, 1976.

photons non absorbés	23 %
énergie perdue durant la thermalisation des électrons	34 %
→ électrons désexcités avant la collection	3,7 %
divers facteurs électriques	25,3 %
total des pertes	86 %
énergie utilisable	14 %

Fig. 3. Analyse des pertes dans une cellule solaire au silicium d'un rendement de 14 % (d'après Wolf). Le maximum théorique se situe à 22 % dans le cas du silicium.

scie » fait perdre pratiquement 200 μm de cristal, soit environ la moitié du matériau. Si un tel gaspillage de matériau intervient de façon négligeable dans le prix des transistors, il est totalement inacceptable pour une fabrication en grande série de cellules solaires, dont le prix est directement lié à la quantité de semi-conducteurs utilisés. Alors que des milliards de transistors au silicium sont fabriqués tous les ans, il reste paradoxalement un important travail de recherche à effectuer avant que l'on sache vraiment quelle est la méthode d'élaboration du silicium qui réalisera le meilleur compromis qualité-prix. En effet, si les prix de fabrication baissent suffisamment, le tonnage de silicium nécessaire aux cellules solaires dépassera largement la quantité nécessaire aux seuls transistors et justifiera donc la mise au point de procédés nouveaux de purification. Dans le monde entier les laboratoires concentrent actuellement leurs efforts sur quelques méthodes qui permettraient de fabriquer directement du silicium en couche mince.

La Mobil-Tyco-Energy Corporation a montré, en collaboration avec des chercheurs de l'université de Harvard, qu'il est possible de produire en continu des rubans de silicium cristallin de 2,5 centimètres de largeur et d'environ 250 μm d'épaisseur, et de nombreux laboratoires travaillent actuellement sur ce procédé. Si cette technique est améliorée au point de diminuer l'épaisseur obtenue jusqu'à quelques dizaines de microns, il en résultera au moins un facteur 10 d'économie par centimètre carré de silicium produit. Par ailleurs, des couches minces de silicium polycristallin fabriquées par fusion, par dépôt en phase vapeur ou par électrolyse seraient également très bon marché, mais avec des rendements de l'ordre de 5 %. Signalons que le maximum théorique auquel on peut prétendre pour le silicium est de 22 %, et que des valeurs de 15 à 18 % ont été atteintes en laboratoire. Un facteur important qui intervient dans le rendement fait l'objet également de nombreuses études : l'état de la surface du matériau, qui conditionne la quantité de rayonnement perdu par réflexion. Selon la Comsat (Communications Satellite Corporation), un traitement chimique breveté permettrait de réduire la réflexivité de 40 à 6 %. La métallurgie du silicium est depuis cette année l'objet d'un effort particulièrement intensif dans le monde (en France, coopération entre les laboratoires LEP et RTC), mais d'autres matériaux participent également à la compétition.

Le GaAs : un rendement supérieur de 20 %

Depuis longtemps déjà, des cellules formées d'une couche mince de sulfure de cadmium (CdS) recouverte d'une couche mince de sulfure de cuivre (Cu_2S) sont utilisées dans le domaine spatial. Leur rendement est de l'ordre de 7 % et leur coût de fabrication pourrait baisser sensiblement, la qualité cristalline nécessaire étant nettement plus faible que pour le silicium. Les cellules CdS/Cu_2S avaient une durée de vie assez courte, mais il semble que de nouvelles techniques aient permis de remédier à cette difficulté[1]. Les nombreuses recherches sur ce type de matériau sont prometteuses. Ainsi en France, le CNES et la SAT (Société anonyme des télécommunications) étudient des procédés économiques d'obtention

1. L'université du Delaware (USA) a testé 104 cellules CdS/Cu_2S de 6 % de rendement moyen. Après douze mois d'exposition sur le toit d'une maison, il n'a pas été observé de dégradation des performances.

du CdS en couche mince[1] : selon W. Palz, (CNES), le CdS reste le seul concurrent sérieux du silicium, au moins à moyen terme[2]. Aux États-Unis, des expériences récentes ont par exemple permis à des chercheurs de la firme Bell de mettre au point de nouveaux types de cellules à base de CdS d'un rendement de 13 % environ[3].

R.L. Bell, de la firme Varian, annonçait un résultat spectaculaire : le seuil de 20 % de rendement, qui paraissait inaccessible, était dépassé par une cellule d'arséniure de gallium (GaAs) avec concentration du rayonnement solaire par un miroir[4]. Le rendement atteint serait de 23 %. Le GaAs présente un autre intérêt important : son gap relativement important (1,5 eV) lui permet de fonctionner à des températures élevées sans détérioration du rendement, ce qui n'est pas le cas pour le silicium. Il serait ainsi possible de concentrer mille fois le rayonnement et de réduire considérablement la quantité de GaAs nécessaire : selon R.L. Bell, une centrale d'une capacité de 10 MW ne nécessiterait que 80 m^2 de cellules au GaAs, contre 50 000 m^2 avec des cellules au silicium.

Ces principaux axes de recherche — métallurgie du silicium, semi-conducteurs polycristallins en couche mince, semi-conducteurs à haut rendement permettant une forte concentration — sont largement explorés, mais trouver un matériau idéal pour fabriquer des cellules à bon marché ne suffit pas pour résoudre tous les problèmes liés à la conversion photovoltaïque : le coût de l'environnement matériel nécessaire des cellules, actuellement marginal, deviendra très important dans l'hypothèse d'une baisse d'un facteur 10 à 100 du matériau semi-conducteur. Outre les systèmes de stockage de l'énergie rendus nécessaires par les variations journalières et saisonnières de l'ensoleillement, les réflecteurs-concentrateurs et les systèmes de poursuite du Soleil par

1. Sur le procédé de la Société anonyme des télécommunications, voir J. Beson, *L'Onde électrique*, *5*, 1975, p. 21.
2. W. Palz, *L'Onde électrique*, *55*, 1975, p. 153.
3. S. Wagner, J.L. Shay, K.J. Backmann, E. Buhler, *Appl. Phys. Lett.*, *26*, 1975, p. 229 ; J.L.Shay, S. Wagner, H.M. Kasper, *Appl. Phys. Lett.*, *27*, 1975, p. 89.
4. *Electronics*, *47*, 197, p. 41.

Fig. 4. Les transmissions de télévision sont limitées à la portée optique, ce qui constitue un frein à leur développement dans les zones montagneuses. Deux solutions sont aujourd'hui envisageables : soit la transmission de l'information par satellite, soit l'emploi de réémetteurs disposés suivant les accidents du terrain. La photo montre un réémetteur d'une puissance moyenne de 11 W réalisé en Amérique du Sud et alimenté par des cellules solaires au silicium.
(Document Sertem, aimablement prêté par la société Cipel.)

rotation autour d'un ou deux axes liés à l'énergie solaire en général, il faut tenir compte des connexions électriques, des supports des panneaux et de leur protection en verre ou en plastique. Leur prix n'est pas aussi compressible que celui du semi-conducteur.

Si les chances de la conversion photovoltaïque sont encore difficiles à évaluer pour une production d'électricité à grande échelle, elles semblent très sérieuses pour les toutes petites unités de production d'énergie inférieure ou égale à 1 kW. Ces petites sources autonomes, d'abord réservées au domaine spatial, ont fait leur apparition dans les années soixante pour les applications terrestres. L'une des premières réalisations, en 1961, a été l'alimentation d'une petite installation de raffinage électrolytique du cuivre à l'université chilienne d'Antofagasta. Les cellules au silicium fabriquées par la firme française RTC (la Radiotechnique Compelec) n'ont subi aucune variation de performances depuis l'origine. Aujourd'hui, ce type de générateur est particulièrement bien adapté à tous les cas de petite consommation quand le rattachement à un réseau électrique est difficile : télévision scolaire dans les pays peu électrifiés, télécommunication en général (*fig. 4*), balivage en mer et plates-formes de forage, véhicules tels que voiliers, voitures lentes, dirigeables etc., arrosage et irrigation, équipements portatifs : montres, récepteurs radio, magnétophones, caméras [1].

Quelques centaines d'installations expérimentales existent déjà dans plusieurs pays d'Afrique, notamment au Niger, où la société française Cipel a réalisé l'alimentation de nombreux postes de télévision scolaire depuis 1967.

La Recherche, octobre 1975

1. La firme américaine Ragen Precision Industries a mis récemment sur le marché une montre alimentée par des cellules solaires : la Synchronar 2100.

L'énergie des mers

1. L'énergie thermique des mers

Philippe Marchand

Les États-Unis ont, pour la première fois, le jeudi 2 août 1979, produit de l'électricité en utilisant la différence de température entre les eaux profondes et froides de l'océan et les eaux plus chaudes de surface.

A l'énergie thermique des mers, que viennent de redécouvrir les Américains, est pourtant associé le nom du Français Georges Claude qui s'était battu il y a cinquante ans pour imposer cette énergie nouvelle.

La première mini-centrale américaine, de puissance utile modeste puisqu'elle ne fournit que 10 kW, sera suivie, dans quelques années, par une phase industrielle, avec des centrales d'une centaine de mégawatts électriques. La France attend l'aboutissement d'une étude de faisabilité technico-économique avant de tenter une expérience dans les eaux des Antilles ou de la Polynésie.

« Le but de cette démonstration étant essentiellement de prouver que la mer pourra devenir dans l'avenir la source de force motrice tout à la fois la plus formidable et la plus économique... » Nous étions en 1934, à la veille des essais au large du Brésil de la première centrale flottante d'énergie thermique des mers (ETM) et Georges Claude, animé d'un grand enthousiasme, décrivait à l'Académie brésilienne des sciences son projet : le cargo le *Tunisie* fabriquerait 1 000 tonnes de glace par jour par le simple jeu d'une utilisation, géniale, de la différence de température de 20 °C qui existe entre les eaux de surface et les eaux profondes (entre 500 et 1 000 mètres) de l'océan tropical. Et d'ajouter : « En résumé, vous le voyez, montrer à l'industrie de demain des possibilités nouvelles, viser d'autre part, à augmenter le bien-être de la vie dans les régions tropicales, tel est le double objet de ce bateau qui, par un paradoxe apparent, plongeant ses antennes dans la mer fumante, en tirera chaque jour une montagne de glace... »

Il aura fallu un demi-siècle depuis ces premiers essais pour voir réapparaître un nouveau prototype. Celui-ci, de taille encore modeste, puisque sa puissance utile n'est que de 10 kWe, a commencé à fournir son électricité le jeudi 2 août 1979 à 11 h 17 (heure locale d'Hawaï). Ce prototype, appelé mini-OTEC (Ocean thermal energy conversion) par la société Lockheed, marque le renouveau de cette énergie « ancienne » dans son statut d'énergie nouvelle, et il est très probable que nous verrons prochainement les mers tropicales produire industriellement de l'énergie.

Mais qu'est-ce donc que l'énergie thermique des mers ? C'est la rencontre de Carnot et de Bougainville, de la thermodynamique et des tropiques. Si le fond de l'océan est glacé, il n'en va pas de même en surface où l'eau atteint couramment 25 ou 28 °C en Polynésie, aux Antilles ou ailleurs. Le second principe de la thermodynamique, le célèbre principe de Carnot, enseigne qu'il est possible de faire fonctionner une machine thermique entre une source chaude et une source froide. Seulement, les machines thermiques courantes dans une centrale à fuel ou dans une centrale nucléaire utilisent des écarts thermiques de plusieurs centaines de degrés donc des débits de fluide à la source chaude ou à la source froide qui sont très modestes... en face des énormes débits d'eaux chaudes et froides qui seront nécessaires dans une centrale ETM. C'est ainsi que pour produire 100 MWe, donc le dixième de la puissance d'une centrale nucléaire, il faudra utiliser environ 400 m^3/s d'eau pour chacune des deux sources froides et chaudes : la valeur du débit moyen de la Seine à Paris ! Si l'eau chaude est encore relativement facile à pomper puisqu'elle est en surface, il n'en va pas de même de l'eau qu'il faudra aller chercher à 1 000 mètres de profondeur, au moyen d'une longue canalisation de grand diamètre, ce qui n'est pas un mince problème ! Vaut-il mieux utiliser l'eau de mer comme fluide de travail ou un autre fluide moyennant des échangeurs ? Autant de questions que nous allons évoquer et dont les réponses technologiques ne sont pas évidentes...

Une énorme station de pompage

L'examen de l'évolution de la température de l'océan, en fonction de la profondeur dans la zone intertropicale, permet de distinguer grossièrement 3 zones (*fig. 1*) :

— une couche superficielle de 100 ou 200 m d'épaisseur, particulièrement chaude au voisinage de l'équateur (28° à 30 °C), plus tiède au niveau des tropiques (20 ° à 25 °C) qui fonctionne comme un immense capteur plan, tout en assurant un excellent stockage thermique ;

— une zone de variation très rapide de la température, entre 200 et 400 mètres de profondeur, qui fonctionne comme une barrière thermique entre deux masses d'eau de densité différente ;

— une couche d'eaux froides dont la température décroît progressivement pour atteindre 4 °C à 1 000 mètres et 2 °C à 5 000 mètres. Ces eaux profondes se sont formées principalement au voisinage du continent Antarctique (et dans une moindre mesure de l'Arctique), plusieurs centaines d'années auparavant.

En admettant que ces eaux froides mettent en moyenne mille ans pour atteindre la zone tropicale et que leur volume total est de un milliard de km^3, on peut estimer le débit mondial de source froide à environ 30 millions de m^3/s. La source chaude n'est pas limitative en surface et il faut, dans une centrale ETM, 3 m^3/s d'eau froide pour fournir 1 MW électrique. Ainsi, la puissance utile que l'on peut espérer recueillir dans l'océan mondial en conservant le caractère renouvelable de la ressource est donc d'environ dix millions MW, ce qui pourrait satisfaire très largement la consommation énergétique de l'an 2000.

Dans la zone intertropicale les écarts de température entre le surface et 1 000 mètres de profondeur varient de 16 °C à plus de 24 °C dans le Pacifique Est. Presque un tiers de la surface de l'océan mondial présente avec le fond une différence de température supérieure à 18 °C. La mer constitue donc un immense réservoir thermique où coexistent source chaude et source froide en zone intertropicale, où l'on peut envisager de faire fonctionner une centrale d'énergie thermique des mers au moyen d'une machine thermique « basse température ».

Cette machine peut fonctionner en suivant deux cycles thermodynamiques différents. Dans l'un, dit cycle ouvert, l'eau de mer, vaporisée sous vide à la source chaude, entraînera la turbine. Dans l'autre dit cycle fermé, l'eau de mer chaude sert à évaporer un fluide intermédiaire comme l'ammoniac qui, après travail, est condensé à la source froide (encadré 1).

Le rendement global d'une machine d'énergie thermique des mers est très faible : 2 à 3 % et les débits d'eau doivent être très élevés (encadré 2). Pour produire 1 MW électrique, il faut ainsi pomper 3 à 5 m^3/s d'eau chaude et autant d'eau froide. Il faudra donc utiliser des tuyaux de grand diamètre pour véhiculer de tels débits. C'est ainsi que pour produire des puissances de 1, 10 et 100 MWe il faudra utiliser des tuyaux ayant respectivement 1,5 - 5 et 15 mètres de diamètre, donc bien supérieurs aux plus gros tuyaux de l'*off-shore* pétrolier, mais dans des conditions de température et de pression beaucoup moins rudes. Si les débits d'eaux sont énormes, les surfaces requises pour les échanges thermiques en cycle fermé seront considérables : pour produire 1 ou 100 MWe, les échangeurs doivent avoir respectivement 1 ou 100 hectares ! On estime qu'environ un tiers de la puissance produite sur l'arbre de la turbine (la « puissance brute ») sera utilisée pour pomper les eaux froides et chaudes. Une centrale ETM peut donc être comparée à une énorme station de pompage. Les puissances de pompage ne sont d'ailleurs pas prohibitives en regard de la puissance totale produite et ce malgré de grands débits parce que les hauteurs de pompage ne sont que de quelques mètres (pour une centrale à terre : 3 mètres pour le circuit d'eau chaude, le double pour le circuit d'eau froide). Cette hauteur de pompage correspond à la somme des pertes de charge dans les prises d'eau, dans les conduites d'amenée, dans les échangeurs et dans les conduites de rejet auxquelles s'ajoute la perte de charge (environ 1 mètre) provenant de la différence de densité entre les eaux pompées et l'eau de surface.

Les déboires de Georges Claude

Le premier qui suggéra d'utiliser l'énergie récupérable entre deux sources présentant un faible écart de température fut le physicien français d'Arsonval, le 17 septembre 1881, dans la *Revue scientifique.* Il proposait d'utiliser les eaux chaudes (30 °C) du puits artésien de Grenelle, à Paris, pour évaporer un fluide intermédiaire, le dioxyde de soufre ; cette vapeur, après avoir entraîné une turbine, se condensait au contact d'une rivière voisine, comme la Seine. Il suggéra que son invention pourrait être appliquée à de nombreux sites, à commencer par les océans dans la zone tropicale : l'idée de l'ETM était née. Elle fut reprise en 1913 par l'Américain Campbell qui proposa dans *Engineering News*, d'utiliser l'ETM à la production de force motrice en employant comme intermédiaire les gaz liquéfiés comme l'ammoniac. Mais, c'est le 13 mars 1926 que Georges Claude et Paul Boucherot suggèrent d'utiliser l'eau de mer comme fluide de travail : le cycle ouvert était inventé. Dès lors, l'histoire de l'énergie thermique des mers se confond pratiquement avec la vie d'un homme hors du commun : Georges Claude.

Dans toute une série de notes, Georges Claude, inventeur de nombreux procédés dont la liquéfaction de l'ammoniac, expose avec beaucoup d'ardeur les avantages du cycle ouvert[1]. Il condamne d'un trait de plume le cycle fermé : « Bien qu'ayant nous-même envisagé cette solution, nous y avons vite renoncé. Les difficultés d'entretien de systèmes tubulaires fonctionnant sous des différences de température si faibles et forcément constitués d'une forêt de tubes minces et de grand diamètre, soumis à l'action corrosive et à l'intensité de vie de l'eau de mer, la quasi-impossibilité d'assurer par la constante propreté de ces tubes une parfaite transmission de la chaleur, tout cela nous a ramené à une autre conception. »

1. G. Claude, *L'Énergie thermique des mers*, conférence faite à la Sorbonne le 11 février 1928.

Il ajoute plus loin qu'« il ne faut pas s'amuser à gâcher dans les parois des tubes les précieux 20 °C que nous donne la nature » et il explique la possibilité de fabriquer des « torrents de vapeur à 0,03 atmosphère » en faisant bouillir l'eau sous vide : 1 m³ d'eau tiède pourrait ainsi donner jusqu'à 100 000 kgm soit l'énergie de ce même m³ en tombant de 100 mètres.

Georges Claude expérimente son procédé en 1928 en utilisant comme source chaude les eaux de refroidissement d'un haut fourneau à Ougrée et comme source froide, les eaux de la Meuse, il produit 60 kW avec une différence de température de 20 °C[1]. Il démontre ainsi à ses nombreux détracteurs qu'on peut faire tourner une turbine sous de très faibles pressions et que le dégazage n'absorbe qu'une faible part de l'énergie produite par la dynamo.

« Après ces essais », Georges Claude décide alors de « s'attaquer à la mer immense ». En 1930, après deux tentatives infructueuses, il réussit à immerger un tuyau de 1,6 mètre de diamètre et de près de 2 kilomètres de long, dans la baie de Matanzas, à Cuba[2]. Ceci constitue un exploit considérable pour l'époque compte tenu de l'isolement du site, de la faiblesse des moyens utilisés et de la limitation en profondeur (40 mètres) du travail des scaphandriers ; c'est ainsi qu'en octobre la première usine d'énergie thermique des mers produisit 22 kW sous une différence de température de 14 °C. Elle fonctionnera onze jours avant que la conduite d'eau froide ne soit détruite dans une tempête. Il faut souligner que dans cet essai de Cuba, 1/10 seulement de l'eau froide pompée est utilisé, que la turbine d'Ougrée, bien qu'inadaptée pour cette expérience, est utilisée, que le condenseur n'a qu'un seul étage, et que la différence de température est particulièrement faible (14 °C). Georges Claude estime alors que si l'installation avait été correctement dimensionnée, il aurait dû produire 250 kW net par m³/s d'eau froide et sous une différence de 24 °C. Encore ce chiffre pourrait-il même être

1. G. Claude et F. Boucherot, « Sur l'utilisation de l'énergie thermique des mers », *Compte rendu à l'Académie des sciences (CRAS)*, séance du 4 juin 1928.

2. « Vers la conquête de l'énergie des mers », *Revue scientifique*, Revue Rose, n° 6 du 28 mars 1931.

doublé par les « centrales Claude-Boucherot de l'avenir ». Voilà donc Georges Claude à la fois très satisfait d'avoir fait fonctionner la première mini-centrale ETM à la mer, mais un peu désabusé par la fragilité de son tuyau, malgré plusieurs astuces dans la construction et dans la pose : la puissance destructrice de l'océan est un facteur avec lequel il avait insuffisamment compté. Il abandonne alors provisoirement les centrales à terre pour étudier une centrale flottante sous laquelle un tuyau permettrait de pomper l'eau des profondeurs : c'est l'aventure du cargo le *Tunisie*.

En 1933, Georges Claude fait transformer à ses frais un cargo de 10 000 tonnes, le *Tunisie*, acheté à bas prix à cette époque de crise économique. Il y fait installer par les Chantiers de France, à Dunkerque, une usine thermique de 25 mètres de long, 8 mètres de diamètre, comportant 4 compartiments d'évaporation et 5 de condensation, le vide étant entretenu dans l'enceinte par un extracteur Rateau[1]. L'usine est destinée à produire de la glace alimentaire, produit de haute valeur commerciale au Brésil. Pour ce faire, 8 turbines de 275 kW reliées bout à bout entraînent un alternateur de 800 kW et un compresseur rotatif à l'ammoniac de 1 200 kW qui fabriquera des « cierges de glace » qui seront évacués à terre par des chalands.

Le *Tunisie* arrive au Brésil à la fin 1934, et après quelques aménagements complémentaires, il prend la mer et vient s'ancrer à 120 kilomètres au large de Rio de Janeiro. Les difficultés commencent : il va falloir poser le tuyau d'eau froide. Il s'agit d'assembler des tronçons de conduite de 2,5 mètres de diamètre et 6 mètres de long à partir d'un gros flotteur sphérique qui doit être immergé en fin de pose à 20 mètres sous la surface à l'abri des tempêtes. Le tuyau qui doit faire 700 mètres de long servira une fois posé, à l'amarrage du navire. Malheureusement, à la pose du cinquième tronçon, de dangereux « coups de catapulte » apparaissent sous l'action de la houle : le flotteur ne pilonne pas en phase avec la caisse à lest qui se trouve au bas des tuyaux. On décide d'augmenter le lest et c'est alors le naufrage définitif de la

1. G. Claude, F. Boucherot, « Sur une usine flottante », *CRAS*, n° 5, 1934, tome 199.

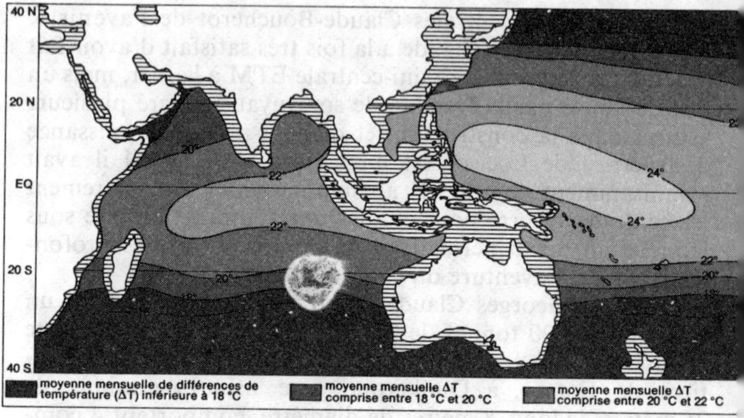

Fig. 1. Le « gisement » mondial de l'énergie thermique des mers est déterminé par la différence de température existant entre la surface et 1 000 mètres de profondeur. La répartition est grossièrement « zonale » et la différence de température de 18° nécessaire à l'exploitation de l'énergie thermique des mers (ETM) est située dans la zone intertro-

caisse et l'endommagement du tuyau. Georges Claude est découragé, les travaux ont déjà pris plusieurs mois de retard, et « fabriquer de la glace destinée à lutter contre la chaleur pour améliorer la vie » devient alors inutile, à la fin de l'été austral : il renonce à réparer, ayant déjà dépensé beaucoup d'argent dans cette opération. Il abandonne.

Le drame du *Tunisie* hantée par une malchance continue est de n'avoir servi à rien. Quand Georges Claude expose ses malheurs à l'Académie le 18 mars 1935, d'Arsonval, son maître et ami, essaye de lui « remonter le moral[1] » : « Aussi mon cher Claude, après votre campagne mouvementée du Brésil, permettez à vos amis, c'est-à-dire à toute l'Académie, de vous renouveler aujourd'hui son vote de confiance. »

Georges Claude n'est pas le genre d'homme à abandonner; après quelques années de silence, c'est encore lui qui

1. G. Claude, « Sur l'énergie thermique des mers - La campagne du *Tunisie* », *CRAS*, nº 12, 1935, tome 200.

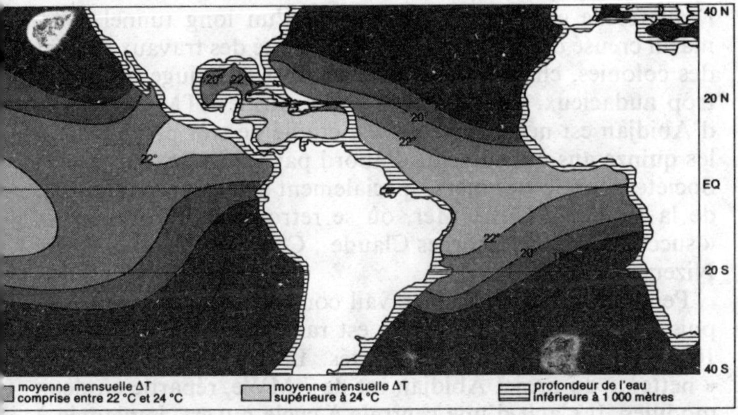

picale. Les Antilles françaises, La Réunion, la Polynésie. la Nouvelle-Calédonie et les autres petites îles françaises représentent près de 1/10e de la zone ETM. Les courants froids de Humboldt (ouest de l'Amérique du Sud), de Californie, d'Angola et de Mauritanie apparaissent nettement. (D'après U.S. dept. of Energy.)

sera à l'origine du fameux projet d'Abidjan, sans doute celui dont le dossier fut le plus étudié de toute l'histoire de l'ETM.

Le projet Abidjan économiquement viable !

En tirant les leçons de ces échecs ou semi-échecs à Cuba et au large du Brésil, Georges Claude propose en 1940 un jet de centrale de 40 MW destiné à Abidjan, qui utiliserait les eaux chaudes de la lagune Ebrié et les eaux « froides » du « Trou sans fond », canyon qui atteint 500 mètres de profondeur à 4 kilomètres de la côte. Ce projet est très hardi :

l'eau froide est pompée au moyen d'un long tunnel sous-marin creusé depuis le rivage ! Le Comité des travaux publics des colonies, chargé d'examiner ce dossier le juge beaucoup trop audacieux, mais l'idée d'une centrale ETM sur le site d'Abidjan est née : ce projet est étudié de très près pendant les quinze ans qui suivent, d'abord par le CNRS puis par la Société Énergie des mers, spécialement créée par le ministère de la France d'Outre-Mer, où se retrouvent les principaux « successeurs » de Georges Claude : Christian Beau et André Nizery.

Pendant quinze ans un travail considérable est réalisé. La puissance « brute » du projet est ramenée à 15 MW puis à 10 MW, répartie en deux unités. La puissance électrique « nette[1] » du projet Abidjan est de 7 MWe, répartie en deux modules. Il s'agit d'une centrale à cycle ouvert, implantée à terre. Il faut donc poser un long tuyau d'eau froide et concevoir une machine thermique beaucoup plus puissante qu'à Cuba.

Les études commencent par la reconnaissance océanographique du « Trou sans fond » : relevé de l'hydrologie et cartographie des fonds. En parallèle, une recherche très poussée est menée en laboratoire d'hydraulique, pour déterminer l'épaisseur de la couche d'eau froide qui serait effectivement pompée, compte tenu des débits d'eau élevés. Les détracteurs de l'ETM prétendent en effet qu'un tel soutirage amènerait au fond des eaux tièdes qui se trouvent au-dessus de la prise d'eau froide. Les essais sont très concluants puisqu'ils montrent qu'un soutirage considérable de l'ordre de 100 m^3/s n'intéresserait qu'une couche de 80 mètres d'épaisseur, au voisinage de la prise d'eau froide.

Les études techniques proprement dites portent sur les composants principaux de la centrale[2]. En ce qui concerne le tuyau d'eau froide, les déboires rencontrés par Georges Claude montrent la nécessité de s'affranchir de la houle en

1. « Puissance nette » = puissance brute moins puissance absorbée par les auxiliaires (pompage) ; c'est donc la puissance sortie usine.

2. A. Nizery et L. Nisolle, « Où en est l'énergie ? », *Revue Energie*, mai-juin 1949. C. Beau, « Utilisation de l'énergie thermique des mers - rapport général », *Compte rendu des 4e journées de l'hydraulique*, Paris, 13-15 juin 1956, tome II, p. 683.

cours de pose. L'ingénieur André Nizery met au point une technique qui utilise des « flotteurs anti-houle ». Divers essais ont lieu en métropole et sur le site d'Abidjan qui aboutissent en 1956 à la pose d'un tronçon de conduite de 2 mètres de diamètre et 150 mètres de long par 300 mètres de profondeur. La méthode retenue consiste à assembler à terre des tronçons plus ou moins rigides puis à les abouter en mer pour former des éléments de 300 mètres de long. Des plongeurs opérant sous les flotteurs « anti-houle » doivent alors boulonner les morceaux consécutifs qui sont progressivement posés au fond de la côte vers le large, jusqu'à former un serpent de mer de 4 kilomètres de long. Il faut ensuite abouter une section entièrement souple de 700 mètres de long, section destinée à plonger vers le fond du canyon, et descendre doucement l'ensemble suspendu sous une douzaine de flotteurs et maintenu en position par des remorqueurs.

Quant aux études et essais concernant la machine thermique (*fig. 2*), ils portent sur les principaux composants du cycle ouvert :

— le désaérateur, destiné à extraire les gaz dissous dans l'eau de mer ;

— les évaporateurs pour lesquels une « boucle d'essai » à l'échelle semi-industrielle est spécialement réalisée en vue de sélectionner le meilleur dispositif d'évaporation ;

— la turbine enfin qui ferait 8 mètres de diamètre pour chaque unité de 5 MW.

L'étude économique réalisée en 1954 montre qu'un tel projet est économiquement viable à Abidjan. Le dossier technique peut être considéré comme complet et les principaux points difficiles du projet ont trouvé des réponses satisfaisantes. Reste à faire le grand pas de la décision... Mais des raisons d'ordre politique amènent la fermeture progressive du dossier. A cette époque, le pays concentre ses efforts au développement des sources d'énergie utilisables à court terme en métropole : la priorité est ainsi accordée à l'hydroélectricité, à l'énergie marémotrice avec l'usine de la Rance, au pétrole et à l'électronucléaire.

Et c'est un barrage qui est construit en Côte-d'Ivoire. Le dossier est réétudié par Électricité de France en 1958, pour une centrale de 3,5 MWe en Guadeloupe du même type que

1. Il faut qu'un cycle soit ouvert ou fermé

Une machine thermique peut fonctionner suivant deux cycles thermodynamiques : le cycle ouvert et le cycle fermé. Le cycle ouvert est très simple dans son principe : l'eau de mer chaude (25 à 30 °C) est distribuée dans un évaporateur où règne une très faible pression (de l'ordre de 3/100 d'atmosphère) qui provoque l'ébullition naturelle de l'eau ; la vapeur ainsi produite entraîne alors une turbine avant de se mélanger à l'eau froide du condenseur où règne une pression plus faible qu'à l'évaporateur. La très faible différence de pression aux bornes de la turbine (1 à 2/100 atmosphères) nécessite pour avoir quelque puissance, de traiter de grands débits de vapeur, donc d'avoir une turbine de grand diamètre (8 m pour le projet Abidjan de 5 MW).

L'entretien du vide dans la centrale implique d'être très vigilant sur toutes les fuites possibles, à commencer par le phénomène du dégazage de l'eau de mer, à la source chaude comme à la source froide. Si les gaz dissous dans l'eau de mer n'étaient pas évacués, il en résulterait très rapidement l'arrêt de la turbine, puisque le vide se comblerait rapidement dans l'enceinte, d'où une complication technique propre au cycle ouvert : la présence d'un désaérateur qui utilise une faible partie de la puissance produite par la centrale.

Le cycle ouvert a l'avantage de pouvoir produire de grandes quantités d'eau douce si l'on remplace les condenseurs à mélange (où la vapeur d'eau à la sortie turbine est mélangée à l'eau de mer profonde) par des condenseurs à surface où la vapeur d'eau (douce) se condense sur la paroi froide de l'échangeur. Ce débit d'eau douce peut atteindre 100 m³/h par MW produit.

Le cycle fermé utilise un fluide intermédiaire très volatil comme l'ammoniac. L'eau de mer chaude cède sa chaleur au travers d'un échangeur à l'ammoniac qui se vaporise. La vapeur ainsi produite se détend dans une turbine en fournissant un travail moteur, avant de se condenser au contact de la paroi froide du condenseur alimenté en eau de

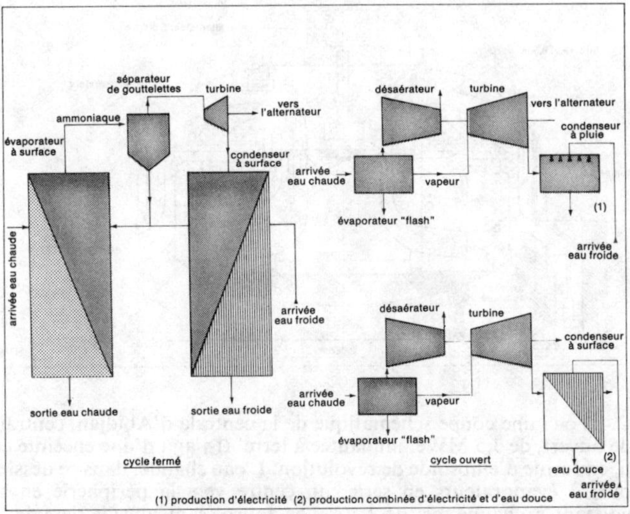

mer froide. Une pompe de circulation assure la reprise du fluide condensé et l'envoie à l'évaporateur pour un nouveau cycle.

Le fluide intermédiaire le plus couramment retenu est l'ammoniac : outre ses bonnes propriétés thermodynamiques, une pression de vapeur élevée (9 kg/cm² à 25 °C), il a l'avantage d'être connu dans l'industrie, peu cher et biodégradable en cas de fuite. Le cycle fermé sera donc caractérisé par des turbines petites mais présentera le gros inconvénient de nécessiter des échangeurs de très grande surface en raison des faibles variations de température aux échangeurs.

Une centrale de 1 MW et de technologie « rustique » nécessiterait une surface d'évaporateur (ou de condenseur) de près d'un hectare. La recherche d'échangeurs plus performants (et plus coûteux) pourrait conduire à diviser ces surfaces par un facteur 5, ce qui réduirait d'autant l'épineux problème de la corrosion et des biosalissures.

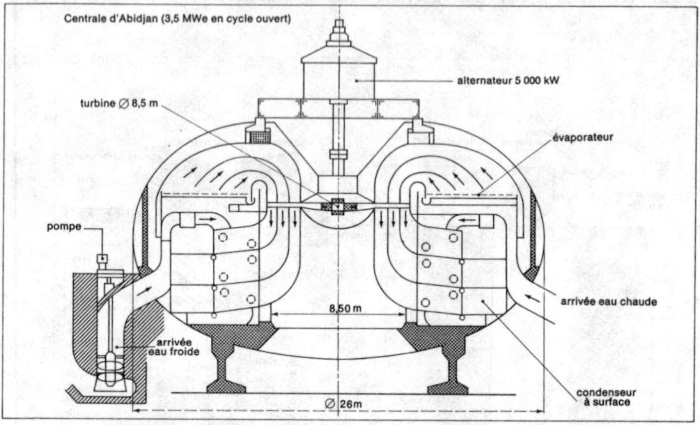

Fig. 2. Voici une coupe schématique de la centrale d'Abidjan, centrale à cycle ouvert, de 3,5 MWe, implantée à terre. Il s'agit d'une enceinte en béton, en forme d'ellipsoïde de révolution. L'eau chaude, dans ce dessin, parcourt 3 évaporateurs en série, du centre vers la périphérie en se refroidissant à chaque fois de 1 °C et en fournissant ainsi le tiers de la vapeur à 27 °C, le tiers à 28 °C, le tiers à 29 °C, au lieu d'avoir toute la vapeur à 27 °C. C'est le principe de la vaporisation étagée. Ces trois flux de vapeur attaquent chacun trois couronnes concentriques d'aubages axiaux. L'eau froide dont le débit est seulement le tiers du débit d'eau chaude, parcourt trois condenseurs en cascade en se réchauffant à chaque fois de 3 °C (de 8° à 17 °C) et en condensant un tiers du débit de vapeur. Une telle disposition étagée permet de gagner 40 à 50 % de puissance par rapport au dessin de Georges Claude qui ne comportait qu'un seul évaporateur. (D'après archives du projet d'Abidjan.)

celle d'Abidjan[1] mais l'affaire n'a pas de suite : la rentabilité du projet n'apparaît pas, même en vendant de l'eau douce.

Ce dernier round est fatal à l'émergence de l'ETM et l'on ne peut que regretter l'absence d'une volonté gouvernementale suffisante à l'époque pour tenter l'aventure. Que de chemin n'aurions-nous pas parcouru !

1. Archives de la Société Énergie des mers, étude d'un projet de centrale maréthermique à la Guadeloupe, EDF, Région d'équipement thermique II, 31 mars 1959.

Les échangeurs : la moitié du prix de la centrale

Il faudra attendre la fin des années soixante pour que des projets ETM entièrement nouveaux apparaissent : trois équipes universitaires américaines présentent des projets de centrale flottante de grande puissance et utilisant le cycle fermé. Ces études universitaires, d'abord financées par la NSF annoncent les trois grands projets qui sont apparus chez deux industriels (Lockheed[1] et TRW[2]) et une université (Johns Hopkins[3]), il y a cinq ans. Ces derniers sont tous les trois « flottants ». Ce concept a l'avantage de l'universalité, il est d'ailleurs le seul envisageable pour la fourniture d'électricité aux États-Unis, car le plateau continental est très étendu, et la différence de température des eaux satisfaisante n'est obtenue qu'à une centaine de kilomètres au large. Le concept de centrale terrestre, limité par une longueur acceptable de 5 kilomètres de la conduite d'eau froide, doit donc être écarté.

Éliminant le cycle ouvert qui, pour un module de 100 MW, demanderait une turbine énorme, environ 70 à 80 mètres de diamètre, les Américains ont semble-t-il définitivement opté pour le cycle fermé utilisant l'ammoniac comme fluide de travail. Les deux grands projets de centrales, présentés sur les figures 3 et 4 préfigurent les futures centrales ETM qui dans quelque dix, vingt ou trente ans seront répandues un peu partout dans l'océan tropical. Si les problèmes techniques à résoudre sont nombreux, les spécialistes s'accordent à

1. R.D. Fuller, « Ocean Thermal Energy Conversion », *Oceanology International*, Brighton, 1978.
2. R.H. Douglass et P.J. Bakstadt, « Systems aspect of ocean thermal energy conversion », *Journal of Hydronautics*, *12*, n° 1, 18 janvier 1978.
3. G.L. Dugger, E.J. Francis, W.H. Avery, Technical and economic feasibility of ocean thermal energy conversion, *Symposium Sharing the Sun !*, Winnipeg, Canada, 15-20 août 1976.

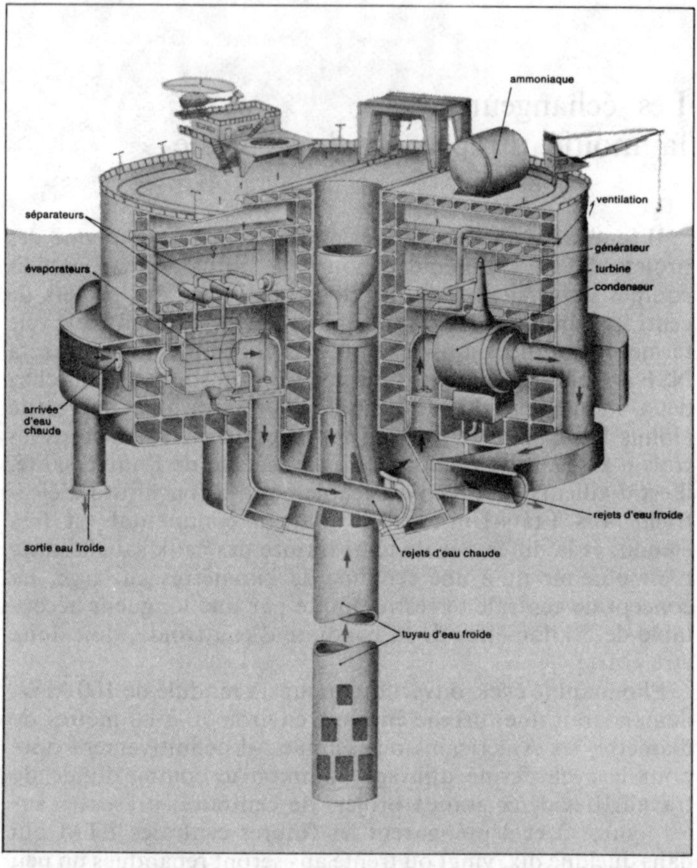

Fig. 3. La centrale flottante TRW, à cycle fermé, doit produire 100 MWe de puissance nette. La plate-forme est en béton, de forme cylindrique ; elle déplace 215 000 tonnes, pour un diamètre de 110 mètres et un tirant d'eau de 35 mètres[1]. Les quatre modules de 25 MWe de puissance unitaire sont intégrés dans la coque. Chacun des 4 évaporateurs comporte 65 000 tubes en titane de 15 mètres de long et 4 centimètres de diamètre. L'eau froide est pompée à 1 200 mètres de profondeur au moyen d'un tube de 15 mètres de diamètre en plastique armé de fibres de verres et qui pèse 10 000 tonnes dans l'eau. La structure utilise les rejets d'eaux chaudes pour se positionner; elle n'est donc pas ancrée et peut se maintenir en place dans un courant de un nœud. (D'après document TRW.)

1. R.H. Douglas et P.J. Bakstadt, *op. cit.*

reconnaître qu'ils ne sont pas insurmontables. Les principales difficultés viennent de la faible différence de température (20 °C) qui conduit à des surfaces d'échange considérables et à de grands débits d'eaux chaudes et froides.

Les échangeurs (évaporateur et condenseur en cycle fermé) représentent environ la moitié du prix de la centrale ETM. Ils font l'objet de recherches intenses aux États-Unis et au Japon et peuvent être de différents types (encadré 3). Un des principaux problèmes qu'ils posent, en raison du long séjour en mer des centrales — une trentaine d'années — est lié à l'agressivité du milieu marin qui est à la fois un bouillon de culture et un agent particulièrement corrosif. Les échangeurs et particulièrement les évaporateurs parcourus par l'eau chaude de surface vont être ainsi le siège d'un développement de salissures marines (micro et macrosalissures) et d'une intense corrosion marine. Il est en effet communément admis que les biosalissures se développent beaucoup moins dans le circuit d'eaux froides en raison de leur faible contenu biologique dû à l'absence de photosynthèse en profondeur. Les microsalissures, constituées d'un mince voile biologique ayant tendance à tapisser les importantes surfaces d'échange peuvent être préjudiciables au rendement thermique des évaporateurs : un voile de deux ou trois dixièmes de millimètre diviserait de moitié le coefficient d'échange. Si ce voile n'était pas enlevé, des organismes plus importants comme des moules ou des patelles pourraient se développer. Diverses méthodes sont en cours d'expérimentation pour nettoyer les échangeurs : nettoyage chimique par injection de chlore ou nettoyage mécanique au moyen de brosses. Ce dernier procédé semble adapté au nettoyage en continu des tubes d'échangeurs. Il consiste à injecter des petites balles rugueuses dans le circuit d'eau de mer. Un nettoyage hebdomadaire devrait suffire dans des conditions moyennes.

Le titane semble le matériau le mieux adapté pour les échangeurs mais il est très cher et actuellement produit en « petite » quantité. Les alliages à base de cuivre doivent être éliminés car ils sont incompatibles avec l'ammoniac. Restent certains aciers inoxydables mais cette solution serait aussi chère que le titane. Les alliages d'aluminium (comme l'alliage 5052 contenant 2,5 % de magnésium) coûtent trois fois moins cher que le titane mais leur durée de vie d'une quinzaine d'années impliquerait un changement complet des tubes pendant la durée de vie de la centrale. Ils risquent aussi de poser des problèmes d'érosion liés aux fréquents nettoyages mécaniques. Il faudra, par ailleurs, éviter toute fuite d'eau de mer dans l'ammoniac, car le mélange est alors très corrosif.

Quant aux problèmes posés par les tuyaux d'eaux froides, ils sont très différents selon qu'il s'agit d'une centrale flottante ou d'une centrale à terre. Différents types de tuyaux et de matériaux constitutifs ont été envisagés, comme l'acier, l'aluminium, le béton armé, le plastique armé, le caoutchouc armé. Dans le cas d'une centrale flottante, il faut que le tuyau de grandes dimensions (800 mètres de long et 20 mètres de diamètre pour une centrale de 100 MW) puisse résister aux mouvements de la plate-forme, ce qui conduit presque nécessairement à envisager un tuyau « relativement souple » amortissant les sollicitations dynamiques sur toute sa longueur. Comment fabriquer, déployer, raccorder une telle cheminée géante ? Aucune solution ne fait pour le moment l'unanimité. Il semble de toute manière préférable, pour limiter les pertes de charge, de n'avoir qu'un seul tuyau. Un tel appendice augmentera beaucoup la traînée de la barge, ce qui compliquera le problème de l'ancrage.

Le tuyau terrestre nous ramène à Georges Claude : il faut trouver une technique de pose, un type de tuyau capable de résister au « poinçonnement » du fond et d'accepter un certain « porte à faux » entre deux bosses sous-marines, et surtout une méthode de franchissement de la zone agitée du rivage : faire un puits ou mettre de l'inertie ? Il semble que le diamètre maximum de tuyau envisageable (5 à 10 mètres) limitera la taille des centrales terrestres à quelques dizaines de MWe. Une longueur de 3 à 5 kilomètres n'est pas sans soulever certaines difficultés (ancrage dans les courants, logistique de pose) qui sont actuellement à l'étude en France.

2. Faible rendement de Carnot, grands débits d'eau

Le rendement maximum d'une machine thermique fonctionnant entre une source chaude T_2 et une source froide T_1, est $(T_2 - T_1)/T_2$.

La différence $T_2 - T_1$ qui est de plusieurs centaines de °C dans des moteurs classiques ou certaines turbines, n'est plus que de 20 °C dans le cas de l'ETM. Le calcul suivant, indicatif d'une centrale de 1 MW à cycle fermé, donne quelques ordres de grandeur utiles :

L'eau chaude à 25 °C se refroidit à 22 °C dans l'évaporateur où elle génère de la vapeur d'ammoniac à 20 °C qui, après détente dans la turbine, se condense à 10 °C au condenseur où l'eau profonde qui entre à 5 °C ressort à 8 °C. La différence de température aux bornes de la turbine n'étant que de 10 °C, le rendement de Carnot du cycle sera : 10/293 = 0,034. En tenant compte du rendement de la turbine (0,8), de celui de l'alternateur (0,95) et du rendement réel du fluide par rapport à son cycle théorique (0,095), le rendement global de la centrale est très faible : $P_g = 0{,}024$.

Les débits d'eau à la source froide ou à la source chaude sont quant à eux très élevés puisqu'ils correspondent à des variations de température Δt d'eau de mer, très faibles aux échangeurs. Pour cette centrale de 1 Mw, les calculs donnent un débit de 43 m³/s.

De l'électricité pour quoi faire ?

Dans le cas d'une centrale terrestre, l'électricité produite sert à alimenter le réseau local, en « puissance de base », c'est-à-dire 24 h sur 24. Un sous-produit particulièrement intéressant pour les sites tropicaux est l'eau douce, mais ceci n'est vrai que pour le cycle ouvert qui en fabrique naturellement. Il a aussi été proposé d'utiliser les eaux froides, riches en sels nutritifs, pour ensemencer des bassins en phytoplancton, premier maillon de la chaîne biologique. Ceci repose sur la double constatation que les eaux tropicales sont pauvres en sels nutritifs (mais riches en soleil, donc favorables à la photosynthèse) et que les zones de remontées d'eaux froides (les *upwellings* du Pérou ou de Mauritanie) sont particulièrement fertiles et poissonneuses. La rentabilité d'une telle fabrication d'algues destinées à des crevettes, des coquillages ou à des poissons d'élevage, n'est cependant pas encore prouvée.

Divers procédés sont aussi envisagés pour utiliser l'électricité produite en mer à bord des grandes centrales flottantes. Le plus simple consiste à se ramener au cas précédent au moyen d'un câble sous-marin. Cette solution ne manquera pas de poser certains problèmes comme la conservation des propriétés mécaniques et électriques du câble, entre la plateforme et le fond. Mais les perspectives futuristes de fabrication en haute mer de produits « énergétivores » ne manquent pas : l'océan mondial s'ouvre alors en totalité, le fil à la patte des centrales étant coupé.

Par ailleurs, comme on l'a vu, le laboratoire de physique appliquée de l'université John Hopkins envisage de faire la synthèse de l'ammoniac[1]. Encore faut-il savoir électrolyser convenablement de l'eau de mer pour en extraire l'hydrogène, la liquéfaction de l'air pour produire de l'azote ne posant pas de problème particulier. Dans le cas des États-Unis, la fabrication d'ammoniac permettrait d'économiser du gaz naturel à partir duquel il est fabriqué. L'ammoniac est intéressant en tant que tel pour l'industrie des engrais. Il peut être aussi utilisé comme vecteur énergétique pour être ensuite dissocié en hydrogène directement utilisable dans des piles à combustibles, à terre, voire utilisé tel quel dans des piles à combustibles à l'ammoniac. Mais la percée de l'hydrogène en tant que combustible nécessitera encore de nombreuses années.

Enfin, il n'est pas moins utopique de fabriquer de l'aluminium en haute mer à partir de navires transportant de la

1. W.H. Avery, « OTEC-Status and prospects », *MTS journal*, avril-mai 1978.

bauxite que de transporter le minerai dans les hautes vallées alpines... il faut 6 tonnes de bauxite pour faire 2 tonnes d'alumine, la réduction de l'alumine donne alors 1 tonne d'aluminium pour une dépense d'énergie d'environ 18 MWh. C'est une analyse de la rentabilité de l'opération complète qui dépend en premier chef du coût de l'électricité ETM, ainsi que l'examen des conséquences socio-économiques qui permettrait de décider...

Bien d'autres idées sont dans l'air. Ainsi, l'hydrogène posant un problème de transport sous forme liquide, il serait sans doute plus astucieux de le combiner au carbone pour synthétiser par exemple du méthanol, ou de l'éthanol, qu'on sait transporter et utiliser presque tel quel dans les moteurs à essence. Ces perspectives, pour futuristes qu'elles soient actuellement, risquent à long terme et si elles débouchent, de révolutionner quelque peu l'équilibre énergétique de la planète... Les programmes en cours que nous allons un peu développer illustrent bien l'enjeu de la bataille.

Aux États-Unis, des recherches actives et diversifiées

A la suite de quelques travaux universitaires qui redécouvrirent autour de 1970 les possibilités de l'énergie thermique des mers, la Recherche-Développement aux États-Unis a « décollé » de manière spectaculaire[1]. Le budget fédéral « ETM » est passé de 3 M\$ en 1975 à 36 M\$ en 1978 (soit 12 % du solaire) et devrait encore croître substantiellement dans les prochaines années (voir encadré 2).

La phase « petite échelle » est lancée depuis deux ans, elle vise principalement à tester des échangeurs (1 MW thermique) dans une boucle d'essai à Chicago, à mesurer les biosalissures en zone tropicale (îles Vierges, Panama city,

1. R. Cohen, « An overview of the US OTEC Development Program », *ASME 1978 - Energy technology conference*, Houston, 6-9 novembre 1978.

3. Quatre types d'échangeurs à l'étude

Dans le cas du cycle fermé, adopté dans les différents projets d'exploitation de l'énergie thermique des mers, un des problèmes technologiques importants à résoudre est posé par les échangeurs : évaporateur et condenseur. En effet, la faible différence de température (20°) entre les eaux de surface et celles du fond exige des surfaces d'échange considérables et de grands débits d'eaux chaudes et froides. Quatre types d'échangeurs font l'objet de recherches approfondies aux États-Unis et au Japon.

A. *Échangeur à tubes horizontaux* : c'est un schéma très classique qu'il convient d'adapter aux conditions de l'ETM : faibles écarts de température et pressions inférieures à 10 kg/cm². L'eau de mer chaude parcourt des tubes horizontaux, provoquant l'évaporation de l'ammoniac. Les recherches en cours visent à améliorer le coefficient de transfert thermique des tubes côté ammoniac, par exemple en déposant un métal poreux, les pores se comportant comme autant de noyaux favorisant l'ébullition « nucléée » de l'ammoniac.

B. *Échangeur à film vertical* : l'ammoniac ruisselle le long de tubes verticaux crénelés. Les micro-vagues produites par le ruissellement du film d'ammoniac dans les cannelures améliorent le coefficient d'échange thermique de plusieurs

Hawaii), à expérimenter des méthodes de nettoyage d'échangeurs, à tester des matériaux résistant aux agressions marines. Parallèlement sont étudiées trois centrales flottantes de grande puissance.

La phase « pleine échelle en mer » a été lancée en 1978 : elle vise à expérimenter plusieurs types d'échangeurs ETM (1 MWe, soit 40 MW thermiques) à la mer sur un tanker récupéré à cet effet (OTEC 1) et qui sera opérationnel en 1980. Différentes expérimentations se poursuivent parallèlement sur les tuyaux en mer. La réalisation d'un ou deux pilotes de 10 MWe est envisagée dès 1982, les deux plates-formes étant conçues pour une éventuelle extrapolation à 40 MWe en cas de succès. L'un de ces pilotes transmettrait de l'électri-

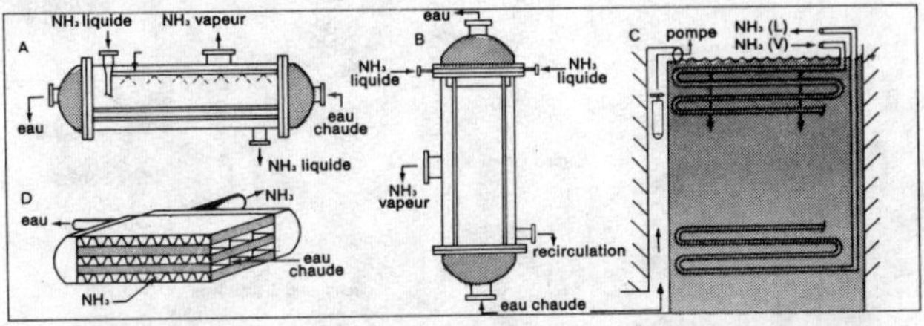

ordres de grandeur. C'est là une voie prometteuse, mais il reste des problèmes de fabrication à résoudre comme l'usinage des cannelures dans des tubes en titane.

C. *Échangeur « trombone »* : c'est le modèle « rustique » retenu dans le projet APL : un tube lisse en forme de trombone et parcouru par de l'ammoniac, baigne dans une piscine d'eau chaude. Le nettoyage d'un tel système par brossage semble cependant difficile. Le nettoyage par ultrasons est par ailleurs à l'étude.

D. *Échangeur à plaques* : c'est une voie d'avenir. L'eau chaude et l'ammoniac sont séparés par une « plaque » de métal dont la surface peut être plus ou moins « travaillée » pour augmenter les échangeurs thermiques. Les échangeurs à plaques qui posent encore quelques problèmes (nettoyage) seraient cinq fois moins encombrants que les échangeurs tubulaires. (D'après 6th OTEC Conf.)

cité à terre au moyen d'un câble, l'autre serait du type centrale au large produisant de l'ammoniac et non ancré (*grazing concept*). Par ailleurs, divers sites sont évalués (golfe du Mexique, Hawaii, Puerto Rico). Les premières études d'impact sont très rassurantes puisqu'une grosse centrale de 100 MWe placée à Hawaii (Keahole Point) donnerait un refroidissement des eaux superficielles inférieur à 1° à 500 mètres du point de rejet, pour une perturbation thermique de l'ordre de 0,3 °C sur les 10 km² entourant la centrale [1]. Il

1. K.H. Bathen, « Environment impact of nearshore OTEC plants on subtropical hawaïan waters », *4th annual conference on OTEC*, La Nouvelle-Orléans, mars 1977 ; « An estimate of the impact of OTEC operation on the vertical distribution of heat in the Gulf of Mexico », *ibid.*

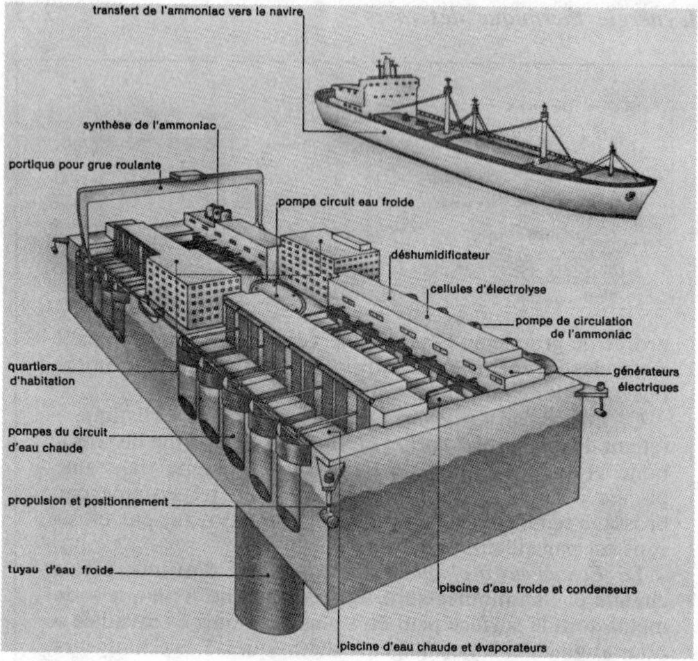

Fig. 4. La centrale flottante à cycle fermé, présentée par le laboratoire APL (Applied physics laboratory) de la Johns Hopkins University est très différente de la précédente : elle ne transmet pas l'électricité produite au rivage au moyen d'un câble mais l'utilise sur place pour fabriquer de l'ammoniac[1,2]. L'hydrogène est obtenu par électrolyse de l'eau et l'azote par la liquéfaction de l'air. Une combinaison catalytique de l'hydrogène et de l'azote donne de l'ammoniac qui est ensuite acheminé par des navires spécialisés : les transporteurs de gaz liquéfié dont la technologie est maintenant bien au point. Une telle structure, sans fil à la patte, n'a pas besoin d'être ancrée. Elle migre à la recherche des meilleurs « pâturages thermiques » (« *grazing concept* » — *to graze* : *butiner*) où la différence de température est la plus élevée possible... par exemple au large du N.E. du Brésil, hors des eaux territoriales, dans une zone sans tempête ni cyclone, d'où son aspect rustique et peu marin de parallélépipède rectangle en béton. La recherche du coût minimum jointe à celle de la différence de température maximale permet d'après l'université John Hopkins d'avancer un prix de kWh produit, moitié moindre que dans les 2 cas précédents de Lockheed et TRW. Cette grande piscine (160 × 60 × 25 m) compartimentée en sous-piscines chaudes et froides où baignent des échangeurs-trombones, (encadré 3), très rustiques dans une version 100 MWe, produirait 300 tonnes d'ammoniac par jour, au moyen de 20 modules de 5 MW. Le marché de telles centrales d'ici la fin du siècle serait d'une cinquantaine d'unités dans une version commerciale produisant 1 000 tonnes d'ammoniac par jour. (D'après APL.)

1. G.L. Dugger, E.J. Francis, W.H. Avery, *op. cit.*
2. W.H.Avery, *op. cit.*

a été par ailleurs calculé que le fonctionnement simultané de 100 grosses centrales dans le golfe du Mexique n'échaufferait la source froide que de 0,8 °C.

En dehors de ces travaux dirigés par le DOE (department of Energy) existe l'initiative privée de Lockheed qui a permis de faire fonctionner, au large d'Hawaii une petite centrale flottante à cycle fermé, « mini-OTEC », de 50 kW de puissance brute et 10 kWe de puissance nette, donc produisant moins d'énergie que ne l'avait fait Georges Claude, cinquante ans auparavant, mais avec une technologie complètement différente.

Cette phase « probatoire » du programme américain devrait s'achever en 1985, et si les résultats sont encourageants, déboucher sur une phase « industrielle » dans la gamme 40-100 MWe pour le marché des grandes îles, comme Hawaii ou Porto Rico où une percée d'environ 3 GWe pourrait être réalisée d'ici l'an 2000. Des unités encore plus grandes (100 à 400 MW) sont envisagées, à partir de 1990, dans le Sud-Est des États-Unis, où la contribution de l'énergie thermique des mers pourrait être de 20 à 40 GWe en l'an 2000, atteignant ainsi 2 à 3 % de la puissance installée prévue pour cette époque.

Au Japon, les études de Recherche-Développement en matière d'énergie thermique des mers ont débuté en 1977 sous l'égide du gouvernement japonais[1]. Une association japonaise avait été créée en 1974 afin d'étudier les potentialités de l'énergie thermique des mers dans le cadre du projet « Sunshine ». Les solutions techniques étudiées privilégient le système de centrale à cycle fermé, l'ammoniac ayant été retenu comme le meilleur fluide de travail. Une boucle d'essais d'échangeurs est en cours d'expérimentation, cinq sites potentiels ont été retenus au Japon. Pendant les cinq prochaines années, les principaux sous-systèmes seraient mis au point et la construction d'un module de 1 MWe sur une barge est programmée. Vers la fin des années 1980, il est prévu de construire et de tester en mer une usine pilote de 10 à 15 MWe qui débouchera vers 1990 sur une centrale de démonstration de grande puissance (100 MWe). Ainsi, le

1. *Bulletin d'information du CNEXO*, n° 119, novembre 1978.

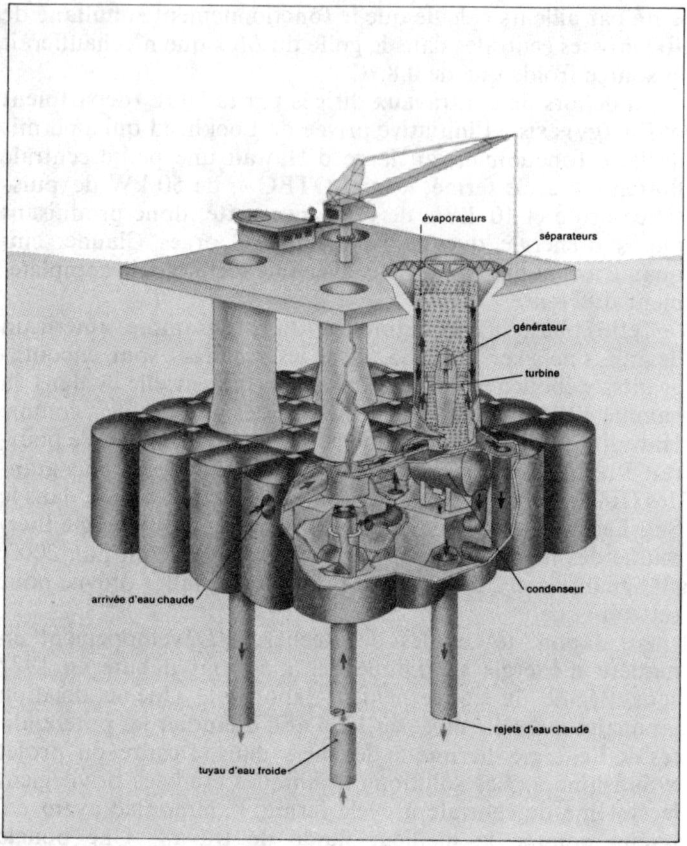

Fig. 5. La France n'est pas absente de la compétition internationale. Plusieurs projets sont étudiés par deux groupements (Empain-Schneider et CGE-Alsthom-ETPM), dont un projet de centrale flottante à cycle ouvert. Avec ce type de centrale, la France prend une option pour une filière différente de celle jusqu'à présent retenue par les Américains. Le choix du cycle ouvert a des répercussions jusque dans l'architecture de la centrale. Ainsi une plate-forme semi-submersible en béton, issue des plates-formes pétrolières utilisées en mer du Nord, a dû être spécialement étudiée ; une très grande stabilité, même en présence de fortes houles, est indispensable pour assurer le bon fonctionnement des évaporateurs qui se répercute sur le rendement de la centrale. (D'après Sea Tank Co.)

programme japonais est-il comparable dans ses objectifs au programme américain, sur une plus longue durée, mais avec des financements qui, pour le moment, seraient de l'ordre du million de dollars, non compris une contribution sans doute importante venant des industriels.

En France, une étude de faisabilité technico-économique dans la gamme de puissance de 1 à 10 MWe est en cours, et s'achèvera au début de 1980[1,2]. Les solutions techniques pour une centrale à terre et pour une centrale flottante sont examinées, les deux cycles, ouvert et fermé, sont par ailleurs comparés. Si les résultats sont favorables, une usine probatoire de quelques MW pourrait être réalisée dans les DOM/TOM d'ici 1985, après une phase d'essai de composants (*fig. 5*).

Enfin, un groupe d'industriels européens (EUROCEAN), dominé en fait par des intérêts suédois, a récemment mené une étude « papier » pour cerner les problèmes posés par les grosses centrales.

Une énergie pour le futur

La centrale terrestre d'Abidjan aurait pu être rentable aux conditions économiques de l'époque, en 1955. Aujourd'hui, les études américaines permettent d'avancer des coûts pour des centrales de 100 MW et plus. Deux remarques s'imposent. Comme pour les autres centrales d'énergie renouvelable où l'investissement est lourd, la durée d'amortissement ainsi que le loyer de l'argent à prendre en compte influeront très sensiblement sur le prix du kWh. D'autre part, le coût de l'énergie thermique des mers est d'autant plus faible que la différence de température est forte. Il y aura donc intérêt, soit à pomper l'eau très en profondeur, mais au-delà de 1 000 mètres la température ne s'abaisse que très lentement en dessous de 4 °C, soit à utiliser au mieux les éventuelles

1. *Bulletin d'information du CNEXO*, n° 121, janvier 1979.
2. Ph. Marchand, « The French OTEC program », *6ᵉ OTEC conference*, Washington, 19-22 juin 1979.

possibilités de « surchauffe » en surface : c'est ainsi que le projet d'Abidjan gagnait quelques degrés à la source chaude, en pompant les eaux dans une lagune peu profonde.

En tout état de cause, dans l'état actuel de la technique, il convient d'être prudent tant qu'une grosse usine de démonstration ne fonctionne pas vraiment. La majorité des projets de centrales de 100 MWe évalue le kW installé entre 6 000 et 12 000 F et le kWh entre 15 et 25 centimes. Les plus pessimistes plafonnent le prix du kWh à 50 centimes. Le kWh ETM ne serait donc pas pour le moment beaucoup plus cher que le kWh nucléaire ou thermique en France (estimé à 12-16 centimes). De plus, plusieurs indications montrent que même des petites unités ETM, de 10 MW ou moins encore, seraient compétitives à court terme. Par ailleurs, les protagonistes des projets de centrales ETM transformant l'électricité en ammoniac en haute mer, hors de la zone économique des 200 milles (le statut juridique des centrales ETM n'a pas encore fait l'objet de débats dans les interminables conférences sur le droit de la mer), estiment qu'en 1990, si les nouvelles usines d'ammoniac étaient toutes d'origine ETM, les États-Unis économiseraient 1 milliard de $ de gaz naturel par an. Ceci conduirait en l'an 2000 à une puissance installée de plus de 40 GWe produisant 45 millions de tonnes d'ammoniac par an, destiné à l'industrie des engrais[1]. L'énergie thermique des mers, cette invention ancienne redécouverte récemment, est donc en pleine maturation technique. Elle devra cependant faire ses preuves sur le terrain du MW. Elle a d'ores et déjà l'avantage d'être renouvelable, propre, naturellement concentrée, disponible en continu et elle peut même produire massivement de l'eau douce en cycle couvert. Le pari de l'ETM à long terme sera lié au développement de vecteurs énergétiques comme le méthanol, l'ammoniac ou l'hydrogène...

Ces vues peuvent sembler futuristes aujourd'hui, mais l'histoire énergétique mondiale nous enseigne que le monolithisme en matière d'énergie est un leurre. L'avenir ne sera ni « tout charbon », ni « tout nucléaire », ni « tout pétrole », ni « tout solaire », il sera dans la diversité des sources.

1. W.H. Avery, *ibid.*

L'ETM a, quant à elle, l'ambition de concurrencer le « thermique fuel » à court terme et le nucléaire ou le charbon vers la fin du siècle.

POUR EN SAVOIR PLUS

A. Ivanoff, *Introduction à l'océanographie*, Paris, Vuibert, 1972, tome 1.

Arthur W. Hagen, *Thermal Energy from the Sea, 1975.*

The Fifth Ocean Thermal Energy Conversion Conference - Miami, 20-22 février 1978, Proceedings conf., 78 0236, septembre 1978, 4 tomes.

Les Énergies de la mer - SHF, quatrièmes journées de l'hydraulique (publié par *la Houille blanche*), Paris, 13-15 juin 1956, tome I et II.

Energy from the Ocean, Report of the committee on science and technology, 95e congrès, avril 1978.

La revue *Otec Liaison Bulletin*, ou *TOL*, R. Arlen Meyer, Chicago 60 622.

OTEC Report - Eurocean Monaco, novembre 1977.

La Recherche, novembre 1979

2. L'énergie des vagues

François Séguier

Après la hausse brutale du prix du pétrole, les gouvernements des grands pays industrialisés lancèrent des programmes de recherche visant à mettre en valeur toutes les sources d'énergie nouvelles, négligées jusqu'alors. Rapidement deux voies — en plus du nucléaire, bien entendu — ont retenu l'attention et les crédits publics : la géothermie et, surtout, l'énergie solaire. L'énergie éolienne et l'énergie des mers furent pratiquement abandonnées à l'initiative privée et aux bricoleurs têtus. L'utilisation de l'énergie thermique des mers est systématiquement suspectée depuis les expériences du physicien français Claude, pourtant bien anciennes. Quant à l'énergie des vagues, elle a semblé la plus « exotique » des énergies nouvelles à la très grande majorité des organismes responsables de la recherche dans le domaine de l'énergie. En France, notamment, seuls quelques milliers de francs ont été distribués par l'État pour un travail sur ce sujet par des étudiants. Les centres de recherche privés qui, comme Bertin, avaient, il y a quelques années, testé quelques idées d'exploitation de la force des vagues semblent avoir abandonné cette voie.

Seuls le Japon, la Grande-Bretagne (et dans une moindre mesure le Canada), persévèrent dans cette voie originale d'exploitation de l'océan grâce à des subventions de l'État. Mais leur approche et l'avancement des travaux sont très différents dans les deux cas.

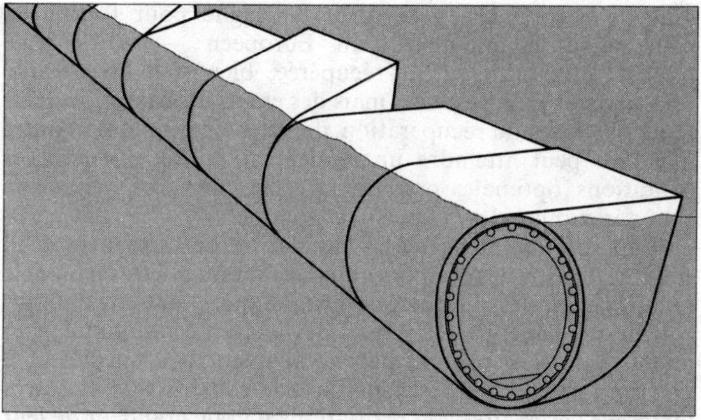

Fig. 1. Dans le projet britannique de l'énergie des vagues, une ligne de caissons étanches flottants roulent autour d'un axe sous l'action des vagues. Le mouvement de rotation devrait actionner des pompes, lesquelles injectent un liquide dans des turbines électrogénératrices.

Une densité d'énergie considérable

On se doute que l'énergie des vagues varie selon les latitudes et les climats. Dans les régions septentrionales de l'Atlantique — c'est-à-dire, pour notre propos, de l'Islande au golfe de Gascogne — comme au large des côtes du nord du Japon, la densité moyenne de l'énergie des vagues atteint environ 90 MW par kilomètre de front de vague, selon les évaluations de Stephen Salter, de l'université d'Édimbourg, promoteur du projet britannique[1]. La vague typique a 3 mètres de haut, 150 mètres de longueur d'onde, un mouvement de montée et de chute toutes les 10 secondes et une vitesse de déplacement d'environ 55 kilomètres à l'heure. A partir de ces données, on peut calculer qu'il ne faut pas

1. Exposé au débat organisé par la commission des Communautés européennes sur l'énergie nucléaire, Bruxelles, 28 novembre 1977.

plus de 5 millimètres de front de vague pour fournir la consommation annuelle d'un Européen — si l'énergie pouvait être entièrement récupérée, bien sûr! En théorie, cela ne peut être possible, mais des essais en bassin de différents systèmes de récupération de cette énergie ont montré que l'on peut atteindre un rendement de 80 % (dans les conditions optimales pour le système considéré quant aux caractéristiques des vagues).

Il est toujours délicat d'extrapoler les performances d'un système à partir des données obtenues sur maquette en modèle réduit, mais les ingénieurs britanniques ont néanmoins conclu que l'énergie des vagues deviendrait économiquement intéressante si le prix du pétrole augmentait d'un facteur 3 par rapport au coût des matériaux de construction et autres matériels nécessaires à la réalisation en vraie grandeur de leur « machine » : le canard.

Un canard mangeur de vagues

Le projet britannique, dont le financement est aidé par les pouvoirs publics, consiste à placer en batterie, perpendiculairement à la direction de déplacement des vagues, des caissons flottants (*fig. 1*). Ces caissons étanches — les « canards » — roulent autour d'un axe sous l'action des vagues, et leur mouvement de rotation actionne des pompes à l'intérieur, lesquelles envoient un liquide à des turbines qui, à leur tour, actionnent des générateurs électriques installés en mer. Le profil d'un canard est conçu de façon à produire une section de coque la plus sensible possible au roulis ; le côté sous le vent est un cylindre ayant le même axe que le centre de rotation, de telle sorte qu'aucune vague n'est générée à l'arrière lorsque le canard effectue une rotation. Au contraire, le côté face aux vagues a la forme d'un bec qui absorbe au mieux la vague (*fig. 1*). Le calcul des positions du centre de gravité et du centre d'inertie du canard[1] sont faits afin que sa fréquence

1. S.H. Salter, D.C. Jeffrey, J.R.M. Taylor, *The Naval Architect*, janvier 1976.

d'inclinaison coïncide avec les fréquences les plus utiles du spectre des vagues de la mer.

Selon le promoteur du projet, qui a effectué des essais dans les bassins de l'Institut national maritime de Feltham sur des maquettes au quinzième, il serait possible d'atteindre 80 % de rendement avec un « bon » spectre de vague, et 60 % avec des vagues atteignant une longueur quinze fois supérieure au diamètre du canard. Les résultats sur maquettes sont donc encourageants, mais la réalisation paraît encore lointaine. En effet, pour avoir des systèmes de capacité suffisante, il faut construire une ligne de nombreux canards qui peuvent tourner autour d'un même axe. Stephen Slater envisage des lignes de 500 mètres de long. Or les canards, construits en béton déplacent 100 tonnes d'eau par mètre de section; cela entraîne des forces de flexion énormes sur l'épine dorsale de la ligne de canards. Il faut donc trouver un moyen de construire une épine dorsale capable de plier, car le canard livré à lui-même coulerait. Il n'existe pas pour le moment de matériaux ayant les caractéristiques voulues pour doter les canards de la colonne vertébrale qui leur permettrait de vivre. Mais, à part le fait qu'un canard coûterait plus de 160 000 F par mètre, il reste beaucoup d'inconnues technologiques et économiques à lever pour que le séduisant canard mangeur de vagues voie le jour.

Le radeau à clapets

La réalisation des solutions retenues par les Japonais a une avance certaine sur les projets occidentaux. Un prototype de 500 tonnes et 80 mètres de long pour essai en mer vient d'être lancé (*fig. 2*). A partir de cette année, les ingénieurs japonais seront donc en mesure d'expérimenter non seulement les systèmes de transformation de l'énergie des vagues en mouvement mécanique utilisable, mais aussi les électrogénérateurs et l'équipement de stockage ou d'évacuation de l'électricité produite, laissant pour plus tard l'étude de la production en mer d'hydrogène — forme d'énergie facilement transporta-

Fig. 2. Les Japonais ont récemment lancé un bateau de 500 tonnes portant une batterie de turbines actionnées par la circulation de l'air mis en mouvement par les vagues agissant sur des chambres de compression.

ble à terre — et celle de l'utilisation de cette énergie pour l'extraction, *in situ*, de l'uranium de l'eau de mer — projet cher aux Japonais.

Il est vrai que les Japonais ont fait preuve en ce domaine de ténacité et d'organisation. Le Pr Masuda travaille sur la récupération de l'énergie de la houle depuis plus de vingt ans, et son projet voit le jour cette année. D'autre part, lorsque après l'augmentation du prix du pétrole, le programme Sunshine de promotion de l'application des énergies nouvelles a été lancé (1974) une contribution de 4 millions F par an de l'État à l'étude de l'énergie a des vagues été décidée. Le pays possède 27 000 kilomètres de côte et a le besoin de fourniture d'énergie en de nombreux lieux isolés de cette côte. Deux projets sont en lice ; celui de Yoshio Masuda, l'inventeur d'un dispositif de ramassage des nodules polymétalli-

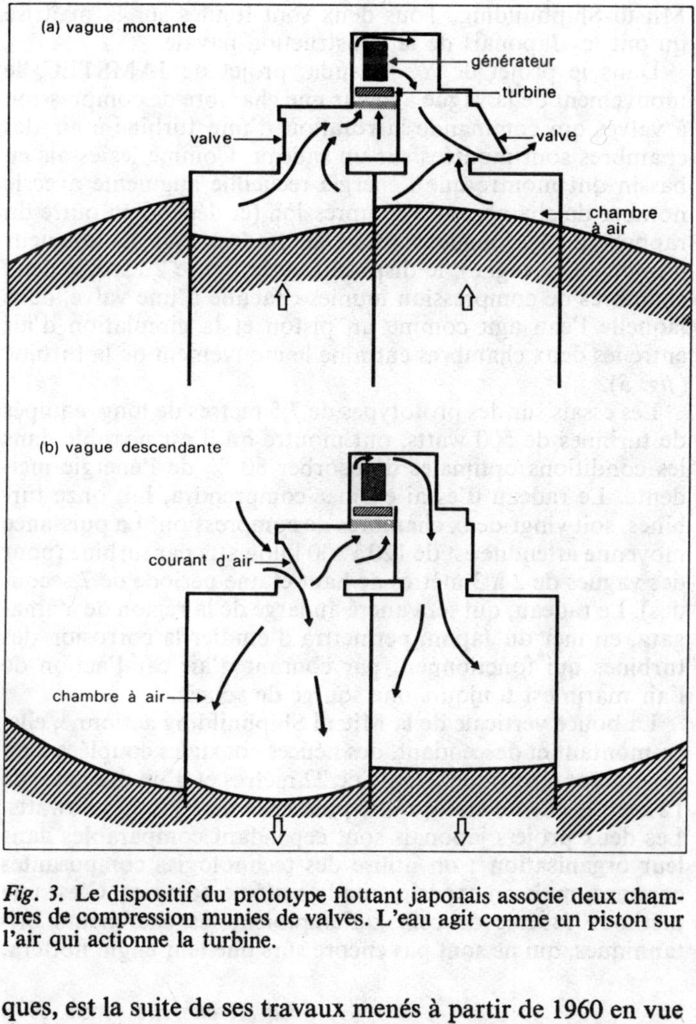

Fig. 3. Le dispositif du prototype flottant japonais associe deux chambres de compression munies de valves. L'eau agit comme un piston sur l'air qui actionne la turbine.

ques, est la suite de ses travaux menés à partir de 1960 en vue de la réalisation de générateurs de quelques centaines de watts à l'Agence de sécurité maritime et à l'Agence de défense (des modèles de quelques dizaines de watts sont commercialisés). Le second projet est développé par la société

Mitsui Shipbuilding. Tous deux sont fondés sur la maîtrise qu'ont les Japonais de la construction navale.

Dans le projet de Y. Masuda, projet de JAMSTEC, le mouvement de la vague agit sur une chambre de compression à valves qui commande la rotation d'une turbine à air; les chambres sont montées sur un radeau. Comme les essais en bassin ont montré que l'énergie recueillie augmente avec le nombre de chambres de compression (et dépend en outre du rapport de la longueur totale du radeau sur la longueur d'onde de la vague), le dispositif de la figure 2 associe deux chambres de compression munies chacune d'une valve, dans laquelle l'eau agit comme un piston et la circulation d'air entre les deux chambres entraîne le mouvement de la turbine (*fig. 3*).

Les essais sur des prototypes de 7,5 mètres de long, équipés de turbines de 500 watts, ont montré qu'il est possible dans les conditions optimales d'absorber 80 % de l'énergie incidente. Le radeau d'essai en mer comprendra, lui, onze turbines, soit vingt-deux chambres de compression. La puissance moyenne attendue est de 120 à 200 kilowatts par turbine (pour des vagues de 2 à 3 mètres de haut et une période de 7 secondes). Le radeau, qui sera ancré au large de la région de Yamagata, en mer du Japon, permettra d'étudier la corrosion des turbines qui fonctionnent par courant d'air car l'action de l'air marin est toujours une source de soucis.

La bouée verticale de la Mitsui Shipbuilding actionne, elle, en montant et descendant, des hélices coaxiales couplées à un générateur électrique. Haute de 22 mètres et d'un diamètre de 12 mètres elle ne vise qu'une puissance de 10 à 20 kilowatts. Les deux projets japonais sont cependant comparables dans leur organisation : on utilise des technologies composantes connues, mais on expérimente le système complet. C'est une méthode inverse de celle qu'emploient les chercheurs britanniques, qui ne sont pas encore sûrs que leur engin flottera.

La Recherche, mai 1978

L'énergie du vent

1. L'énergie éolienne

Raymond Goethals

Parmi les énergies renouvelables tirant leur source du Soleil, l'énergie éolienne semble aujourd'hui la plus prometteuse pour la production d'électricité.

Faisant appel aux techniques aérospatiales, plusieurs pays, États-Unis en tête, construisent de grandes éoliennes pouvant délivrer des puissances électriques de plusieurs mégawatts. Une production d'une centaine de ces appareils suffira à rendre le prix du kilowatt-heure fourni sur les réseaux, compétitif avec celui des centrales thermiques.

En France, deux mille de ces appareils pourraient fournir 10 % de l'énergie actuellement consommée.

C'est au début des années 1970 que les Américains, devant la montée des problèmes d'approvisionnement en énergie, ont lancé un vaste programme de mise en exploitation de l'énergie éolienne. Dès cette époque, on estimait en effet que cette énergie renouvelable pouvait, outre ses usages traditionnels, fournir sur les réseaux électriques des kilowatts-heure (kWh) à un prix égal ou inférieur à celui des centrales thermiques. Ce sera bientôt chose faite avec la mise en service, dans les toutes prochaines années, de grandes éoliennes délivrant des puissances électriques de 2 à 5 MW.

Aujourd'hui, les études de marché laissent prévoir un placement de trente à quarante mille machines de ce type d'ici l'an 2000, et l'industrie américaine se lance à fond dans cette voie. En France, des études déjà anciennes ont montré que l'on pourrait espérer à long terme extraire du vent près de 100 milliards de kWh par an, alors que la consommation d'électricité de notre pays, en 1978, a été de 205 milliards de kWh. C'est donc d'importantes quantités d'énergie que l'on

Les grandes éoliennes à deux pales, délivrant plusieurs mégawatts, seront seules capables dans un avenir proche de fournir du courant électrique à un prix compétitif avec celui des combustibles fossiles. L'éolienne Mod 1, située en Caroline du Nord (États-Unis), est la plus grande machine en fonctionnement en octobre 1979. Son hélice de 60 mètres de diamètre, placée à 42 mètres au-dessus du sol, lui permettra de délivrer une puissance de 2 MW dans un vent de 45 km/h. (Cliché NASA.)

peut attendre de l'exploitation du vent. Nous allons décrire dans cet article les techniques utilisées et les programmes en cours dans les différentes nations. Avant toute chose, il nous faut rappeler quelques données concernant le vent.

Le vent, source d'énergie

L'énergie du vent provient, à l'origine, du Soleil. Le flux de rayonnement issu de l'astre échauffe inégalement les masses d'air de l'atmosphère, provoquant ainsi des mouvements de circulation entre zones de températures et, par suite, de pressions différentes. On estime qu'environ 2 % de l'énergie solaire arrivant sur la Terre est transformée en énergie cinétique des vents atmosphériques ; 35 % de cette dernière est dissipée dans une couche atmosphérique de un kilomètre d'épaisseur seulement au-dessus du sol. Si l'on estime raisonnable de ne pas utiliser, quels que soient les progrès techniques réalisés sur les machines, plus de 10 % de l'énergie éolienne disponible au niveau du sol, ces calculs indiquent, pour l'ensemble de la planète, un potentiel d'énergie disponible de $1{,}3 \times 10^{14}$W, soit vingt fois la consommation d'énergie mondiale actuelle !

Bien évidemment, il n'est pas question de couvrir la surface de la Terre, océans inclus, de gigantesques éoliennes. Il est certain cependant que l'énergie éolienne se situe, en importance potentielle, bien au-dessus des autres énergies renouvelables.

Ces considérations très générales sur le vent ne doivent pas faire oublier les données locales, essentielles pour l'implantation des éoliennes. En un site donné, l'énergie du vent est pratiquement constante à l'échelle de l'année. Elle présente en revanche d'importantes irrégularités à l'échelle du mois, de la journée, et même sur des temps plus courts. Pour connaître la répartition en un site des vitesses du vent au cours de l'année, on effectue des mesures systématiques à l'aide d'anémomètres. En France, un important travail de relevés a été effectué depuis 1953 par EDF, grâce en particulier à un anémomètre mis au point par M. Ailleret, qui fut directeur des recherches de cet organisme. L'appareil donne directement l'énergie du vent pendant l'enregistrement de la mesure. On dispose donc aujourd'hui de cartes donnant l'énergie du vent disponible sur la France. Des études analogues ont bien entendu été effectuées dans d'autres pays. Les régions les plus favorables à l'installation d'éoliennes étant ainsi déterminées, il faut ensuite choisir soigneusement les sites de façon à extraire le maximum d'énergie du vent. La vitesse du vent augmente avec l'altitude ; on placera donc l'hélice de l'appareil à une certaine hauteur — quelques dizaines de mètres pour les grosses machines actuelles — au-dessus du sol. On cherche aussi à placer l'appareil loin des tourbillons provoqués par des obstacles (arbres, habitations, etc.). Les emplacements les plus favorables sont les buttes ou les collines dominant un terrain dégagé.

Le meilleur site d'implantation ayant été choisi, quelle puissance peut-on espérer tirer du vent à l'aide d'un dispositif mécanique ? Il nous faut indiquer tout d'abord que la puissance, purement cinétique, contenue dans un « tube » de vent de section S et de vitesse V, est d'environ 0,6 SV^3, soit 600 W/m^2 pour un vent de 10 m/s. Une machine éolienne, quels que soient son type et ses dimensions, ne peut recueillir qu'une fraction de cette puissance. Pour comparer les qualités des appareils, on les caractérise par un « coefficient de puissance » égal au rapport de la puissance récupérée sur l'arbre de la machine à la puissance du vent. Des calculs effectués par Betz en 1927 ont fixé à 60 % environ la valeur maximale de ce coefficient. En pratique, le coefficient de puissance des machines actuelles ne dépasse guère 40 %.

Ces données de base étant posées, examinons les avantages essentiels de l'énergie tirée du vent. Le premier est bien connu : l'énergie éolienne est inépuisable, et, de plus, « nationale », c'est-à-dire indépendante de toute relation de commerce ou de politique extérieure. Le second est également d'importance : l'énergie est recueillie sous forme mécanique, donc utilisable directement. Quant au passage à la forme électrique, il se fait avec un rendement excellent et non par l'intermédiaire d'appareils thermodynamiques au rendement de Carnot toujours faible.

Enfin, et ceci devrait être un gros atout par rapport aux autres énergies « alternatives », sa technologie est entièrement existante ; il n'y a pas aujourd'hui à attendre de découvertes ou de progrès incertains pour passer au stade des réalisations industrielles.

Les inconvénients de l'énergie éolienne découlent directement des caractéristiques du vent : l'air est un fluide de faible masse volumique, ce qui conduit à fabriquer des machines grandes et par suite coûteuses. D'autre part, le vent est variable, et il faut donc adapter les appareils à cette fourniture d'énergie aléatoire, en particulier envisager le stockage de l'énergie produite.

Le problème du stockage se pose d'ailleurs différemment selon l'échelle des éoliennes. Les petites machines (moins de 100 kW) sont conçues pour fonctionner de façon indépendante et sont réservées à des buts précis : pompage, irrigation, chauffage, fourniture à de petites installations, en zones isolées, d'un courant électrique qui sera moins bien régulé que celui du réseau, et en tout cas sans interférence avec ce dernier. A cette petite échelle, des solutions sont possibles pour stocker l'énergie. La plus couramment employée est celle des batteries d'accumulateurs.

Les machines d'une puissance de plusieurs mégawatts seront en revanche directement couplées au réseau. Les grands réseaux publics interconnectés et le courant alternatif sont là pour compenser les difficultés de stockage et de transport d'une énergie dont la consommation est elle-même toujours fluctuantes (*la Recherche*, n° 98, mars 1979,p. 222). Signalons d'ailleurs que la remontée d'eau, à l'aide de grandes éoliennes, dans les réservoirs des usines hydro-électriques fournit une solution intermédiaire qui accroît la production électrique de ces usines, en attendant la réalisation d'autres systèmes de stockage de grandes quantités d'énergie.

Venons-en maintenant aux différents types de machines qui permettent d'extraire l'énergie du vent.

Axe horizontal ou vertical ?

En nous limitant aux appareils qui ont fait leurs preuves, on peut classer les éoliennes en deux groupes principaux, selon que leur axe de rotation est horizontal ou vertical.

L'histoire nous enseigne que ces deux types de machines ont existé depuis fort longtemps. Les plus anciens moulins connus étaient à axe vertical. Aux environs du VIIIe siècle apparurent en Europe, venant de l'Est, de grands moulins à axe horizontal, à quatre ailes. Leur fabrication en très grand nombre, en particulier par les Hollandais, leur fit atteindre une grande fixité, bien que, compte tenu des dimensions de leurs ailes, ils aient été loin de recueillir un maximum de puissance. Ils nécessitaient un réglage de la toile de l'orientation. Il en est toujours ainsi pour les éoliennes à axe horizontal, qui doivent toujours faire face au vent. Ces moulins étaient assez bien adaptés à des vents de l'ordre de 5 m/s, c'est-à-dire d'une vingtaine de kilomètres à l'heure. Aujourd'hui encore, différents types de moulins aux ailes faites de voiles tendues émaillent les paysages de l'Europe : moulins hollandais à quatre ailes, moulins grecs possédant une douzaine d'ailes, moulins portugais à six ailes, etc.

Les éoliennes mises en place par millions dans les pays industrialisés, avant la constitution d'un réseau électrique suffisant, pour remonter l'eau des puits, avaient un grand nombre de pales. Ceci conduit à des vitesses de rotation relativement faibles et à un fonctionnement utile dès que le vent atteint une vitesse de l'ordre de 2 m/s.

C'est entre les deux dernières guerres qu'apparurent, à la suite des progrès techniques des hélices d'aviation, les grandes éoliennes à deux ou trois pales. Le principe de leur fonctionnement est donné dans l'encadré 1. La puissance recueillie étant pratiquement la même pour les machines tripales ou bipales, la tendance aujourd'hui est de construire à peu près uniquement des bipales, ce qui revient moins cher. On envisage même, pour des machines de très grandes dimensions,

Fig. 1. Les éoliennes à axe horizontal peuvent être montée soit en aval de leur pylône par rapport au vent, soit en amont. Le premier cas (A) est celui de la Mod O. Le prototype de la photographie est situé aux États-Unis, à Rhode Island. Le pylône est fait de tubes soudés, pour laisser passer le vent. Cette position de l'hélice lui confère une bonne stabilité. Le second cas (B) est celui de l'une des deux éoliennes tripales de 630 kW fabriquées par Volund, au Danemark, et placées sur un pylône de béton. (Cliché NASA.)

d'utiliser une pale unique équilibrée par un contrepoids. Ces éoliennes tournent plus vite que les multipales, ce qui est un avantage, lorsqu'il s'agit d'entraîner des machines à grande vitesse de rotation comme les alternateurs électriques.

Les grandes éoliennes actuelles sont situées en haut d'une tour faite soit de tubes soudés, soit de ciment ou de béton. Dans le premier cas (*fig. 1 A*) l'hélice est située dans le vent

1. Comment fonctionne une éolienne

Le mouvement de l'air sur une aile d'avion produit une force dont la composante perpendiculaire à la vitesse est la « portance », utile puisqu'elle supporte le poids de l'avion, et la composante parallèle à la vitesse est la « traînée », qui doit être compensée par la force de propulsion (*A*).

Considérons maintenant une pale d'éolienne. Une section de la pale par un plan situé à une distance de l'axe de rotation, se comporte comme un profil d'aile d'avion placé dans un vent résultant du vent naturel et de celui dû à la rotation de la pale. La direction et l'intensité du vent résultant varient d'un bout à l'autre de la pale, car le vent, dû à la rotation, a une vitesse proportionnelle à r (v = — ωr). Le vent total produit une force résultante (avec ses composantes perpendiculaire et parallèle à la vitesse) dont la composante dans le plan de rotation va participer au mouvement cependant que celle dans la direction du vent naturel sera simplement encaissée par le pylône (*B*). L'ensemble des composantes utiles de toutes les sections de la pale va ainsi fournir l'énergie éolienne sur l'arbre de la machine.

On appelle « calage » l'angle entre le plan de rotation de la pale et la direction de référence de la section considérée. Certaines éoliennes ont des pales dont le calage varie d'une extrémité à l'autre, de façon à optimiser la présentation de chaque section au vent résultant. D'autres ont des pales à calage constant, de rendement en puissance plus faible, mais plus faciles à construire et moins onéreuses. D'autres encore ont des pales orientables autour de leur axe (tous les calages changent en même temps du même angle) ce qui permet de maintenir la puissance constante quand le vent varie.

en aval du pylône qui la supporte ; c'est la configuration qui procure le maximum de stabilité. Dans le second cas (*fig. 1B*), l'hélice est en amont de son pylône face au vent.

Les éoliennes à axe vertical (encadré 1) ont l'avantage

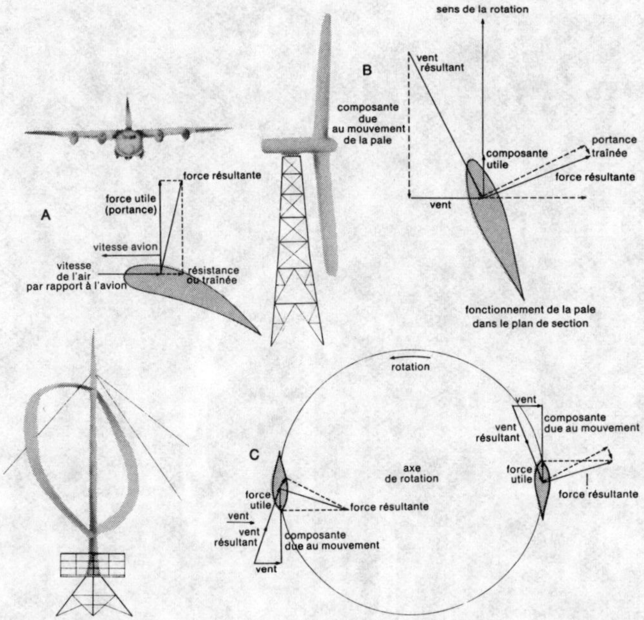

Les éoliennes à axe vertical qui ne nécessitent pas de dispositifs d'orientation, connaissent un renouveau d'intérêt depuis la mise en route des éoliennes type « Darrieus » Leur fonctionnement s'explique sur la *figure C* : le vent naturel composé avec celui dû à la rotation du système donne un vent résultant, et une force résultante, qui possède une composante dans le sens de la rotation. Donc cette éolienne va continuer à tourner et pourra transmettre de la puissance sur son axe.

d'être adaptées à n'importe quelle direction du vent. On les appelle pour cela panémones (tous les vents). Elles n'ont pas besoin de dispositifs d'orientation. Sous leur forme moderne, elles sont toutes dérivées de celle inventée en 1925 par l'ingé-

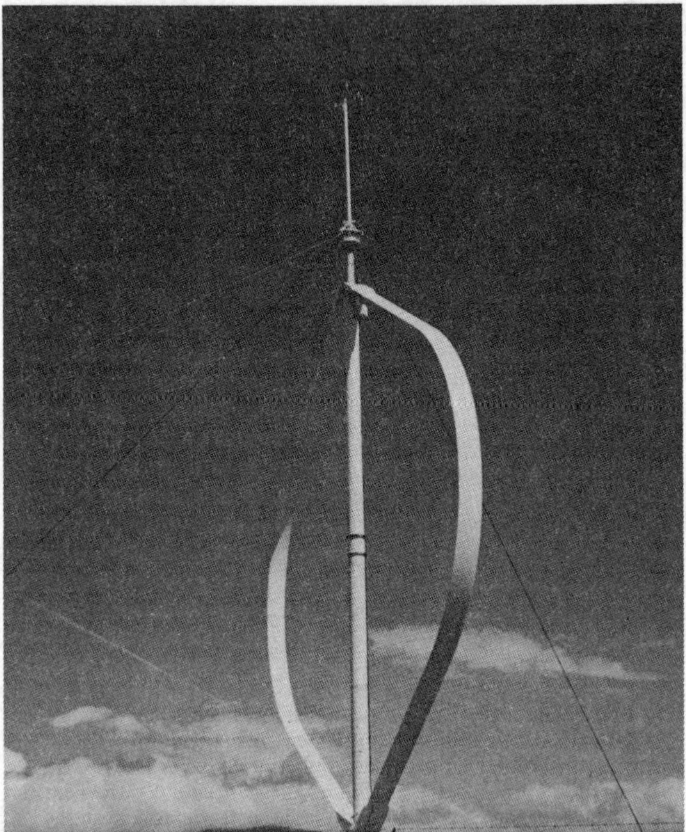

Fig. 2. Les éoliennes à axe vertical, du type inventé par le Français Darrieus au début du siècle, ont été récemment redécouvertes. Les petites machines, de 1 kW jusqu'à 60 kW, sont réalisables à un prix moindre que les éoliennes classiques à axe horizontal. La faisabilité des gros appareils est encore à l'étude aujourd'hui. Aux États-Unis, les laboratoires Sandia (Nouveau-Mexique) étudient et commercialisent les éoliennes Darrieus. (Photo Sandia Lab.)

nieur français Darrieus, brevetée aux États-Unis et ensuite tombée dans un oubli à peu près total. L'étude en fut reprise au Canada en 1973 et aux États-Unis à partir de 1975. Elles apparaissent aujourd'hui intéressantes sur le plan économique, du moins pour les applications à faible et moyenne puissance (*fig. 2*).

De nombreuses solutions techniques ont été envisagées pour la construction des deux grands types d'éoliennes que nous venons de décrire. Parallèlement, des efforts d'imagination ont été accomplis pour trouver d'autres voies, mais ils n'ont pas conduit pour l'instant à des réalisations compétitives sur le plan économique. Un bref historique des succès et des échecs rencontrés dans la mise au point des grandes hélices va nous mener des premiers appareils du début du siècle jusqu'aux réalisations d'aujourd'hui.

Les grandes éoliennes de 1930 à 1970

Nous commencerons par la France, où, en 1929, la Compagnie électromécanique construisit et installa au Bourget une éolienne à deux pales de 20 mètres de diamètre. L'appareil fut détruit par des rafales de vent.

Les Russes mirent en marche en 1931, en Crimée, aux environs de Yalta, face à la mer Noire, une éolienne de 30 mètres de diamètre qui devait fournir 100 kW au réseau de Sébastopol. En fait la moyenne pour deux ans s'éleva à 32 kW.

Dix ans plus tard, les Américains construisirent une bipale de 53 mètres de diamètre, prévue pour une puissance maximum de 1250 kW, qui fut installée dans le Vermont, au nord-est des États-Unis. Les premiers essais, commencés en octobre 1941, se poursuivirent pendant une quinzaine de mois. Un petit incident en 1943 bloque la machine pendant deux ans, les difficultés liées à la guerre ralentissant la fabrication de nouvelles pièces. Remise en marche, l'éolienne fournit du courant au secteur pendant vingt-trois jours, puis l'une des pales se rompit; le programme fut alors abandonné.

Après la Seconde Guerre mondiale, de nombreuses études furent entreprises dans divers pays. En France, sous l'impulsion d'Électricité de France, un vaste programme a couvert une étude de l'énergie du vent en toutes régions et la réalisation de plusieurs grandes éoliennes expérimentales. L'aérogénérateur « Best, Romani » éolienne tripale de 30 mètres de diamètre en tôles d'alliage léger, fut installée à Nogent-le-Roi dans la Beauce. Elle pouvait fournir 800 kW sur le réseau (50 Hz, 60 kV) pour un vent de 60 km/h. Cette machine d'essais apporta de 1958 à 1962 une très grande quantité d'informations sur un fonctionnement dans des conditions réelles d'exploitation. Elle a, entre autres, montré que les grandes éoliennes bien étudiées et bien réalisées, ne font presque pas de bruit. Par ailleurs, deux aérogénérateurs tripales construits par la société Neyrpic furent installés à Saint-Rémy-des-Landes (Manche). Le premier, de 21 mètres de diamètre, et délivrant une puissance de 130 kW, a fonctionné jusqu'en mars 1966. L'autre, de 35 mètres de diamètre, et prévu pour délivrer 1 000 kW, donna durant les essais une puissance satisfaisante, mais une rupture d'un palier en 1964 conduisit à abandonner le programme d'études.

En Allemagne, une éolienne bipale de 34 mètres de diamètre en fibre de verre fut construite entre 1955 et 1957 à 80 kilomètres à l'est de Stuttgart. Cette machine fonctionna jusqu'en 1968. Au Danemark, le « Gedser Mill », hélice tripale de 24 mètres de diamètre fut construit en 1957 et fonctionna jusqu'en 1968. Il fournissait 200 kW pour une vitesse de vent sur l'axe de la machine de 15 m/s.

Le bas prix du pétrole entraîna alors un arrêt total des grands projets dans le monde entier.

Le programme américain : un développement considérable

Après 1970, l'apparition de la « crise de l'énergie » conduisit à faire appel à toutes les sources possibles de production. Les Américains ont lancé, en 1973, un programme en vue d'« assurer le développement de systèmes sûrs et économiquement compétitifs en vue d'une expansion commerciale rapide pour produire des quantités significatives d'énergie électrique ». Pour la première fois le problème de l'énergie éolienne était clairement posé.

L'organisation générale du programme américain est confiée à la NASA (National Aeronautics and Space Administration). Celle-ci assura les premiers financements par la National Science Foundation ; les crédits vinrent ensuite de l'Energy Research and Development Administration (ERDA), puis du Department of Energy (DOE). Ces crédits, en augmentation rapide, ont atteint 60 millions de dollars en 1979. Encore ne s'agit-il là que de l'apport fédéral, les sociétés industrielles et les compagnies d'électricité fournissant une contribution difficilement chiffrable.

L'analyse de l'effort américain et du budget qui y est consacré met en évidence deux idées essentielles : tout envisager avec la plus grande crainte de laisser passer une méthode ou une technique prometteuse à long terme ; dans l'immédiat faire porter la plus grande part de l'effort, c'est-à-dire plus de 70 % du budget, sur les grandes machines de plusieurs mégawatts.

La première voie de ce programme, a, pour l'instant, montré l'intérêt, à côté des éoliennes classiques, de celles à axe vertical du type Darrieus. Ces machines, qui possèdent un coefficient de puissance un peu plus faible que les hélices classiques, semblent réalisables à moindre prix. On ne peut dire aujourd'hui comment elles se placeront quant au prix de revient du kWh. De grands espoirs sont permis en ce qui concerne les petites machines, jusqu'à 60 kW environ (pour des vents de 8 m/s). Mais la faisabilité de plus grandes machines n'est pas encore établie. Les éoliennes Darrieus sont construites essentiellement par les laboratoires Sandia, à Albuquerque (Nouveau-Mexique) (*fig. 2*). De leur côté, les Canadiens (*National Research Council*) ont également un important programme de développement d'éoliennes à axe vertical pour des zones isolées.

Pour l'étude et la comparaison des petites éoliennes (jusqu'à 40 kW), la firme Rockwell a équipé pour la NASA un terrain situé près de Golden, dans le Colorado. Ce terrain

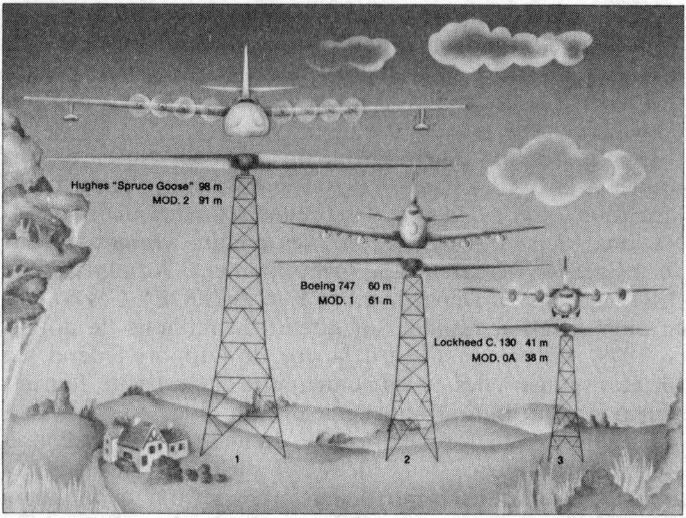

Fig. 3. On peut ici comparer les dimensions des grandes éoliennes construites aux États-Unis avec celles de certains avions. La Mod OA (3), qui peut fournir 200 kW, est comparable au Lockheed C 130. La Mod 1(2MW) a la même envergure qu'un Boeing 747. Enfin, la Mod 2 (2,5 MW), qui a dû entrer en fonctionnement, a une hélice de 90 mètres de diamètre et est comparable au Hughes Spruce Goose.

sert à l'essai des machines existant sur le marché et des machines originales, de façon à aider à la construction des meilleures, à comprendre leur fonctionnement, et à informer les utilisateurs.

Le service de recherche du ministère de l'Agriculture américain participe à l'effort entrepris en étudiant l'utilisation des éoliennes dans les conditions réelles et en disséminant les informations utiles aux usagers éventuels. L'accent est mis sur les réalisations qui comprennent leur propre stockage, par exemple chauffage de l'eau dans les habitations, ou qui ne sont pas liées à un horaire, comme l'irrigation. La fourniture à distance d'énergie électrique par petites éoliennes n'est pas négligée.

L'échelle suivante est celle des appareils d'une puissance supérieure à 100 kW. Les éoliennes de cette partie du programme (modèle zéro) sont des appareils d'étude qui ont pour but de préparer la réalisation de plus grands appareils et d'étudier leur fonctionnement. On ne s'intéresse pas ici au prix de revient du kW qu'elles délivrent.

L'aérogénérateur Mod O a été mis en service en septembre 1975 à Sandusky (Ohio). Ses pales en métal de 38 mètres de diamètre, fabriquées par Lockheed, tournent à vitesse constante, produisant une puissance nominale de 100 kW. L'utilisation de cet appareil comprend des cas variés dont le plus intéressant paraît être la liaison à un petit réseau (Plum Brook) qu'on peut isoler ; on a ainsi une image du comportement d'un réseau réel face à un apport non négligeable d'énergie fluctuante. La Mod O a rempli son contrat en conduisant à des modifications applicables aux grandes installations. Elle reste un banc d'essai pour des éléments nouveaux (pales en fibre de verre, etc.). La Mod OA est la même, à l'alternateur près qui fait ici 200 kW. Trois éoliennes de ce type ont été mises en service de novembre 1977 à septembre 1978 à Clayton (New Mexico), Block Island (Rhode Island) et Culebra (Porto Rico) pour étudier le fonctionnement dans des réseaux variés.

L'appel aux « grands » de l'aérospatiale

Comme nous l'avons dit, l'effort essentiel du DOE porte sur les grandes éoliennes classiques à axe horizontal, d'une puissance de plusieurs mégawatts, seules capables aujourd'hui de pouvoir fournir sur les réseaux nationaux de l'électricité à un prix compétitif avec les autres sources d'énergie. Pour la réalisation de ces dispositifs, la NASA s'est adressée aux plus grandes sociétés aérospatiales. Les dimensions des grandes éoliennes sont d'ailleurs comparables à celles de gros avions (*fig. 3* et *4*).

Ainsi, General Electric a construit la Mod 1, machine bipale de 60 mètres de diamètre entraînant un alternateur de 2 000 kW. Le premier appareil de ce type fonctionne depuis

Fig. 4. Un camion-remorque emporte cette grande pale d'éolienne de 43 mètres de long, pesant 9 tonnes, réalisée par la firme américaine, Structural Composites Industries, pour la NASA. Des pales de ce type, en fibre de verre et résine epoxy, pourront équiper de grandes éoliennes de plusieurs mégawatts.

la fin 1978 près de Boone en Caroline du Nord. Le prix du kWh fourni par ces machines doit devenir compétitif aux environs d'une centaine de machines construites.

La Mod 2 a été confiée à Boeing. Conçue pour les vents moyens dans les grandes plaines de l'Ouest américain, cette machine de 90 mètres de diamètre entraîne un alternateur de 2 500 kW. Les pales sont en acier et structure en nid d'abeille en papier kraft imprégné. Le premier contrat entre la NASA et Boeing prévoit trois machines, dont la première devait fonctionner fin 1979. Le prix de revient estimé du courant électrique produit, entre 10 et 20 centimes de nos francs par kWh, doit être atteint, comme pour la Mod 1, à partir de 100 machines construites.

De grands projets sont à l'étude, aux États-Unis, utilisant un grand nombre d'éoliennes, par exemple : l'intégration de l'énergie éolienne dans un système hydro-électrique au Colorado, un projet en Alaska, plusieurs adaptés à des États, à des villes, à des îles, un projet pour l'aqueduc de Californie, un pour la remontée dans les réservoirs des usines hydro-électriques dans l'État de New York, un pour l'exploitation en mer pour lequel l'énergie pourrait être ramenée par câbles électriques, ou sous forme d'hydrogène liquide, etc. L'exploitation de l'énergie éolienne semble donc effectivement mise en route aux États-Unis, où l'association des technologies avancées et des méthodes d'études économiques et commerciales les plus modernes laisse espérer de grands succès. Parallèlement, un effort important d'information est mené dans ce pays pour faire accepter les grandes éoliennes par le public. En montrant plusieurs appareils en fonctionnement, on fait ainsi constater que l'esthétique de ces appareils ne nuit pas au paysage, et que les éoliennes ne modifient pas le niveau sonore global du vent, lorsque leurs vitesses périphériques sont limitées à 100 m/s, ce qui est le cas des grandes machines. C'est ainsi que la demande d'emplacements, faite par la NASA pour les premières éoliennes à intégrer dans les réseaux, reçut de très nombreuses réponses, qui permirent en un premier temps de choisir dix-sept sites dont les trois premiers furent équipés fin 1978.

Pour un programme français

Nous pouvons résumer les idées concernant l'énergie en général et celles relatives aux éoliennes, compte tenu des exemples américains et européens (voir encadré 2) pour l'application à notre pays. La situation française laisse prévoir dans un avenir proche, malgré l'apport du nucléaire, une production d'énergie inférieure à la demande. Il est, dans ces conditions, d'intérêt national d'exploiter l'énergie éolienne. Cette exploitation peut se faire à deux niveaux.

Les petits appareils, en-dessous de 50 kW, destinés à l'usage local, apparaissent en grand nombre sur les marchés internationaux. Il serait bon d'aider des constructeurs français à tenir une bonne place dans cette concurrence. Les utilisateurs de ces appareils, diminuant leur consommation d'électricité en provenance du réseau national, participeraient ainsi aux économies de pétrole.

2. *L'énergie éolienne en Europe*

Divers pays d'Europe mettent aujourd'hui en œuvre des programmes de recherche-développement dans le domaine de l'énergie éolienne.

La Suède engage un budget de 60 à 70 millions de dollars sur la période 1975-1985. Deux prototypes bipales de 75 mètres de diamètre sont commandés, l'un de 3 MW à un groupe suédo-américain (Kariskronavarvet et Hamilton Standard), l'autre de 2 MW à un groupe suédo-allemand (Karlstads Mekaniska Werkstad et ERNO de Brême).

En Allemagne, trente projets sont subventionnés pour un montant de 150 millions de DM. Le programme de production d'électricité (GROWIAN) comprend des éoliennes de 3 MW (pour 11,8 m/s de vent), de 100 mètres de diamètre (MAN Maschinenfabrik-Augsburg-Nürnberg), première machine à l'embouchure de l'Elbe, et des éoliennes de 5 MV, monopales, de 145 mètres de diamètre (MBB Messershmitt-Bölkow-Bohm).

Les Anglais se sont surtout intéressés aux problèmes de sites, surtout *off-shore* et au groupement de nombreux appareils. Un projet établi par un consortium électricité-aérospace étudie une éolienne de 3,7 MW (à 10 m/s), de 60 mètres de diamètre, qui fournirait du courant à un prix très compétitif.

En Hollande, Fokker fabrique une Darrieus de 5,3 mètres. Par ailleurs, une 400 kW de 25 mètres de diamètre à vitesse de rotation variable doit fournir du courant fin 1980.

Au Danemark, où une dizaine de sociétés fabriquent des éoliennes, Volund propose et montre en fonctionnement des éoliennes tripales de 40 mètres de diamètre, 630 kW, couplées au réseau.

En France, la société Aérowatt a réalisé de nombreuses éoliennes de petite puissance extrêmement robustes, qui ont fait la preuve de leur bon fonctionnement sans surveillance dans des conditions les plus difficiles, dans les zones polaires ou désertiques. Elle a fourni l'éolienne de 100 kW mise

L'éolienne de l'île d'Ouessant. Elle a été baptisée du nom d'Avel Eussa, ce qui, en breton, signifie le vent d'Ouessant. (Photothèque EDF.)

en service en octobre 1979 par EDF à l'île d'Ouessant. Il semble qu'il n'existe pas de programme à l'échelle des mégawatts.

Le vrai problème est d'apporter de la puissance sur le réseau, et ceci ne peut être fait de façon rentable qu'avec de grandes hélices bipales de plus de 50 mètres de diamètre et d'une puissance unitaire de plus de 2 MW. Il n'y a plus aujourd'hui de problèmes technologiques à surmonter pour la fabrication de la partie électrique des éoliennes. La seule difficulté est de réaliser à un prix assez bas les grandes ailes capables de supporter des conditions de travail difficiles (vibrations, tempêtes, érosions, etc.). Aux États-Unis, toutes les sociétés aérospatiales ont été mises à contribution, General Electric, Hamilton Standard et Boeing en tête. En France, également, il n'y a de solution que par nos plus grandes sociétés d'aviation. Encore faut-il envisager un programme qui justifie leur engagement.

L'énergie éolienne française est possible, les réelles difficultés de sa mise en route tiennent à l'activité des hommes compétents : tant du côté de l'Électricité que du côté de l'Aéronautique, bien que pour des raisons différentes, les charges de travail sont considérables. On peut craindre que peu de personnes responsables soient aujourd'hui disponibles pour un effort supplémentaire. Et pourtant, il est à peu près certain que faute de faire aujourd'hui cet effort, l'EDF n'aura d'autre solution dans quelques années que d'acheter, terminées et prêtes à brancher sur les réseaux, les éoliennes que les sociétés étrangères fabriqueront en grande série.

Le réseau français transporte actuellement, en pointe, 40 000 MW. Dix pour cent de ce chiffre, soit 4 000 MW, peut être assuré par 2 000 éoliennes de 2 MW. Il n'est pas impensable, en commençant par les zones les plus ventées de notre pays, de trouver des emplacements où seraient accueillis avec satisfaction, comme partout ailleurs, ces moulins à vent à l'échelle de notre époque.

POUR EN SAVOIR PLUS

P.C. Putman, *Power from the Wind*, Von Nortrand, 1938.

L. Serra, « Le vent en France et ses possibilités d'utilisation », *La Météorologie*, octobre-décembre 1953.

L. Vadot, « Étude synoptique des différents types d'éoliennes », *La Houille blanche*, mars-avril 1957.

— « Le pompage de l'eau par éoliennes », *ibid.*, septembre 1957.

— « La production d'énergie électrique par éoliennes », *ibid.*, octobre 1958 et février 1959.

E.W. Golding, *The Influence of Aerodynamics in Wind Power Development*, AGARD Report, *401*, 1961.

J. Martin, « L'énergie éolienne, demain ? », *Ingénieurs et Techniciens*, décembre 1974.

R. Bonnefille, « Les réalisations d'Electricité de France concernant l'énergie éolienne », *La Houille blanche*, n° 1, 1975.

L. Romani, *Le Vent, source d'énergie*, conférence du 23 mai 1979 à Montpellier.

D.M. Simmons, *Wind Power*, Noyes Data Corporation, 1975.

Third Wind Energy Workshop (Department of Energy), septembre 1977, Washington D.C., J.B.F. Scientific Corporation.

E.W. Golding, *The Generation of Electricity by Wind Power*, E. & F.N. Spon Ed., Londres, 1978.

« L'éolienne *Avel Eussa* dans l'île d'Ouessant », *Le Moniteur des Travaux publics*, 12 novembre 1979.

Fourth Wind Energy Workshop, octobre 1979, (à paraître).

La Recherche, mars 1980

L'énergie verte

1. L'utilisation des déchets agricoles

François Séguier

Transformer les déchets, symbole du gaspillage, en produits utiles est une idée séduisante. Dans la quête d'économie d'énergie et d'une moindre dépendance énergétique de la France, la valorisation des sous-produits agricoles, et plus particulièrement de la paille, devient une carte intéressante. Produite par des plantes annuelles, la paille est une matière première indigène dont la relative régularité d'approvisionnement excite l'imagination des spécialistes des énergies nouvelles, comme les convoitises des industriels consommateurs de matières cellulosiques et fibreuses importées. Mais son exploitation efficace soulève encore bon nombre de problèmes technologiques.

Une première idée consiste à récupérer l'énergie contenue dans la paille. L'énergie solaire photosynthétisée par les plantes cultivées est loin d'être gratuite, puisqu'il faut consommer de l'énergie (engrais, tracteurs, etc.) pour l'obtenir. Mais la récupération et la valorisation d'un *sous-produit* présentent *a priori* un meilleur bilan énergétique. L'utilisation du gaz de fumier, tout d'abord, a été étudiée par quelques laboratoires. Mais c'est un système bien archaïque qui, de plus, emploie une matière première en régression, car les étables sur sol dur se multiplient. Par ailleurs, la fermentation méthanique de la paille humide est un processus biochimique qui nécessite un certain chauffage, solution peu satisfaisante en ce qui concerne les coûts d'exploitation. Comme les bactéries ne s'attaquent qu'aux hémicelluloses de la paille, seule 25 % environ de la matière sèche est utilisée; le coût des installations de traitement pour un volume de gaz donné est donc très élevé. Si l'on veut obtenir du gaz et de l'énergie mécanique à partir de la paille, la meilleure voie semble être de la brûler.

Faire feu de tout bois

Le CNEMA (Centre national d'études du machinisme agricole) a exploré les diverses façons de brûler et de gazéifier les produits végétaux secs (c'est-à-dire n'ayant pas plus de 50 % d'humidité relative). L'idéal est de pouvoir brûler la paille en vrac sans opération préalable de conditionnement ; mais cela implique des processus relativement complexes. Aussi le centre a-t-il tout d'abord développé, en liaison avec un industriel, un brûleur pour des granulés de paille hachée menue et compactée avec un liant à base de fuel. Une deuxième méthode, plus avantageuse, consiste à brûler la paille broyée.

La transformation par combustion de la paille en vrac véritable, telle qu'elle est ramassée et empaquetée dans les champs, est également envisageable. Elle fait appel aux processus utilisés jadis dans les gazogènes. Dans une première phase, le combustible est carbonisé ; puis, dans une seconde phase, les produits de carbonisation de la paille sont gazéifiés par combustion propre. Cette gazéification, sur laquelle se penchent les laboratoires de l'Ecole polytechnique et du CERCHAR (Centre de recherche des charbonnages), n'est pas encore suffisamment connue pour que l'on puisse évaluer avec certitude, sinon la faisabilité à l'échelle industrielle du processus, du moins son coût d'exploitation. Peu d'entreprises ont conservé, depuis la guerre, leur savoir-faire en matière de gazogènes. Pourtant, les gaz pauvres ainsi produits sont facilement utilisables en agriculture pour le chauffage, en construisant de petits réseaux de distribution de gaz. Ils peuvent également alimenter des diesels électrogènes conçus pour cet usage. Ce mode de production d'électricité serait très intéressant pour les zones agricoles dont les exploitations sont dispersées sur de grandes étendues, ce qui est souvent le cas dans le tiers monde. Dans ces pays, l'habitude de ramasser les déchets agricoles n'est pas encore perdue. La Côte-d'Ivoire envisage même de tenter de gazéifier les détritus de noix de coco.

Un nouveau produit industriel : l'alcool de paille

La consommation actuelle d'alcool en France est de 3,5 millions d'hectolitres. La chimie en consomme le tiers. Bien entendu, une grande partie de cet alcool est issue du naphta par hydratation de l'éthylène, mais une part non négligeable provient encore des végétaux. La plupart de ces derniers procédés consomment plus d'énergie primaire que l'on ne peut en recueillir sous forme d'alcool. Pour produire *une* calorie sous forme d'alcool, il faut en effet dépenser en énergie primaire : 1,3 dans le cas de la betterave et 1,6 dans celui de la pomme de terre. Aussi, depuis le renchérissement de l'énergie primaire, certaines de ces productions sont devenues aberrantes. Le bilan s'améliore si l'on part de sous-produits sucrés, betteraves et mélasses, comme c'est le cas actuellement en France. Il suffit, par exemple, de 0,8 calorie pour obtenir une calorie d'alcool à partir de la mélasse. Aussi, 30 % de la production française d'alcool végétal sont actuellement extraits des matières sucrées à base de betterave.

Lorsqu'on comptabilise l'énergie nécessaire pour les engrais, le ramassage, le traitement, il devient clair que l'alcool d'origine végétale ne peut devenir une véritable source nouvelle d'énergie primaire. Cependant, la fabrication de cet alcool peut être un moyen de convertir en énergie pratique, en carburant, ces sources d'énergie dégradée, difficilement utilisables. Elle peut être surtout un moyen de valoriser les déchets comme la paille. D'après une étude réalisée par les sociétés Bertin, Ugine Kulhmann et Elf, à la demande du ministère de l'Industrie et de la Recherche, il faudrait en effet, pour produire 20 millions d'hectolitres d'alcool, 510 000 hectares de betteraves, 1,25 million d'hectares de blé ou 720 000 hectares de pommes de terre, ce qui est énorme en comparaison avec les surfaces cultivées actuellement en France : respectivement, 0,54, 3,7 et 0,32 millions d'hectares. En utilisant les déchets cellulosiques comme la paille, les surfaces supplémentaires nécessaires sont évidemment nulles. Malheureusement, pour se lancer dans cette voie, il faudrait réaliser des investissements importants : les unités de traitement des plantes saisonnières sont coûteuses, car peu utilisées dans l'année. Pour obtenir des coûts de production comparables aux normes habituelles de la chimie industrielle, il faudrait donc concevoir des distilleries où l'organisation et la capacité tiendraient compte de ces données. Pour être rentables, les unités de production devraient avoir des capacités jusqu'à vingt fois supérieures aux distilleries actuellement en service ; chacune de ces unités de production fournirait 1 million d'hectolitres, soit environ un sixième de la consommation française d'alcool pour la chimie et les carburants. Ces chiffres donnent une idée des perturbations qu'entraînerait la promotion de l'alcool végétal dans les mœurs de consommation des industriels ; l'addition de 10 à 15 % d'alcool à l'essence est envisageable, mais cela représenterait une perte de profit sans doute peu appréciée des pétroliers. La mise au point de distilleries de cette dimension implique également un certain nombre de recherches techniques et d'études d'ingénierie qui pourraient être entreprises vers le milieu des années 1970.

Trois procédés de transformation des matières cellulosiques en alcool sont envisageables ; ils ont été jusqu'à présent étudiés pour de petites productions. Ils comportent trois phases : hydrolyse de la cellulose, qui la transforme en sucres ; récupération et neutralisation du jus sucré acide ainsi produit, suivies de la fermentation des sucres en alcool ; enfin distillation de l'alcool.

L'hydrolyse s'opère en présence d'un acide dilué ou concentré. C'est surtout à ce stade que diffèrent les trois processus qui ont dépassé les essais en laboratoire et les pilotes semi-industriels. Dans le procédé Meunier, l'hydrolyse se fait par l'acide sulfurique dilué à chaud ; il en sera de même dans le procédé Scholler, mais ici la même matière cellulosique subit des attaques successives. Enfin, le procédé Bergius est fondé sur l'hydrolyse par acide chlorhydrique concentré à froid. Finalement, selon les données recueillies par l'étude Bertin - Ugine Kulhmann - Elf, le procédé Meunier produit 1,08 hectolitre par tonne de paille, alors que le procédé Scholler en produit 0,96 et le procédé Bergius 1,35. Ce qui représente, pour une unité de production de 1 000 hectolitres par jour, 215 F par hectolitre pour le procédé Meunier, 285 F pour le procédé Scholler et 198 F pour le procédé Bergius. Grâce à un meilleur rendement, ce dernier est donc le plus intéressant. Mais, selon les statistiques du ministère de l'Agriculture, il est du même ordre de grandeur que les prix de l'alcool de betterave (190 F/hl) et de mélasse (200 F/hl). Cela fait peser sur l'avenir de l'alcool de paille suffisamment d'inconnues pour laisser bon espoir aux autres utilisateurs potentiels de paille, aux papetiers notamment.

La rentabilité des industries commence aux champs

Ces projets n'ont de sens que dans la mesure où le marché de la paille se structure rapidement. Sur les 25 à 30 millions de tonnes de paille produits annuellement en France, 7 à 8 millions sont brûlés sur place ou enfouis dans le sol ; seuls 2 à 3 millions sont commercialisés (pour l'élevage des chevaux et la culture des champignons, surtout). De plus, les divers types de paille ne sont ni disponibles au même endroit ni produits par le même type de structure agricole. Les régions de grande culture céréalière (le Bassin parisien élargi), où règne la grande exploitation, sont évidemment les zones où l'on trouve le plus de paille dans les champs. Mais ce sont des zones riches et industrialisées, où l'on préfère enfouir la paille plutôt que de repasser sur le terrain après la moisson, opération coûteuse. Certains agriculteurs font remarquer, d'autre part, qu'une année de culture enlève 800 kilos d'humus à l'hectare et que l'enfouissement de la matière organique qu'est la paille est indispensable au maintien de la structure physique du sol. Les ordres de grandeur cités sont cependant contestés, et il n'est pas exclu que l'enfouissement de la paille soit en fait nocif.

Dans les régions de polyculture, le ramassage de la paille est plus courant, mais les productions sont dispersées, les tonnages sont petits. Ce sont des zones où les réactions des agriculteurs aux marchés des produits agricoles entraînent des fluctuations importantes des surfaces emblavées, et on peut observer plus de 30 % de variation sur le tonnage de paille disponible d'une année sur l'autre...

Si le coût moyen de la tonne de paille « rendue usine » est de 140 F (coût de ramassage et pressage de la paille, coût de déchargement et transports, coût de stockage), les variations sont très grandes d'un point à l'autre du territoire et d'une année sur l'autre. Aucun calcul de coût de production d'alcool à l'échelle industrielle n'est possible sans l'organisation de la production et la régulation du marché. Cela est dans les possibilités des pouvoirs publics et du groupement interprofessionnel de la paille et des produits du sous-sol.

Mais tous ces efforts n'ont de sens que si tous les acteurs de la production de céréales acceptent ces objectifs. Or les tendances à la « modernisation » des exploitations ne sont guère compatibles avec ces projets. Désormais, les moissonneuses-batteuses les plus répandues n'empaquettent pas la paille, qui d'ailleurs n'est pas coupée à une hauteur favorable pour un ramassage efficace. Des machines agricoles adéquates devraient donc remplacer une bonne part du parc existant. Les constructeurs de machines, dont la quasi-totalité sont américains, s'intéresseront-ils à ces objectifs d'indépendance d'approvisionnement ?

La Recherche, juillet-août 1976

Les auteurs

Paul-J. Antony, journaliste scientifique.

Martine Barrère, rédactrice à *La Recherche*.

Jacques Brisbois, ingénieur au département des études mécaniques et thermiques du Centre d'études nucléaires de Saclay.

André Clot, ingénieur au département géothermie du BRGM.

Jean Deflandre, délégué scientifique à l'ANVAR.

Guy Denielou, ancien chef du département des réacteurs à neutrons rapides au Centre d'études nucléaires de Cadarache.

Jean-Claude Etievant, chercheur au CEA.

Jean Faucounau, chef de la mission permanente des Charbonnages de France aux États-Unis.

Raymond Goethals, professeur à l'université de Poitiers, à l'Ecole nationale supérieure de mécanique et d'aérotechnique.

John Gribbin, chercheur à l'université de Sussex.

Michel Laguës, rédacteur à *La Recherche*.

Jean Malherbe, ingénieur au département des études mécaniques et thermiques du Centre d'études nucléaires de Saclay.

Philippe Marchand, responsable du service « énergie » du Centre national pour l'exploitation des océans.

Jean-Laurent Peube, professeur à l'université de Poitiers, directeur du laboratoire d'énergétique solaire d'Odeillo.

Jean-Pierre Poffé, chercheur au groupe de projet du tokamak européen JET.

Michel Rodot, directeur de recherches au CNRS, dirige le PIRDES (Programme interdisciplinaire de recherches pour le développement de l'énergie solaire).

Janine Rondest, rédactrice à *La Recherche*.

François Séguier, conseiller scientifique de la rédaction de *La Recherche*.

Bernard Tissot, chef du département géochimie et informatique géologique de l'IFP, et professeur à l'École nationale supérieure du pétrole.

Louis Vautrey, assistant du directeur de la division d'étude et de développement des réacteurs du Centre d'études nucléaires de Saclay.

Table

3

Les énergies nouvelles

IMPRIMERIE HÉRISSEY A ÉVREUX (8-82)
D.L. 3e TR. 1980. No 5617-2 (30386).

Collection Points

SÉRIE SCIENCES

dirigée par Jean-Marc Lévy-Leblond

S1. La Recherche en biologie moléculaire, *ouvrage collectif*
S2. Des astres, de la vie et des hommes, *par Robert Jastrow*
S3. Autocritique de la science
par Alain Jaubert et Jean-Marc Lévy-Leblond
S4. Le Dossier électronucléaire
par le Syndicat CFDT de l'Énergie atomique
S5. Une révolution dans les sciences de la Terre, *par A. Hallam*
S6. Jeux avec l'infini, *par Rózsa Péter*
S7. La Recherche en astrophysique, *ouvrage collectif*
S8. La Recherche en neurobiologie, *ouvrage collectif*
S9. La Science chinoise et l'Occident, *par Joseph Needham*
S10. Les Origines de la vie, *par Joël de Rosnay*
S11. Échec et Maths, *par Stella Baruk*
S12. L'Oreille et le Langage, *par Alexandre Tomatis*
S13. Les Énergies du soleil, *par Pierre Audibert*
en collaboration avec Danielle Rouard
S14. Cosmic Connection ou l'Appel des étoiles, *par Carl Sagan*
S15. Les Ingénieurs de la Renaissance, *par Bertrand Gille*
S16. La Vie de la cellule à l'homme, *par Max de Ceccatty*
S17. La Recherche en éthologie, *ouvrage collectif*
S18. Le Darwinisme aujourd'hui, *ouvrage collectif*
S19. Einstein, créateur et rebelle, *par Banesh Hoffmann*
S20. Les Trois Premières Minutes de l'univers
par Steven Weinberg
S21. Les Nombres et leurs mystères, *par André Warusfel*
S22. La Recherche sur les énergies nouvelles, *ouvrage collectif*
S23. La Nature de la physique, *par Richard Feynman*
S24. La Matière aujourd'hui, *ouvrage collectif*
S25. La Recherche sur les grandes maladies, *ouvrage collectif*
S26. L'Étrange Histoire des Quanta
par Banesh Hoffmann, Michel Paty
S27. Éloge de la différence, *par Albert Jacquard*
S28. La Lumière, *par Bernard Maitte*
S29. Penser les mathématiques, *ouvrage collectif*
S30. La Recherche sur le cancer, *ouvrage collectif*
S31. L'Énergie verte, *par Laurent Piermont*
S32. Naissance de l'Homme, *par Robert Clarke*
S33. Recherche et Technologie, *Actes du Colloque national*

Collection « Science ouverte »

dirigée par Jean-Marc Lévy-Leblond

L'Encerclement, *par Barry Commoner*
(Auto)critique de la science,
par Alain Jaubert et Jean-Marc Lévy-Leblond
Les Biocrates, *par Gérard Leach*
La Marijuana, *par Solomon H. Snyder*
Échec et Maths, *par Stella Baruk*
La Dimension humaine, *par Alexander Alland*
La Chair des dieux, *par Peter T. Furst*
Le Partage du savoir, *par Philippe Roqueplo*
Philosophie de la physique, *par Mario Bunge*
Le Cerveau conscient, *par Steven Rose*
Science, Technique et Capital, *par Benjamin Coriat*
La Science et le Militaire, *par Georges Menahem*
Machina Sapiens, *par William Skyvington*
Discours biologique et Ordre Social, *par Pierre Achard*
Antoinette Chauvenet, Élisabeth Lage, Françoise Lentin
Patricia Nève et Georges Vignaux
L'Idéologie de/dans la science, *par H. Rose, S. Rose et alii*
La Lutte pour l'espace, *par Alain Dupas*
Fabrice ou l'École des mathématiques, *par Stella Baruk*
Les Formes dans la nature, *par Peter S. Stevens*
Les Trois Premières Minutes de l'univers, *par Steven Weinberg*
Éloge de la différence, *par Albert Jacquard*
Les Médecines de l'Asie,
par Pierre Huard, Jean Bossy, Guy Mazars
Ces singes qui parlent, *par Eugène Linden*
L'Araignée et le Tisserand, *par G. Ciccotti, M. Cini*
G. Jona-Lasinio, M. de Maria
Lamarck ou le Mythe du précurseur
par Madeleine Barthélemy-Madaule
Le Sexe et l'Innovation, *par André Langaney*
Contre la méthode, *par Paul Feyerabend*
Les Mécaniciens grecs, *par Bertrand Gille*
Les Manipulations génétiques, *par Agata Mendel*
Les Dragons de l'Éden, *par Carl Sagan*
Naissance de l'homme, *par Robert Clarke*
La Terre en colère, *par Basil Booth et Franck Fitch*
Le Petit Savant illustré, *par Pierre Thuillier*
Dormir, rêver, *par William C. Dement*
Les Confessions d'un chimiste ordinaire, *par Jean Jacques*
Patience dans l'azur, *par Hubert Reeves*
La civilisation du risque, *par Patrick Lagadec*
Au péril de la science ?, *par Albert Jacquard*
Comprendre notre cerveau, *par Jacques-Michel Robert*
Les manèges de la vie, *par Paul Colinvaux*